嵌入式系统设计与实践
——基于 RK3288

主　编　朱松盛　董　磊
副主编　刘　洋　郭文波

北京航空航天大学出版社

内 容 简 介

本书基于 VMware Workstation 和 Ubuntu 操作系统进行嵌入式系统开发，共 18 个实验，其中第 1 个实验用于熟悉嵌入式的开发流程，后面介绍了触摸屏控制、音频综合等 17 个实验。所有实验均详细介绍了实验内容、实验原理，并且都有详细的步骤和源代码，以确保读者能够顺利完成。在每章的最后都安排了一个任务，作为本章实验的延伸和拓展。

本书配有丰富的资料包，包括搭建嵌入式开发环境的软件安装包、实验例程、源码包、数据手册，以及配套的 PPT、视频等。这些资料会持续更新，读者可通过微信公众号"卓越工程师培养系列"获取。

本书既可以作为高等院校相关课程的教材，也可作为嵌入式开发及相关行业工程技术人员的参考书。

图书在版编目(CIP)数据

嵌入式系统设计与实践 ：基于 RK3288/ 朱松盛，董磊主编. -- 北京 ：北京航空航天大学出版社，2023.2

ISBN 978-7-5124-3957-3

Ⅰ. ①嵌… Ⅱ. ①朱… ②董… Ⅲ. ①微型计算机—系统设计 Ⅳ. ①TP360.21

中国版本图书馆 CIP 数据核字(2022)第 244273 号

嵌入式系统设计与实践——基于 RK3288

主 编 朱松盛 董 磊

副主编 刘 洋 郭文波

策划编辑 董立娟 责任编辑 董宜斌

*

北京航空航天大学出版社出版发行

北京市海淀区学院路 37 号(邮编 100191) http://www.buaapress.com.cn

发行部电话：(010)82317024 传真：(010)82328026

读者信箱：emsbook@buaacm.com.cn 邮购电话：(010)82316936

北京富资园科技发展有限公司印装 各地书店经销

*

开本：787×1 092 1/16 印张：20 字数：512 千字

2023 年 3 月第 1 版 2024 年 9 月第 3 次印刷 印数：2 501－3 000 册

ISBN 978-7-5124-3957-3 定价：69.00 元

前 言

嵌入式系统的应用渗透到人们生活的方方面面，随处可见，所有带有数字接口的设备，如手表、微波炉、录像机、汽车等，都使用到了嵌入式系统；有些嵌入式系统还包含操作系统，但大多数嵌入式系统都由单个程序实现整个控制逻辑。本书主要结合电子技术领域的应用来介绍嵌入式系统的开发设计。

本书是一本介绍嵌入式系统开发的书，严格意义上讲，也是一本实训手册。本书以 VMware Workstation 和 SecureCRT 为软件平台，以嵌入式开发系统（LY－RK3288M）为硬件平台，共安排 18 个实验，其中第 4 章通过一个实验介绍嵌入式系统的开发流程，第 5～14 章的 10 个实验为基础实验，剩下的 7 个实验为进阶实验，需要结合其他开发工具辅助或更高要求的硬件配置才能完成。所有实验均详细介绍了实验内容、实验原理，并且都有详细的步骤和源代码，以确保读者能够顺利完成。在每章的最后都安排了一个任务，作为本章实验的延伸和拓展。

为了减轻初学者查找资料和熟悉开发环境的负担，能够将更多的精力聚焦在实践环节，快速入门，本书将每个实验涉及的知识点汇总在“实验原理”中，将 Linux 底层驱动函数和常用命令等的使用方法穿插于各章节中。这样，读者就可以通过本书轻松踏上学习嵌入式系统开发之路，在实践过程中不知不觉地掌握各种知识和技能。

本书特点如下。

① 内容条理清晰，首先引导读者搭建嵌入式开发环境，然后将嵌入式开发的基础知识与实验结合展开介绍，最后通过进阶实验进一步提高读者的开发水平。这样可以让读者循序渐进地学习嵌入式系统知识，即使是未接触过程序设计的初学者也可以快速上手。

② 详细介绍 18 个实验所涉及的知识点，未涉及的内容尽量不予介绍，以便于初学者快速掌握嵌入式系统开发的核心要点。

③ 将各种规范贯穿于整个嵌入式系统开发过程中，如 SecureCRT 软件平台参数设置、函数和变量命名规范、软件设计规范等。

④ 所有实验严格按照统一的工程架构设计，每个子模块按照统一标准设计。

⑤ 配有丰富的资料包，包括实验例程、软件安装包、数据手册，以及配套的 PPT、视频等。

朱松盛和董磊策划了本书的编写思路，并指导全书的编写，对全书进行统稿。本书配套的 LY－RK3288M 型嵌入式开发系统和例程由深圳市乐育科技有限公司开发，乐育科技还参与了本书的编写。南京医科大学生物医学工程与信息学院、深圳大学生物医学工程学院、深圳市乐育科技有限公司对本书的出版提供了大力支持。在此一并致以衷心的感谢！

由于编者水平有限，书中难免有不成熟和错误的地方，恳请读者批评指正。读者反馈发现的问题、获取相关资料或遇实验平台技术问题，可发邮件至邮箱：ExcEngineer@163.com。

作　者

2022 年 12 月

目　　录

第 1 章　嵌入式系统开发概述 …… 1

1.1　嵌入式系统介绍 …… 1

1.1.1　嵌入式系统的定义 …… 1

1.1.2　嵌入式系统的特点 …… 1

1.1.3　嵌入式系统的组成 …… 2

1.1.4　嵌入式系统的发展 …… 3

1.2　RK3288 芯片介绍 …… 3

1.3　嵌入式开发系统介绍 …… 4

1.3.1　特征参数 …… 4

1.3.2　系统框图 …… 5

1.3.3　平面示意图 …… 5

1.3.4　电路设计 …… 7

本章任务 …… 20

本章习题 …… 20

第 2 章　嵌入式系统开发环境构建 …… 21

2.1　安装 VMware Workstation …… 21

2.2　安装 Ubuntu …… 25

2.3　安装 SecureCRT …… 30

2.3.1　安装 SecureCRT …… 30

2.3.2　安装 SSH …… 32

2.3.3　使用 SecureCRT 远程登录 …… 35

2.4　编译 RK3288 源码包 …… 40

2.4.1　安装编译相关工具 …… 40

2.4.2　编译 RK3288 源码包 …… 41

2.5　下载 RK3288 固件与调试 …… 42

2.5.1　安装 adb 调试工具 …… 42

2.5.2　安装 RK3288 平台驱动 …… 45

2.5.3　使用 Android Tool 下载工具升级固件 …… 45

本章任务 …… 49

本章习题 …… 49

第 3 章　Linux 驱动设计软件基础 …… 50

3.1　实验例程目录分解 …… 50
3.2　驱动文件加载、执行和监测流程 …… 51
3.3　驱动调试常见问题及解决方案 …… 52
3.4　Linux 设备驱动调试 …… 52
3.4.1　打印监视法 printk …… 52
3.4.2　ioctl()控制函数 …… 53
本章任务 …… 56
本章习题 …… 56

第 4 章　Linux 设备驱动实验 …… 57

4.1　实验内容 …… 57
4.2　实验原理 …… 58
4.2.1　Makefile 简介 …… 58
4.2.2　“/”“.”和“./” …… 63
4.2.3　Linux 下的 insmod、lsmod 和 rmmod 命令 …… 63
4.3　实验步骤 …… 63
本章任务 …… 70
本章习题 …… 71

第 5 章　蜂鸣器控制实验 …… 72

5.1　实验内容 …… 72
5.2　实验原理 …… 72
5.2.1　蜂鸣器电路 …… 72
5.2.2　RK3288 的 GPIO 及编号计算 …… 73
5.2.3　GPIO 的 API 函数 …… 73
5.2.4　copy_to_user()和 copy_from_user() …… 74
5.2.5　sleep() …… 75
5.3　实验步骤 …… 75
本章任务 …… 83
本章习题 …… 83

第 6 章　LED 控制实验 …… 84

6.1　实验内容 …… 84
6.2　实验原理 …… 84
6.2.1　LED 电路 …… 84
6.2.2　字符设备和驱动模型 …… 84
6.2.3　register_chrdev()和 unregister_chrdev() …… 85

6.2.4　module_init 和 module_exit 宏 …… 86
6.2.5　MODULE_LICENSE("GPL") …… 86
6.3　实验步骤 …… 86
本章任务 …… 96
本章习题 …… 96

第 7 章　独立按键中断实验 …… 97

7.1　实验内容 …… 97
7.2　实验原理 …… 97
7.2.1　独立按键电路 …… 97
7.2.2　Linux 中断 top/bottom …… 97
7.2.3　中断处理程序 …… 98
7.3　实验步骤 …… 98
本章任务 …… 109
本章习题 …… 109

第 8 章　RTC 应用实验 …… 110

8.1　实验内容 …… 110
8.2　实验原理 …… 110
8.2.1　RTC 应用实验电路 …… 110
8.2.2　PCF8563 芯片介绍 …… 110
8.2.3　Linux 的 RTC 子系统架构 …… 111
8.2.4　RTC 应用基本数据结构 …… 112
8.3　实验步骤 …… 114
本章任务 …… 118
本章习题 …… 118

第 9 章　多线程实验 …… 119

9.1　实验内容 …… 119
9.2　实验原理 …… 119
9.2.1　Linux 多线程简介 …… 119
9.2.2　线程常用 API 函数 …… 119
9.2.3　线程间通信 …… 121
9.3　实验步骤 …… 124
本章任务 …… 128
本章习题 …… 128

第 10 章　串口通信实验 …… 129

10.1　实验内容 …… 129

10.2 实验原理…… 129
10.2.1 RK3288 核心板串口体系 …… 129
10.2.2 Linux 设备分类 …… 130
10.2.3 Linux 驱动程序的模块化 …… 131
10.2.4 Linux 设备驱动程序结构 …… 131
10.2.5 termios 结构体…… 132
10.3 实验步骤…… 133
本章任务…… 139
本章习题…… 139

第 11 章 STM32 从机通信实验 …… 140

11.1 实验内容…… 140
11.2 实验原理…… 140
11.2.1 RK3288 与 STM32 主从通信电路 …… 140
11.2.2 PCT 通信协议 …… 141
11.2.3 PCT 通信协议在 STM32 从机上的应用说明 …… 145
11.2.4 PackUnpack 模块函数 …… 147
11.2.5 serial 模块函数…… 149
11.3 实验步骤…… 151
本章任务…… 156
本章习题…… 157

第 12 章 MicroSD 卡读写实验 …… 158

12.1 实验内容…… 158
12.2 实验原理…… 158
12.2.1 MicroSD 卡电路 …… 158
12.2.2 Linux 块设备 …… 158
12.2.3 MicroSD 卡 …… 160
12.2.4 文件操作 …… 161
12.2.5 文件夹操作 …… 161
12.3 实验步骤…… 162
本章任务…… 167
本章习题…… 167

第 13 章 LCD 屏显示实验 …… 168

13.1 实验内容…… 168
13.2 实验原理…… 168
13.2.1 显示屏接口电路 …… 168
13.2.2 LVDS 接口简介 …… 168

13.2.3 帧缓冲…… 169
13.2.4 BMP 图像数据格式 …… 170
13.2.5 BMP 图像显示流程 …… 171
13.3 实验步骤…… 171
本章任务…… 181
本章习题…… 181

第 14 章　触摸屏控制实验 …… 182

14.1 实验内容…… 182
14.2 实验原理…… 182
14.2.1 触摸屏电路 …… 182
14.2.2 GT911 芯片介绍 …… 183
14.2.3 I^2C 协议 …… 184
14.2.4 Input 子系统 …… 185
14.2.5 Input 事件捕获…… 186
14.2.6 触摸屏坐标点分布 …… 187
14.3 实验步骤…… 187
本章任务…… 191
本章习题…… 191

第 15 章　音频综合实验 …… 192

15.1 实验内容…… 192
15.2 实验原理…… 192
15.2.1 音频电路…… 192
15.2.2 ES8323S 芯片介绍 …… 194
15.2.3 I^2S 简介 …… 195
15.2.4 WAV 音频文件架构…… 195
15.2.5 ALSA 声卡驱动架构 …… 196
15.2.6 tinyalsa 命令 …… 197
15.2.7 execv()函数…… 197
15.3 实验步骤…… 197
本章任务…… 203
本章习题…… 203

第 16 章　以太网通信实验 …… 204

16.1 实验内容…… 204
16.2 实验原理…… 204
16.2.1 以太网电路 …… 204
16.2.2 RTL8211E 芯片介绍 …… 204

16.2.3 传输控制协议与 Socket …… 207
16.2.4 Linux 以太网卡架构 …… 207
16.2.5 外网服务器通信流程 …… 208
16.3 实验步骤 …… 209
本章任务 …… 213
本章习题 …… 213

第 17 章 Wi-Fi 通信实验 …… 214

17.1 实验内容 …… 214
17.2 实验原理 …… 214
17.2.1 AP6255 电路 …… 214
17.2.2 AP6255 芯片 …… 214
17.2.3 Socket 主从通信 …… 216
17.2.4 局域网内 Socket 主从通信流程 …… 217
17.3 实验步骤 …… 218
本章任务 …… 226
本章习题 …… 226

第 18 章 蓝牙通信实验 …… 227

18.1 实验内容 …… 227
18.2 实验原理 …… 227
18.2.1 AP6255 电路 …… 227
18.2.2 RFCOMM 协议 …… 227
18.3 实验步骤 …… 230
本章任务 …… 237
本章习题 …… 237

第 19 章 NL668 模块通信实验 …… 238

19.1 实验内容 …… 238
19.2 实验原理 …… 238
19.2.1 NL668 电路 …… 238
19.2.2 NL668 AT 命令 …… 238
19.3 实验步骤 …… 243
本章任务 …… 255
本章习题 …… 255

第 20 章 USB 应用实验 …… 256

20.1 实验内容 …… 256
20.2 实验原理 …… 256

20.2.1　USB 电路 …… 256
20.2.2　USB HUB 简介 …… 256
20.2.3　Linux 的 USB 驱动架构 …… 257
20.2.4　libusb 库 …… 259
20.2.5　键盘 USB 数据格式 …… 259
20.3　实验步骤 …… 260
本章任务 …… 268
本章习题 …… 268

第 21 章　设备树应用实验 …… 269

21.1　实验内容 …… 269
21.2　实验原理 …… 269
21.2.1　Linux 设备树 …… 269
21.2.2　OF 函数 …… 270
21.3　实验步骤 …… 270
本章任务 …… 279
本章习题 …… 279

附录 A　Linux 常用命令 …… 280

附录 B　vim 文本编辑程序常用命令 …… 296

附录 C　RK3288 核心板引脚定义 …… 298

附录 D　GPIO 编号计算表 …… 301

附录 E　人体生理参数监测系统使用说明 …… 302

参考文献 …… 305

第1章　嵌入式系统开发概述

1.1　嵌入式系统介绍

1.1.1　嵌入式系统的定义

嵌入式系统的应用渗透到人们生活的方方面面，随处可见，那究竟什么是嵌入式系统呢？由于嵌入式系统外延极广，且目前仍在高速发展中，因此现有嵌入式系统的定义各有所侧重，目前还没有一个严格和权威的定义。

根据IEEE（国际电气和电子工程师协会）的定义，嵌入式系统是用来控制、监控或辅助机器和设备运行的装置。这更多地是从用途的角度来定义，未能充分体现出嵌入式系统的精髓。

目前国内普遍认同的嵌入式系统定义为：嵌入式系统是以应用为中心，以计算机技术为基础，软件/硬件功能可裁减，并且可靠性、功耗、成本、体积有严格要求的专用计算机系统。

国际上对嵌入式系统的定义是一种广泛意义上的理解，侧重于应用。而国内对嵌入式系统的定义进行了收缩，明确指出嵌入式系统是一种计算机系统，更加符合嵌入式系统的本质含义。

从以上嵌入式系统的定义可以看出，嵌入式系统是由软件和硬件相结合的、具有特定功能、应用于特定场合的独立系统。

1.1.2　嵌入式系统的特点

嵌入性、专用性和计算机系统是嵌入式系统的3个基本要素，嵌入式系统的特点是由这3个基本要素衍生出来的。

1. 软件/硬件功能可裁减

由于嵌入式系统只具有特定的功能，因此嵌入式系统的硬件和软件需要精心设计，去除冗余，满足对象要求的最小硬件和软件要求，以实现低成本、高性能的目的。

2. 强稳定性、弱交互性

嵌入式系统常用于特定的场合，且操作简单，一旦开始运行就不需要用户过多干预，因此嵌入式系统需要具有较强的稳定性。

3. 实时性

很多采用嵌入式系统的应用具有实时性要求，因此大多数嵌入式系统都采用实时操作系统。

4. 代码短小精悍并可固化

由于功能和应用场合的特殊性，通常嵌入式系统的硬件资源(如内存等)都比较少，因此软件的设计需要在有限的资源上实现高稳定性和高性能。为了提高执行速度和系统可靠性，嵌入式系统的软件一般都固化在存储器芯片或微控制器中。

1.1.3 嵌入式系统的组成

嵌入式系统可分为硬件层、中间层、系统软件层和应用软件层共 4 个层次。下面分别从这 4 个层次进行具体介绍。

1. 硬件层

硬件层是嵌入式系统的底层实体设备，主要包括嵌入式微处理器、外围电路和外部设备。

嵌入式微处理器是嵌入式系统硬件层的核心，最大的特点是集成化，体积大大减小，从而使系统功耗和设计成本下降，可靠性提高。嵌入式微处理器与通用 CPU 最大的不同在于嵌入式微处理器大多是为特定用户群专门设计的系统，它将通用 CPU 中许多由板卡完成的任务集成在芯片内部，从而有利于嵌入式系统在设计时趋于小型化，同时还具有很高的效率和可靠性。

外围电路主要是指和嵌入式微处理器有紧密关系的设备，如复位电路、时钟、存储器、电源等。外部设备形式多种多样，常见的有 USB、键盘、液晶显示器和触摸屏等设备及接口电路。

2. 中间层

中间层又称为硬件抽象层，是设备制造商完成的与操作系统适配结合的硬件设备抽象层，位于硬件层和软件层之间，用于将系统上层软件和底层硬件分开。

硬件抽象层最常见的表现形式是板级支持包(Board Support Package，BSP)。板级支持包是一个介于操作系统和底层硬件之间的软件层次，包含了启动程序、硬件抽象层程序、标准开发板和相关硬件设备驱动程序的软件包。

板级支持包提供了一个上层软件和硬件平台之间的接口，主要功能在于配置系统硬件使其工作在正常状态，为嵌入式系统提供操作和控制底层硬件的方法，使上层软件开发人员无须关心底层硬件的具体情况，根据板级支持包提供的接口即可进行开发。对于不同的嵌入式系统来说，软件层次结构不同，板级支持包需要为不同的系统提供特定的硬件接口形式。

3. 系统软件层

系统软件层通常由操作系统、文件系统、图形用户接口、网络系统和其他通用组件模块组成。操作系统负责嵌入式系统的软、硬件资源分配、任务调度、中断处理、文件处理和控制协调等功能。嵌入式文件系统与通用系统的文件系统不完全相同，主要提供文件存储、检索和更新等功能，一些高端的嵌入式文件系统还提供保护和加密等安全机制。

4. 应用软件层

嵌入式应用软件是针对特定应用领域、基于某一固定的硬件平台，用来达到用户预期目标的计算机软件。嵌入式系统自身的特点，决定了嵌入式应用软件不仅要求做到准确性、安全性和稳定性等方面的需要，还要求尽可能地优化代码，以减少占用系统资源，降低硬件成本，同时为方便用户操作，还需要提供一个友好的人机界面。

1.1.4　嵌入式系统的发展

嵌入式系统的发展主要分为 4 个阶段。

1. 无操作系统阶段

嵌入式系统最初是基于单片机出现的，大多以可编程控制器的形式出现，通常应用于各种工业控制和军事武器装备中，一般没有操作系统的支持，只能通过汇编语言直接控制系统，这些装置已初步具备嵌入式系统的应用特点。在这一阶段，嵌入式系统的主要特点是：系统结构和功能单一，处理效率较低，存储容量较小，几乎没有用户接口。

2. 简单操作系统阶段

随着微电子工艺水平的提高，各种嵌入式 CPU 开始出现，嵌入式系统的开发人员也开始基于一些简单的操作系统开发一些嵌入式应用软件。在这一阶段，嵌入式系统的主要特点是：嵌入式 CPU 种类繁多、功耗低、效率高，嵌入式操作系统发展迅速，已初步具备一定的兼容性和扩展性。

3. 实时操作系统阶段

随着硬件实时性要求的提高，嵌入式系统的软件规模也不断扩大，逐渐形成了实时多任务操作系统(RTOS)，并开始成为嵌入式系统的主流。在这一阶段，嵌入式系统的主要特点是：嵌入式操作系统的实时性和兼容性得到较大改善，且具有高度的模块化和扩展性；具备文件和目录管理、设备管理、多任务、网络和图形用户界面等功能；提供了大量的应用程序接口(API)，使应用软件开发变得更简单。

4. 面向物联网阶段

信息时代和数字时代的到来，为嵌入式系统的发展带来了巨大的机遇，同时也提出了新的挑战。目前，嵌入式系统与物联网的结合正推动着嵌入式技术的飞速发展，嵌入式系统的研究和应用会出现更多新的显著变化。

1.2　RK3288 芯片介绍

RK3288 是一款适用于个人手机、高端平板电脑、笔记本电脑和智能监控器的低功耗、高性能应用处理器，集成了四核带单独 Neon 协处理器的 Cortex - A17。

嵌入式强大的硬件引擎提供了更优的性能应用，RK3288 几乎支持全格式。包括 H. 265 解码器 2 160 p@60 fps、H. 264 解码器 2 160 p@24 fps，也支持 H. 264/MVC/VP8 编码器 1 080 p@30 fps，高质量的 jpeg 编码器/解码器，特殊的图像预处理器和后处理器。

嵌入式 3D GPU 使 RK3288 与 OPENGL ES1. 1/2. 0/3. 0、OPEN VG1. 1、OPENCL 和 DirectX 11 完全兼容。带 MMU 的专用二维硬件引擎将最大化显示性能。RK3288 具有高性能双通道外部存储器接口（DDR3/DDR3L/LPDDR2/LPDDR3），能够维持所需的内存带宽，还提供全套外围接口，支持非常灵活的应用。

RK3288 的基本参数如表 1 - 1 所列。

表 1 - 1　RK3288 的基本参数

参　数	说　明
工艺	低漏电，高性能 28 nm HKMG 工艺
CPU	超强四核 Cortex - A17，频率高达 1. 8 GHz
GPU	ARM Mali - T764 GPU，支持 TE、ASTC、AFBC 内存压缩技术
图像处理	支持 OPENGL ES1. 1/2. 0/3. 0、OPEN VG1. 1、OPENCL、Directx11； 内嵌高性能 2D/3D 加速硬件； 支持 4K、H. 265 硬解码 10 bits 色深、HDMI2. 0； 支持 1080P 多格式视频解码/1080P 视频编码，支持 H. 264、VP8 和 MVC 图像增强处理； Geomerics Enlighten 的全局实时光引擎； 硬件提升低功耗下显示效果
显示	最高支持 3 840×2 160 分辨率显示，以及 HDMI2. 0 输出
安全	硬件安全系统，支持 HDCP 2. X
内存	双通道 DRAM 控制器，64 bit 存储接口； 支持 DDR3L、LPDDR2、LPDDR3
接口	内嵌 13M ISP 及 MIPI - CSI 接口； 丰富的外围接口支持

1.3　嵌入式开发系统介绍

本书将以嵌入式开发系统为载体开展实验，CPU 为 RK3288 和 STM32F103RCT6 芯片。开发平台包含多个独立模块，可开展丰富的实验。

1.3.1　特征参数

RK3288 核心板模块的特征参数如表 1 - 2、表 1 - 3 和表 1 - 4 所列。

表 1－2　系统配置

参　数	说　明
CPU	RK3288
主频	Cortex－A17 四核 1.8 GHz
内存	标配 2 GB，可定制 4 GB
存储器	4 GB/8 GB/16 GB emmc 可选，标配 16 GB
电源 IC	使用 ACT8846，支持动态电压缩放

表 1－3　接口参数

参　数	说　明
LCD 接口	同时支持 TTL、LVD、MIPI 接口输出
Touch 接口	电容触摸，可使用 USB 或串口扩展电阻触摸
音频接口	AC97/I^2S 接口，支持录音、放音
SD 卡接口	2 路 SDIO 输出通道
emmc 接口	板载 emmc 接口，引脚不另外引出
以太网接口	支持千兆以太网
USB HOST 接口	2 路 HOST2.0
USB OTG 接口	1 路 OTG2.0
UART 接口	4 路串口，支持带流控串口
PWM 接口	2 路 PWM 输出
I^2C 接口	4 路 I^2C 输出

表 1－4　电气特性

参　数	说　明
输入电压	3.7～5.5 V(推荐使用 5 V 输入)
输出电压	3.3 V/4.2 V(可用于底板供电及电池充电)
工作温度	－10～70 ℃
储存温度	－10～80 ℃

1.3.2　系统框图

嵌入式开发系统框图如图 1－1 所示，图中列出了基于 RK3288 和 STM32 芯片延伸出的一系列模块，箭头表示模块与 CPU 之间的数据流向。

1.3.3　平面示意图

嵌入式开发系统的平面示意图如图 1－2 所示，图中各个编号所对应的模块名称如表 1－5 所列。

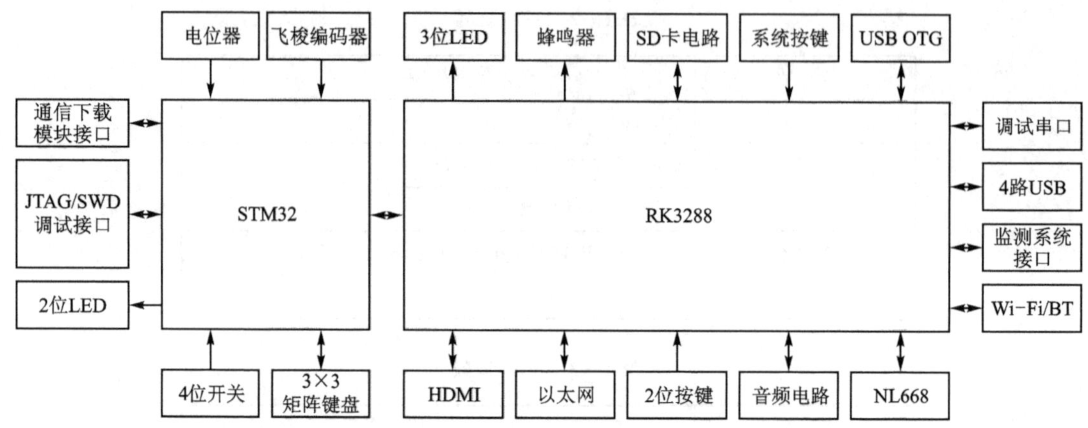

图 1-1　嵌入式开发系统框图

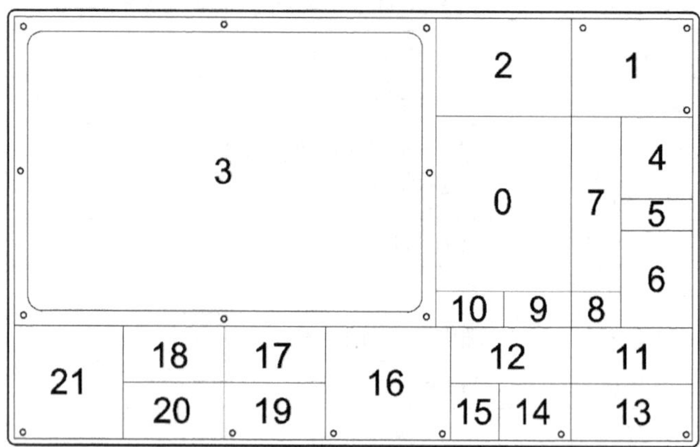

图 1-2　嵌入式开发系统的平面示意图

表 1-5　编号对应模块表

编　号	对应模块	编　号	对应模块
0	RK3288 核心板(Cortex-A17 四核 1.8 GHz)	11	音频电路
1	电源(12 V)	12	纽扣电池
2	SD/NL668	13	以太网
3	10.1 寸触摸屏	14	系统按键
4	OTG USB/HUB USB	15	HDMI
5	监测系统接口	16	STM32F103RCT6
6	调试串口	17	飞梭
7	Wi-Fi/蓝牙	18	电位器
8	普通按键	19	拨动开关
9	LED	20	矩阵键盘
10	BEEP	21	喇叭

1.3.4 电路设计

1. 电源设计

RK3288 核心板采用 5 V 供电，用户只需给核心板的第 159 和 160 号引脚提供 5 V 直流电源，核心板即可正常工作。另外，核心板还有一些其他的电源引脚，具体定义如下。

(1) 159 和 160 号引脚：核心板电源供电端，默认输入 4.5～5.5 V。

(2) 161 号引脚：使用 OTG 烧录映像或连接 device 设备时，由计算机通过 USB 线输入 5 V 电源，该引脚通常连接到 OTG 的电源端。

(3) 162 和 163 号引脚：电池接口，用于实现电池供电。

(4) 164 和 165 号引脚：核心板公共地。

(5) 166 和 167 号引脚：通过电源适配器或电池给核心板供电后，该引脚作为 PMU 的公共电源输出端，电压通常在 3.5～5 V，具体由输入电压决定，它可以给整机供电。

(6) 168 号引脚：RTC 供电引脚，通常该引脚通过后备电池供电，以维持实时时钟运行。

(7) 169 号引脚：3.3 V 输出，可用于底板供电。在核心板休眠时，该引脚电平拉低，唤醒后恢复。

2. USB 设计

RK3288 有两路 HOST 口和一路 OTG 口，其中 OTG 口既可作为 HOST 口也可作为 device 使用。注意，HOST1 口和 HOST2 口有区别，默认 HOST1 口无法直接接低速的 USB 设备，如鼠标、键盘等，需要通过 HUB 芯片才能接低速设备；而 HOST2 可以直接接各种高/低速设备。

在 PCB 设计布线时，核心板的第 143 和 144 号引脚，即 HOST1_DM 和 HOST1_DP 引脚为一对差分线，第 145 和 146 号引脚，即 HOST2_DM 和 HOST2_DP 引脚为一对差分线；第 141 和 142 号引脚，即 OTG_DM 和 OTG_DP 引脚为一对差分线，这些引脚需要走等长差分线，且阻抗匹配为 90 Ω，否则会出现 USB 传输不稳定的现象。

3. HDMI 设计

RK3288 芯片自带 HDMI 控制器，支持 HDMI2.0 协议。核心板上的第 47～54 共 8 个引脚，4 对差分线，需要走等长差分线，且阻抗匹配为 100 Ω，否则会出现 HDMI 画面不稳定或失色等问题。

4. LVDS 设计

RK3288 芯片自带 RGB 和 LVDS 接口的 LCD 控制器，LVDS 为差分信号线，适合驱动分辨率较高的液晶屏。LVDS 包括 12 组传输线，其中 10 组为数据线，另外 2 组为时钟线，对应核心板的第 5 和 28 号引脚。

LVDS 接口能在低功耗的前提下提供较高的数据传输速率，其数据传输速率可以达到几百 Mbps 到 2 Gbps。在 PCB 设计布线时，12 组传输线需要走等长差分线，且阻抗匹配为 100 Ω。

5. MIPI 设计

MIPI 是 2003 年由 ARM、Nokia、ST 和 TI 等公司成立的一个联盟，目的是将手机内部的接口，如摄像头、显示屏和射频基带等接口标准化，从而降低手机的设计复杂度，增加设计的灵活性。MIPI 是一个新的标准，目前比较成熟的应用有 DSI(显示接口)和 CSI(摄像头接口)。

RK3288 支持 DSI 和 CSI，DSI 对应核心板的第 33～42 号引脚，用于连接 MIPI 接口的显示屏；CSI 对应核心板的第 55～64 号引脚，用于连接 MIPI 接口的摄像头。MIPI 接口的数据传输速率要远大于 LVDS 接口的数据传输速率，在 PCB 设计布线时需要走等长差分线，且阻抗匹配为 100 Ω。

6. LED 电路

嵌入式开发系统的 LED 电路上有 3 个 LED：LED1、LED2 和 LED3，均为绿色发光二极管，每个 LED 分别与一个 330 Ω 电阻串联，然后连接到 RK3288 核心板。在 LED 电路中，电阻起着分压限流的作用，如图 1-3 所示。LED1、LED2 和 LED3 网络分别连接到 RK3288 核心板的第 79、78 和 77 号引脚。

7. 蜂鸣器电路

蜂鸣器电路如图 1-4 所示。在使用蜂鸣器之前，先要通过跳线帽将 J_{202} 短接。BEEP 网络连接到 RK3288 核心板的第 76 号引脚，BEEP 网络为高电平时，晶体三极管 Q_{201} 导通，蜂鸣器鸣叫；BEEP 网络为低电平时，晶体三极管 Q_{201} 截止，蜂鸣器静息。

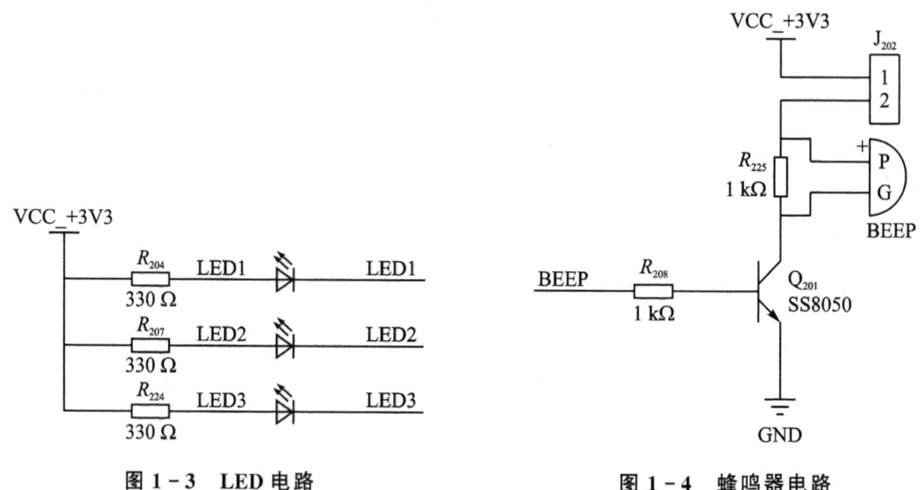

图 1-3　LED 电路

图 1-4　蜂鸣器电路

8. SD 卡电路

RK3288 核心板引出一个外置 TF 卡座，可以通过卡座搭建 SD 卡电路或是存放一些多媒体文件。SD 卡(Secure Digital Card，安全数字卡)是一种闪存储存卡，通常用于数码相机、MP3、手机或掌上电脑的文件存取。SD 卡电路如图 1-5 所示，该电路模块通过 SDMMC_D2、SDMMC_D3、SDMMC_CMD、SDMMC_CLK、SDMMC_D0、SDMMC_D1 和 SDMMC_DET

网络分别连接到 RK3288 核心板的第 173、174、175、176、171、172 和 177 号引脚。

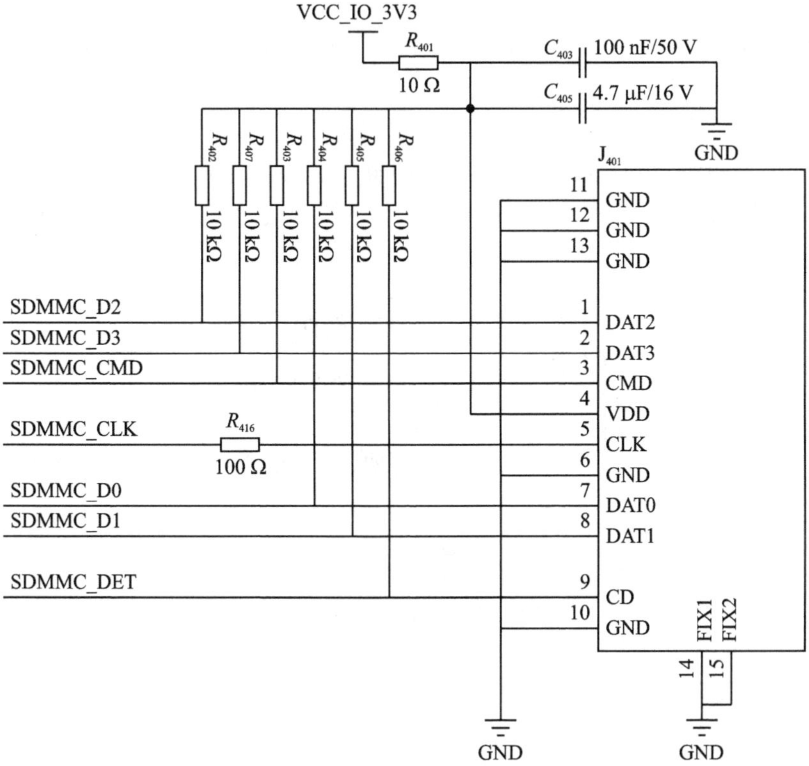

图 1－5　SD 卡电路

9. 系统按键电路

嵌入式开发系统板上有 3 个系统按键，分别为 RK_RESET、RECOVER 和 POWER，系统按键电路如图 1－6 所示，每个按键都与一个 1 μF 电容并联。RK_RESET、ADCIN1 和 PWRON 网络分别连接到 RK3288 核心板的第 157、156 和 158 号引脚。按键按下时，输入到 RK3288 核心板的引脚电平为低电平。

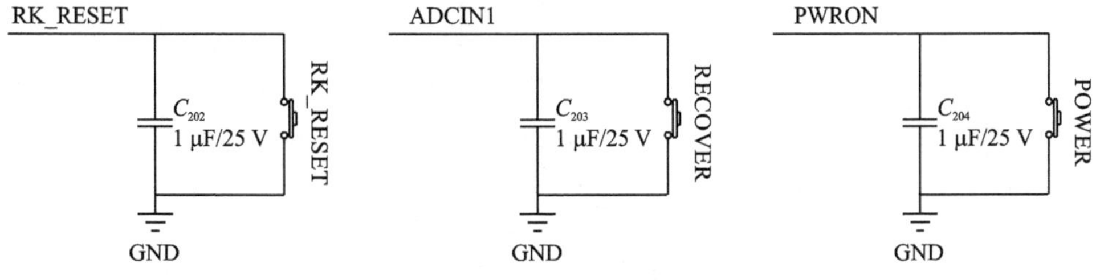

图 1－6　系统按键电路

RK_RESET 按键的功能是实现硬复位，在系统运行时，按下该按键可重启系统。

RECOVER 按键的功能是升级固件时，按下该键进入固件升级模式。

POWER 按键的功能是实现系统休眠，按下该按键可使 Android 系统进入休眠状态，再次按下可实现唤醒。

10. USB OTG 接口电路

USB OTG 接口电路如图 1-7 所示。该接口可以用于程序的烧录、调试和同步,它还能通过 OTG 线实现作为 USB 主机的功能。USB_DM 和 USB_DP 网络分别连接到 RK3288 核心板的第 141 和 142 号引脚,作为 USB OTG 的数据传输线;USB_DET 网络连接到 RK3288 核心板的第 139 号引脚,用来检测 USB OTG 的电压,以此来判断 USB OTG 接口是否连接;USB_ID 网络连接到 RK3288 核心板的第 140 号引脚,通过该引脚可以检测 USB OTG 是作为主机还是从机使用。

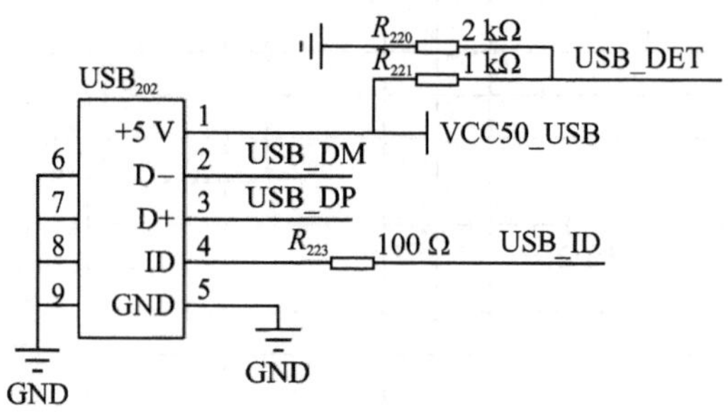

图 1-7 USB OTG 接口电路

11. USB 接口电路

USB 接口电路如图 1-8 和图 1-9 所示。RK3288 处理器自带两路 USB HOST 接口,HOST2_DM 和 HOST2_DP 网络分别连接到 RK3288 核心板的第 145 和 146 号引脚,作为独立的 USB HOST2 使用,HOST1_DM 和 HOST1_DP 网络分别连接 RK3288 核心板的第 144 和 143 号引脚,也可以作为独立的 USB HOST1 使用。RK3288 核心板利用 USB HOST1 接

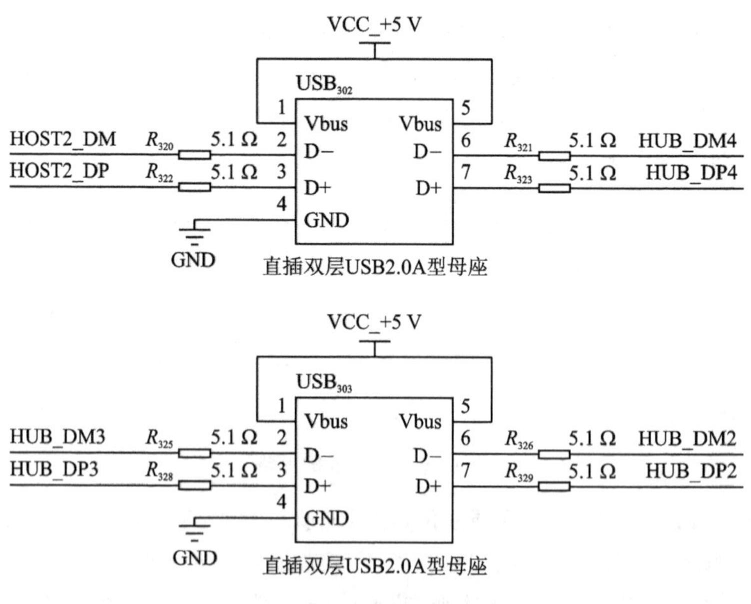

图 1-8 USB 接口电路 1

口通过 GL850G 芯片扩展出 3 路 USB HOST2.0 接口，分别是由 HUB DM2 和 HUB DP2 网络组成的 HUB USB2，HUB DM3 和 HUB DP3 网络组成的 HUB USB3，HUB DM4 和 HUB DP4 网络组成的 HUB USB4。这样原来的两路 USB HOST 接口被扩展为 4 路 USB HOST 接口，可以用于连接 USB Wi－Fi、USB 蓝牙、USB 鼠标和 USB 键盘等。

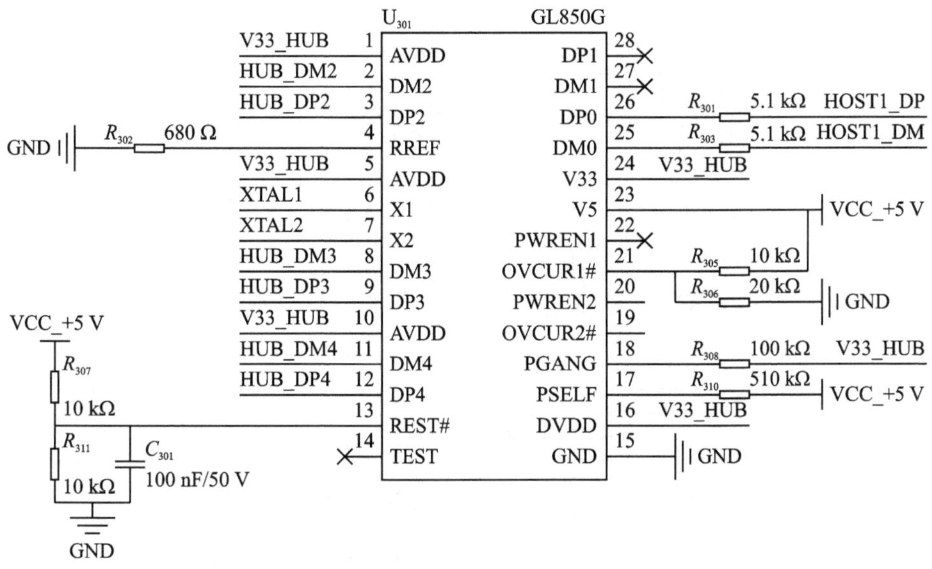

图 1－9　USB 接口电路 2

12. Wi－Fi/BT 电路

Wi－Fi/BT 电路采用集 Wi－Fi 和 BT 功能于一体的 AP6255 芯片，如图 1－10 和图 1－11 所示。整个模块通过 WIFI_REG_ON、WIFI_HOST_WAKE、BT_HOST_WAKE、BT_WAKE、RK_UART0_RTS、RK_UART0_TXD、RK_UART0_RXD、RK_UART0_CTS、BT_RST、RTC_CLKOUT2、WIFI_D0、WIFI_D1、WIFI_D2、WIFI_D3、WIFI_CMD 和 WIFI_CLK 网络分别与 RK3288 核心板的第 92、107、108、105、104、102、101、103、106、99、98、97、96、95、94 和 93 号引脚相连。

13. NL668 电路

NL668 电路如图 1－12 所示，该模块可以实现打电话、录音和耳机播放等功能。SIM_VDD、SIM_DATA、SIM_CLK 和 SIM_RST 网络连接到 Micro SIM 卡槽，支持 SIM 卡插入，实现打电话的功能；MIC_N 连接到耳机接口，可以实现麦克风功能；SPK_P 和 SPK_N 连接到耳机接口，可以实现耳机播放音频的功能。

14. 调试串口电路

调试串口电路如图 1－13 所示。RK3288 核心板预留一个 RS232 调试串口 UART2、4 个 TTL 串口：UART1～UART4。注意，默认使用 UART2 作为调试串口，用户可以通过修改程序更换调试串口。

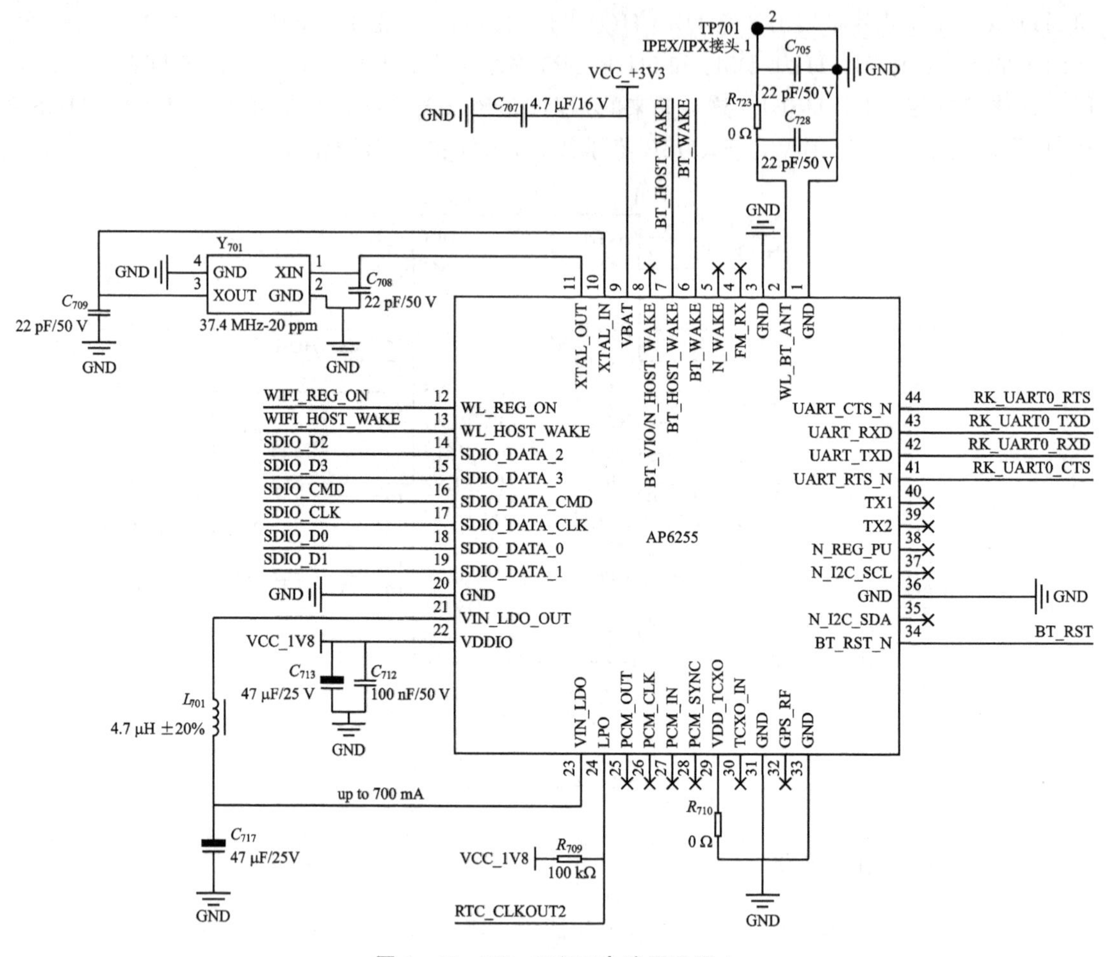

图 1-10 Wi-Fi/BT 电路原理图 1

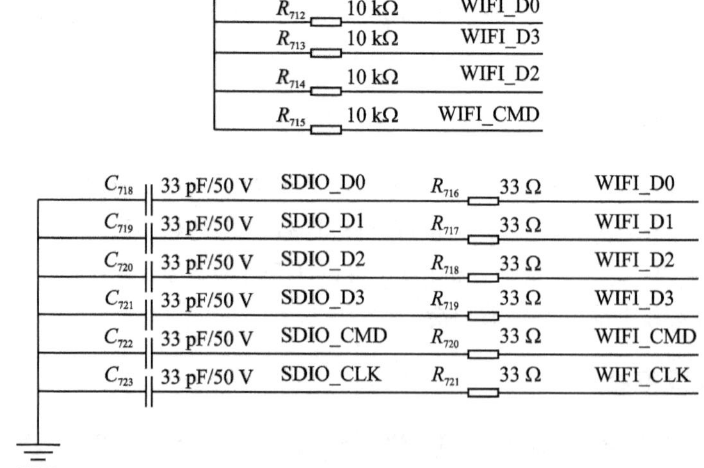

图 1-11 Wi-Fi/BT 电路原理图 2

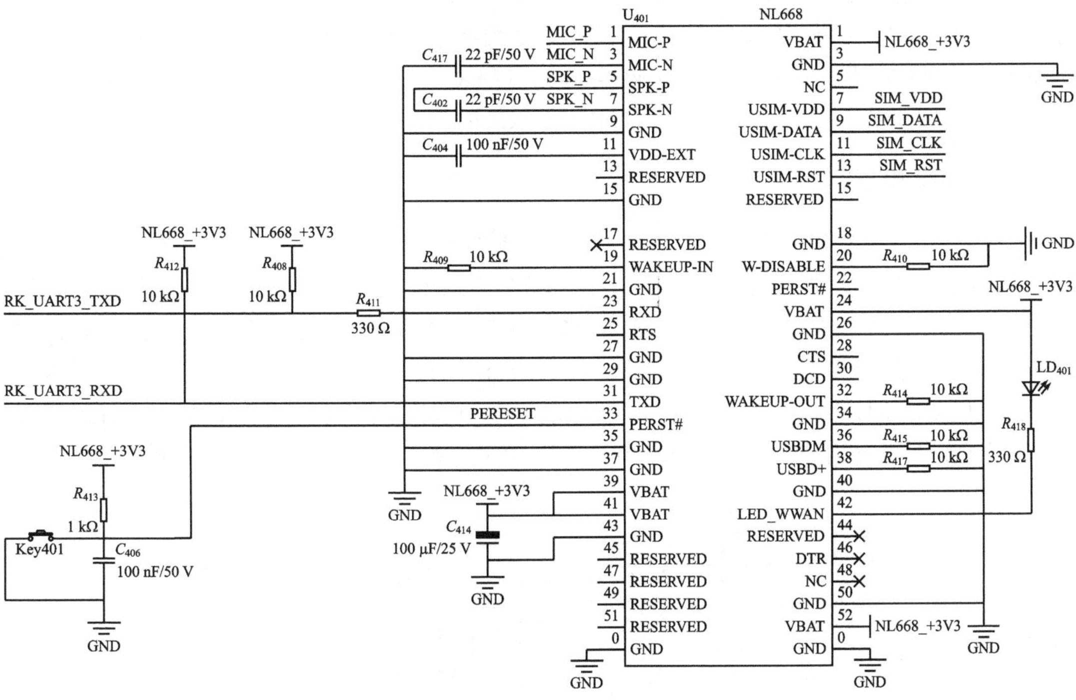

图 1－12　NL668 电路

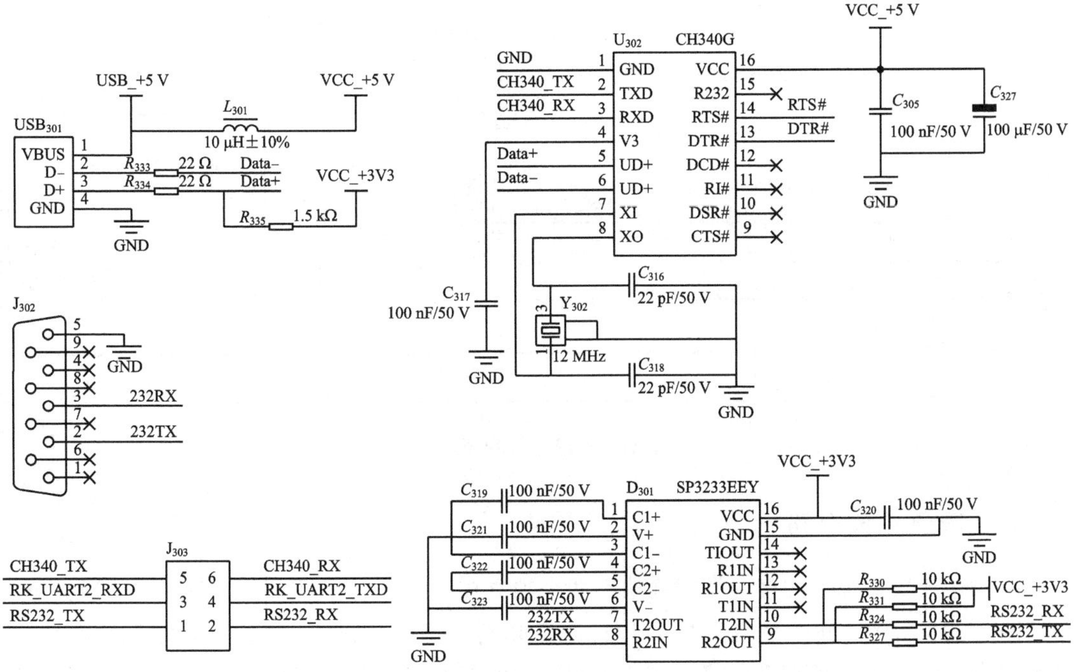

图 1－13　调试串口电路

调试串口电路通过 RK_UART2_TXD 和 RK_UART2_RXD 网络连接到 RK3288 核心板的第 148 和 147 号引脚，并且 RK_UART2_TXD 网络连接到 CH340G 芯片的 CH340_TX 网络和 SP3233EEY 芯片的 RS232_TX 网络，RK_UART2_RXD 网络连接到 CH340G 芯片的 CH340_RX 网络和 SP3233EEY 芯片的 RS232_RX 网络。

15. 音频电路

ES8323S 是顺芯公司推出的一款低功率立体声音频编码解码芯片，该芯片由 2 - ch ADC、2 - ch DAC、传声放大器和增益等构成，它采用先进的多位 delta - sigma 调制技术进行数据信号的数模转换。其主要应用于 MID、MP3/MP4/PMP、无线声卡、数字照相机、GPS、蓝牙和便携式音频设备等，音频电路如图 1 - 14 所示。音频模块通过 I2C2_SDA_AUDIO、I2C2_SCL_AUDIO、I2S0_CLK、I2S0_SCLK、I2S0_SDO0、I2S0_LRCK_TX、I2S0_LRCK_RX、I2S0_SDI 和 HP_DET 网络分别连接到 RK3288 核心板的第 90、89、88、87、86、85、84、83 和 91 号引脚。

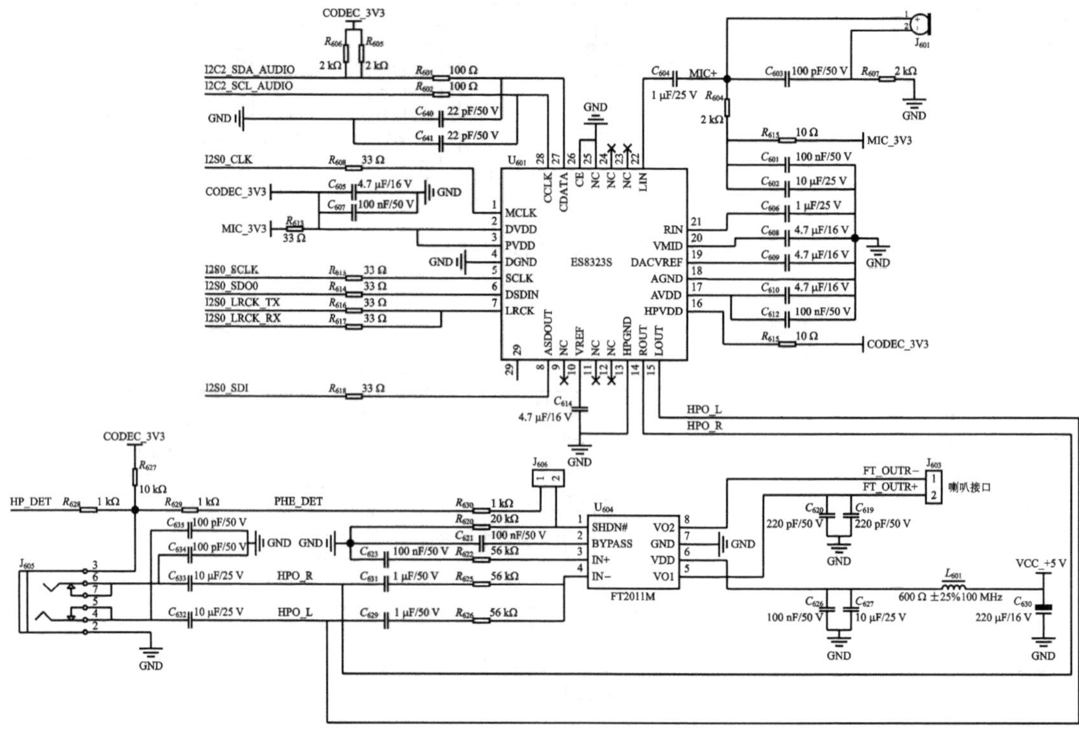

图 1 - 14　音频电路

16. 普通按键电路

嵌入式开发系统上的普通按键模块有两个独立按键，分别为 KEY1 和 KEY2，普通按键电路如图 1 - 15 所示。每个按键都与一个 100 nF 电容并联，且通过一个 10 kΩ 电阻连接 3.3 V 电源网络。KEY1 和 KEY2 网络分别连接 RK3288 核心板的第 81 和 80 号引脚。按键未按下时，输入到 RK3288 核心板引脚的电平为高电平；按键按下时，输入到 RK3288 核心板引脚的电平为低电平。

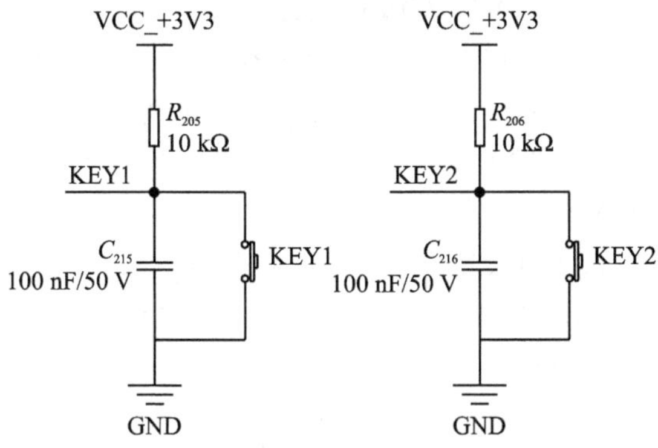

图 1-15　普通按键电路

17. 以太网电路

以太网电路如图 1-16 所示。该电路的核心为 RTL8211E-VB-CG 芯片，它是一个高度集成的以太网收发器，集成以太网 MAC 控制器和 10/100/1 000M PHY，符合 10Base-T、100Base-TX 和 1 000Base-T IEEE 802.3 标准，提供所有必要的物理层功能，数据传输速率可以达到 10 Mbps、100 Mbps 甚至 1 000 Mbps，从而实现千兆以太网的功能。

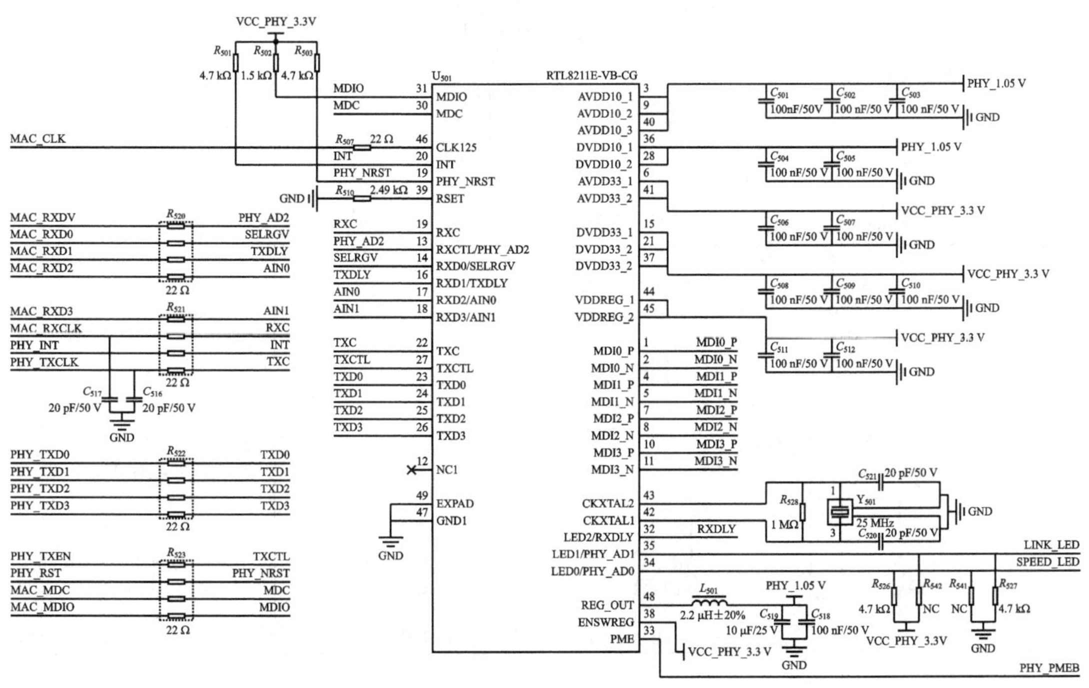

图 1-16　以太网电路

18. HDMI 电路

HDMI 电路如图 1-17 所示。HDMI 是一种数字化视频/音频接口技术，适合影像传输的专用型数字化接口，可同时传输音频和影像信号。HDMI 数据采用差分传输，共有 3 路，分别为 HDMI_TX0P 和 HDMI_TX0N，HDMI_TX1P 和 HDMI_TX1N，以及 HDMI_TX2P 和 HDMI_TX2N。这 3 路数据线分别连接到 RK3288 核心板的第 49 和 50、第 52 和 51、第 54 和 53 号引脚；HDMI_TXCP 和 HDMI_TXCN 网络分别连接到 RK3288 核心板的第 48 和 47 号引脚，用来控制 HDMI 的时钟，时钟频率小于 55 MHz，即最大传输率为 165 Mpixels/sec；HDMI_SCL 和 HDMI_SDA 网络分别连接到 RK3288 核心板的第 44 和 43 号引脚，通过 I^2C 协议进行数据传输的控制；HDMI_CEC 网络连接到 RK3288 核心板的第 45 号引脚，可以通过 CEC 协议对设备进行控制；HDMI_HPD 网络连接到 RK3288 核心板的第 46 号引脚，对供电电源进行检测，提示电源电压过高或过低。

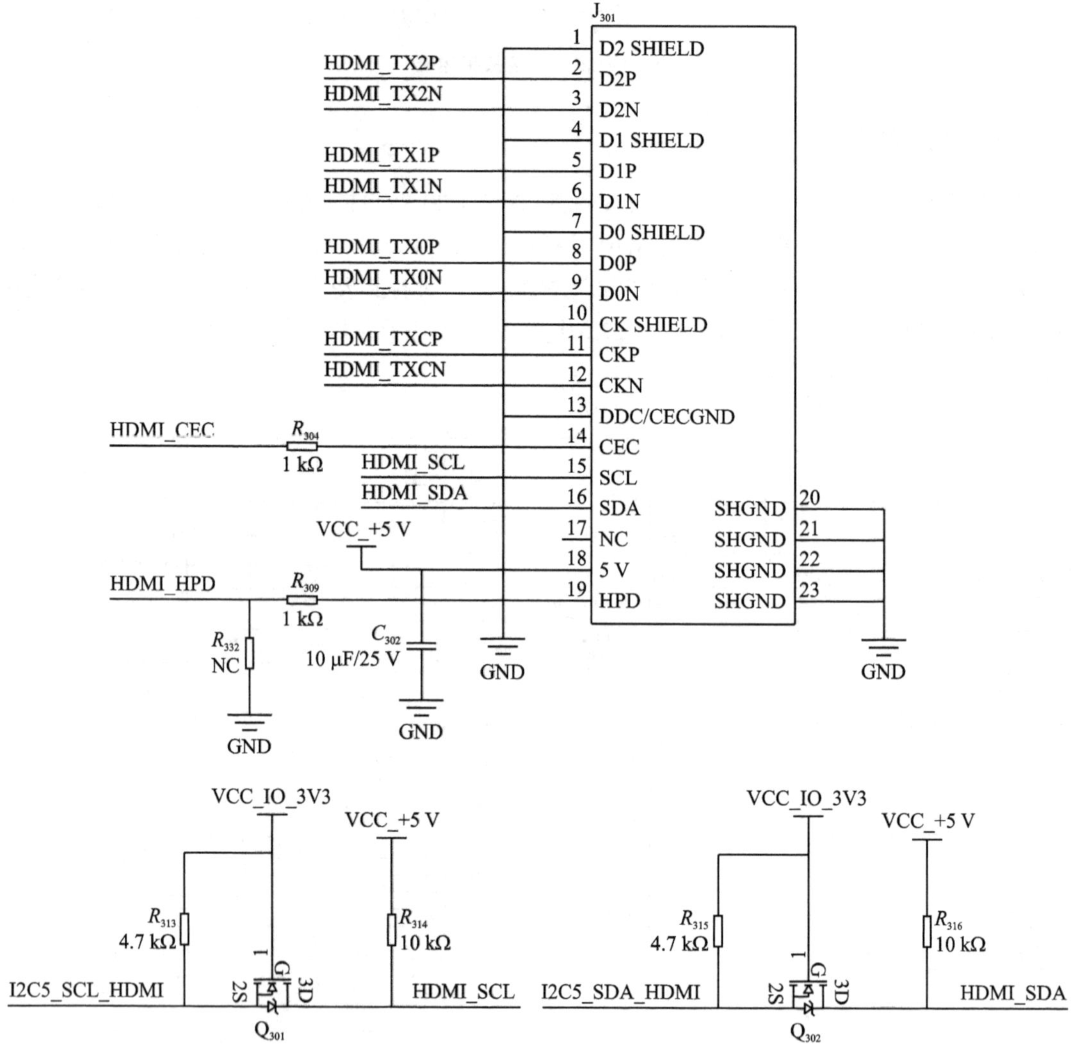

图 1-17　HDMI 电路

19. STM32 微控制器电路

图 1-18 所示的 STM32 微控制器电路由 STM32 滤波电路、STM32 微控制器、复位电路和启动模式选择电路组成。

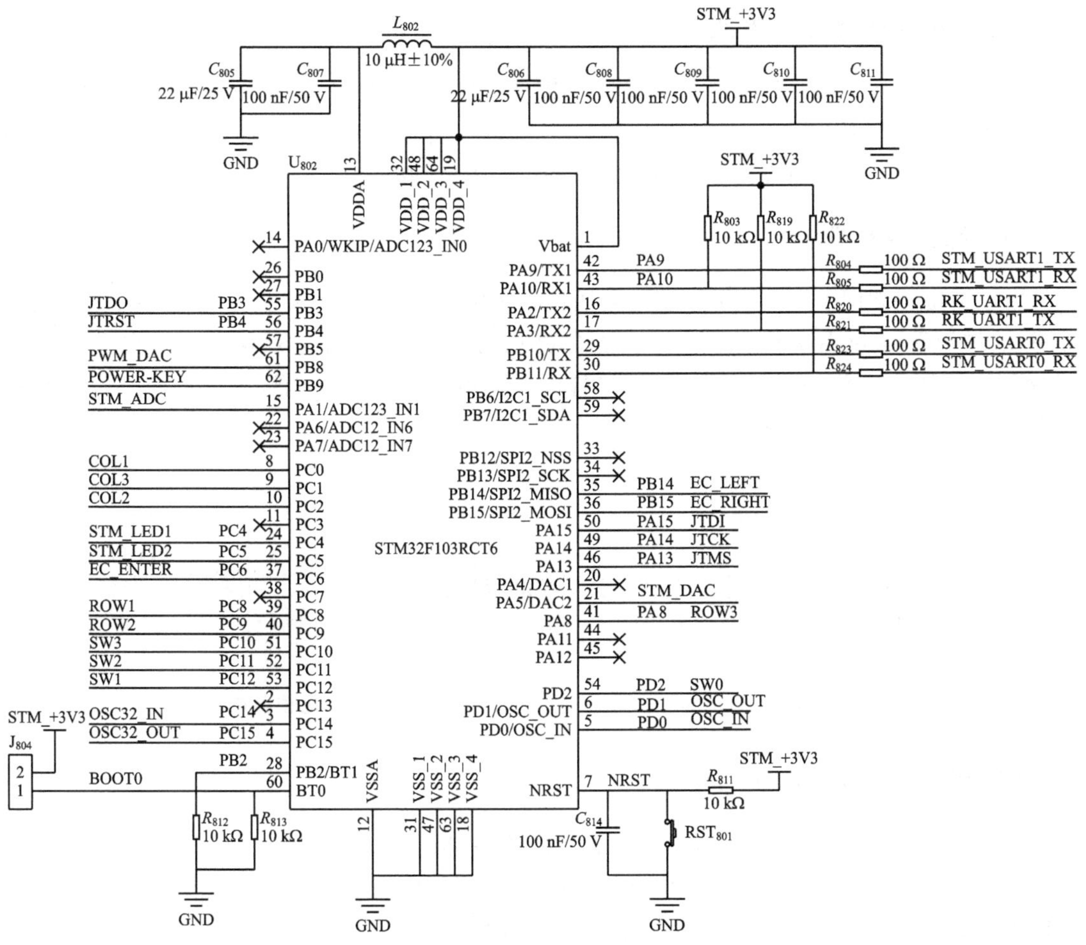

图 1-18　STM32 微控制电路

电源网络一般会有高频噪声和低频噪声，而大电容对低频有较好的滤波效果，小电容对高频有较好的滤波效果。STM32F103RCT6 有 4 组数字电源－地引脚，即 VDD_1～VDD_4 和 VSS_1～VSS_4，还有一组模拟电源－地引脚，即 VDDA 和 VSSA。C_{808}、C_{811}、C_{809} 和 C_{810} 电容用于滤除 STM32F103RCT6 的 4 组数字电源引脚上的高频噪声；C_{806} 用于滤除数字电源引脚上的低频噪声；C_{807} 和 C_{805} 分别用于滤除模拟电源引脚上的高频和低频噪声。为了达到良好的滤波效果，还需要在进行 PCB 布局时，尽可能将这些电容摆放在对应的电源－地回路之间，且布线越短越好。

NRST 引脚用于实现芯片复位，通过一个 10 kΩ 电阻连接到 3.3 V 电源网络。因此，用于 STM32F103RCT6 复位的引脚在默认状态下为高电平，当复位按键按下时，NRST 引脚为低电平，STM32F103RCT6 进行一次系统复位。

BOOT0 引脚（60 号引脚）和 BOOT1 引脚（28 号引脚）用于选择 STM32F103RCT6 启动模块，当 BOOT1 为低电平时，系统从内部 Flash 启动。因此，在默认情况下，J_{804} 不需要使用跳线帽连接。

20. 飞梭编码器接口电路

飞梭编码器接口电路如图 1-19 所示。EC_LEFT、EC_RIGHT 和 EC_ENTER 网络分别连接到 STM32F103RCT6 芯片的 PC14、PC15 和 PC6 引脚，STM32F103RCT6 芯片通过读取这 3 个引脚的电平来判断飞梭是向左转动、向右转动还是按下。

21. 电位器电路

电位器电路如图 1-20 所示。该电路通过 3.3 V 电源、电位器和 GND 形成一个串联分压电路，通过调节电位器的阻值，可改变电位器所分得的电压值。STM_ADC 网络连接到 STM32F103RCT6 芯片的 PA1 引脚，该引脚可以复用为 ADC 的功能，通过对 STM_ADC 进行采样即可得到电位器的电压。

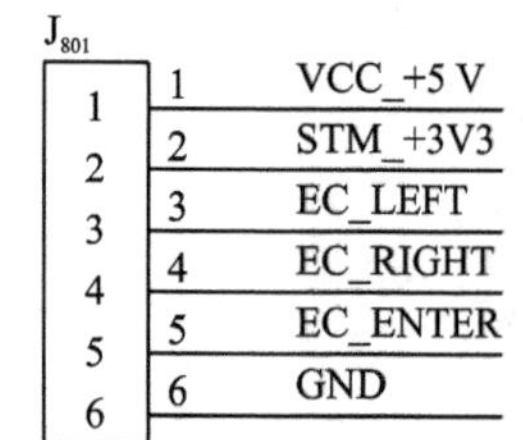

图 1-19 飞梭编码器接口电路

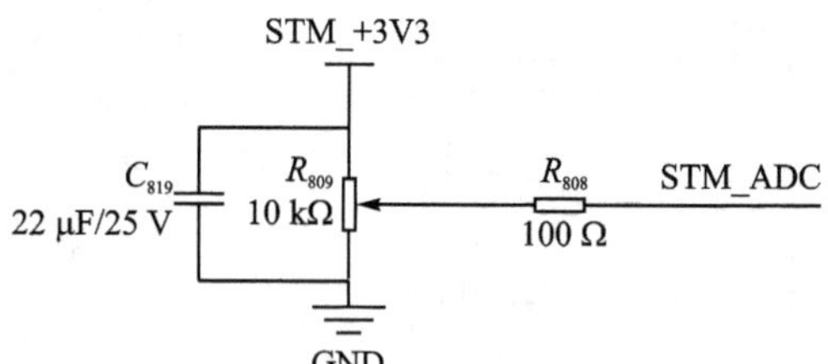

图 1-20 电位器电路

22. 通信-下载模块接口电路

编写完程序后，需要通过一个通信-下载模块将.hex(或.bin)文件下载到 STM32 中。通信-下载模块向上与计算机连接，向下与 STM32 微控制器连接，通过计算机上的 STM32 下载工具(如 MCUISP)，就可以将程序下载到 STM32 中。通信-下载模块除具备程序下载功能外，还担任着“通信员”的角色，即可以通过通信-下载模块实现计算机与 STM32 之间的通信。另外，STM32 微控制器模块通过一个 XH-6P 座子连接到通信-下载模块，通信-下载模块再通过 USB 线连接到计算机的 USB 接口，通信-下载模块接口电路如图 1-21 所示。

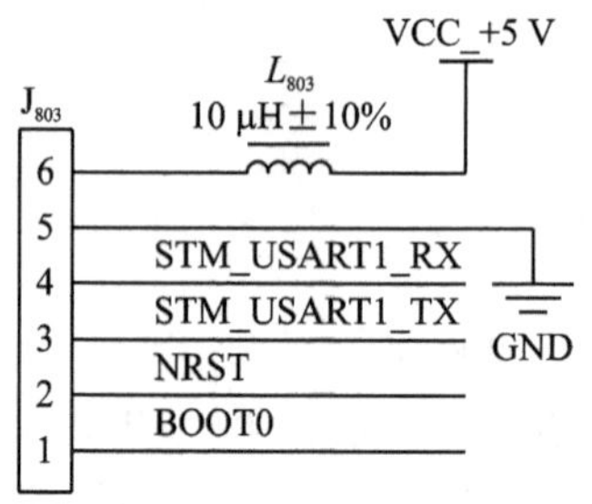

图 1-21 通信-下载模块接口电路

通信-下载模块接口电路有 6 个引脚，引脚说明如表 1-6 所列。

表 1-6 通信-下载模块接口电路引脚说明

引脚序号	引脚名称	引脚说明	备 注
1	BOOT0	启动模式选择 BOOT0	STM32 核心板 BOOT1 固定为低电平
2	NRST	STM32 复位	
3	STM_USART1_TX	STM32 的 USART1 发送端	连接通信-下载模块的接收端
4	STM_USART1_RX	STM32 的 USART1 接收端	连接通信-下载模块的发送端
5	GND	接地	
6	VCC_IN	电源输入	5 V 电源

23. JTAG/SWD 调试接口电路

除了可以使用通信-下载模块下载程序，还可以使用 JLINK 或 ST-LINK 进行程序下载。JLINK 和 ST-LINK 不仅可以下载程序，还可以对 STM32 微控制器进行在线调试。图 1-22 为 JTAG/SWD 调试接口电路，这里采用了标准的 JTAG 接法，由于 SWD 接口只需要 4 个引脚（SWCLK、SWDIO、VCC 和 GND），因此这种接法也兼容 SWD 接口。注意，该接口电路为 JLINK 或 ST-LINK 提供 3.3 V 的电源，因此，不能通过 JLINK 或 ST-LINK 对 STM32 微控制器模块进行供电，而是通过 STM32 微控制器模块为 JLINK 或 ST-LINK 供电。

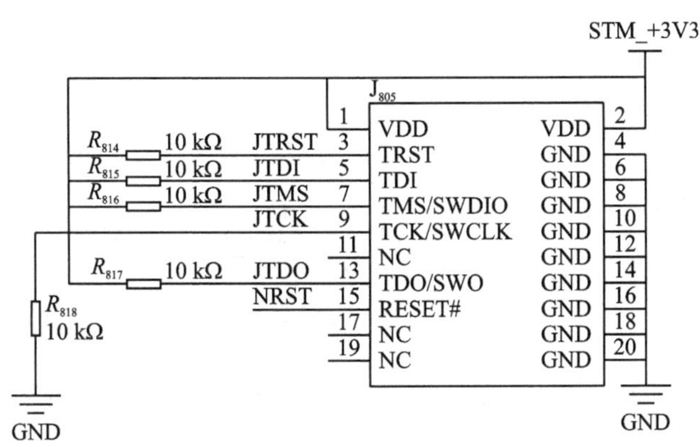

图 1-22　JTAG/SWD 调试接口电路

由于 SWD 接口只需要 4 个引脚，因此，在进行产品设计时，建议使用 SWD 接口，可节省很多引脚。虽然 JLINK 和 SWD 都可以下载程序，而且还能进行在线调试，但是无法实现 STM32 微控制器与计算机之间的通信。因此，在设计产品时，除了保留 SWD 接口，还建议保留通信-下载接口。

24. STM32 微控制器 LED 电路

STM32 微控制器 LED 电路上有两个 LED，STM_LED1 和 STM_LED2 均为绿色，每个 LED 分别与一个 330 Ω 电阻串联后连接到 STM32F103RCT6 芯片的 PC4 和 PC5 引脚，如图 1-23 所示。在 LED 电路中，电阻起着分压限流的作用。

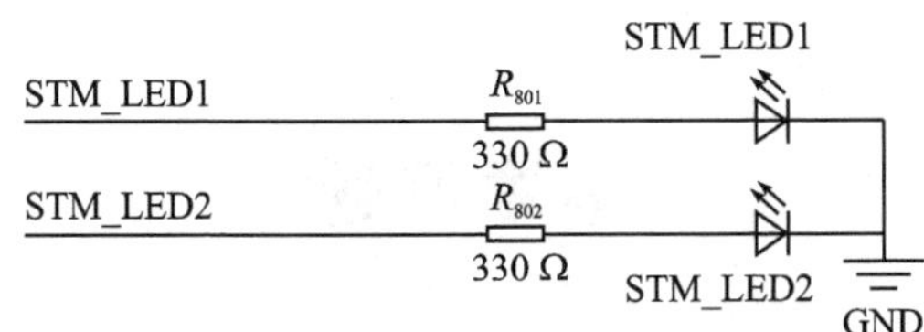

图 1-23　STM32 微控制器 LED 电路

25. 拨动开关电路

拨动开关电路如图 1-24 所示。连接到 STM32 的拨动开关共有 4 个，SW0 网络连接

PD2 引脚、SW1 网络连接 PC12 引脚、SW2 网络连接 PC11 引脚、SW3 网络连接 PC10 引脚。当开关拨到 3 号引脚时，输入到 STM32F103RCT6 芯片的电平为高电平，拨到 1 号引脚时，输入到 STM32F103RCT6 芯片的电平为低电平，10 kΩ 电阻起限流作用。

26. 矩阵键盘电路

矩阵键盘电路如图 1-25 所示。矩阵键盘由 9 个独立按键组成，每个按键的一端通过一个 10 kΩ 上拉电阻连接到 3.3 V 电源，另外一端连接到 STM32F103RCT6 芯片的引脚，其中 3 个行引脚分别为 ROW3(PA8)、ROW2(PC9)和 ROW1(PC8)，3 个列引脚分别为 COL3(PC1)、COL2(PC2)和 COL1(PC0)。

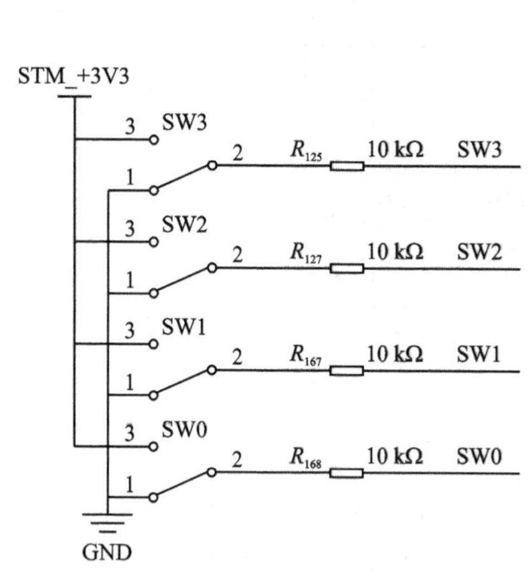

图 1-24 拨动开关电路

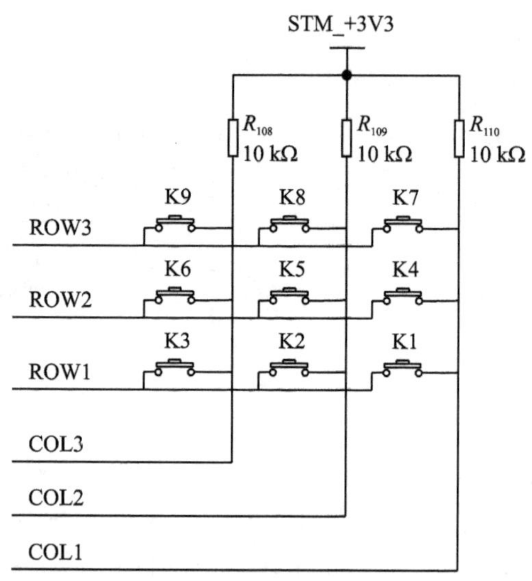

图 1-25 矩阵键盘电路

本章任务

完成本章学习，了解嵌入式系统的基本知识和 RK3288 芯片的基本参数，熟悉嵌入式开发系统的电路设计。查阅资料，了解 ARM 处理器的特点、指令集、架构以及 ARM 处理器的应用领域。

本章习题

1. 简述什么是嵌入式系统。
2. 嵌入式系统有哪些特点？
3. 简述嵌入式系统的组成部分。
4. STM32 微控制器的电源引脚处放置了较多电容，且电容规格不一致，这样设计的目的是什么？

第 2 章　嵌入式系统开发环境构建

工欲善其事，必先利其器。在开始嵌入式系统开发之前，需要先搭建嵌入式系统开发环境。基础的开发环境一般包括操作系统、终端软件和烧录工具等。本书选用基于 Linux 的 Ubuntu 操作系统，该操作系统可以通过在 Windows 系统中安装的 VMware Workstation 虚拟机来运行，另外，还可以通过 SecureCRT 终端软件来访问 Ubuntu；完成 VMware Workstation、Ubuntu 和 SecureCRT 的安装之后，解压源码包并进行修改和编译，通过 RockChip 提供的 Android Tool 工具将编译生成的固件下载到嵌入式开发系统进行升级，这样就基本完成了整个嵌入式系统开发流程。

由于目前主流的计算机操作系统大多都是基于 Windows，而嵌入式系统开发需要在 Linux 的环境下进行，所以最简便的方法就是在 Windows 系统上安装一个虚拟机，通过虚拟机来运行 Linux 操作系统，双系统的使用会大大提高我们的工作效率。VMware Workstation 是一款常用的虚拟机，在 Windows 上安装好 VMware Workstation 和 Ubuntu 后，就可以在 Winows 和 Linux 系统之间自由切换，解决单一操作系统的限制。成功安装 VMware Workstation 和 Ubuntu 后，还需要在 Ubuntu 系统上安装必要的编译工具包，详细步骤会在本章的 2.4 节中介绍。

在基于 VMware Workstation 的 Ubuntu 系统中，由于输入不便捷，可通过引入 SecureCRT 终端软件来解决这个问题。SecureCRT 终端软件通过 SSH 网络协议连接到 VMware Workstation 上的 Ubuntu 系统，通过命令行就可以进行 Linux 环境下的基本操作，而且基于该终端软件还可以进行串口操作，打开嵌入式开发系统的调试串口，可以实时显示设备的调试信息。

本书配套资料包中包含 RK3288_android_cv5.tar.bz2 文件，该文件是基于嵌入式开发系统的资料源码包，解压该源码包后再进行编译，可以得到后缀名为.img 的固件 update-android，将该固件下载到嵌入式开发系统上，便可以操作设备上的各个模块。下载.img 固件时，需要使用到与嵌入式开发系统配套的 Android Tool 工具，通过该下载工具，可以将固件包整个(update-android.img)下载到 RK3288 中，也可以将单个.img 文件(如 kernel.img、system.img 等)下载到 RK3288 中，这种下载单个.img 文件的方式可以大大节省开发时间。

2.1　安装 VMware Workstation

双击运行本书配套资料包“02.相关软件\VMware 虚拟机”文件夹中的 VMware-workstation-full-12.1.1-3770994.exe，如图 2-1 所示。

在弹出如图 2-2 所示的对话框中，单击“下一步”按钮。

图 2-1　VMware Workstation 安装步骤 1

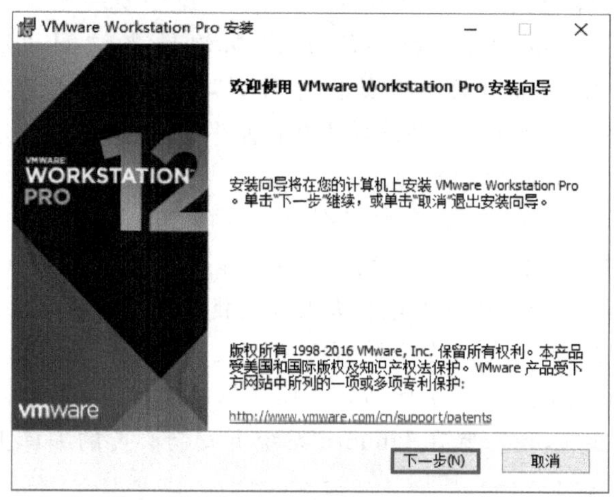

图 2-2　VMware Workstation 安装步骤 2

在弹出如图 2-3 所示的对话框中，选中“我接受许可协议中的条款”，然后单击“下一步”按钮。

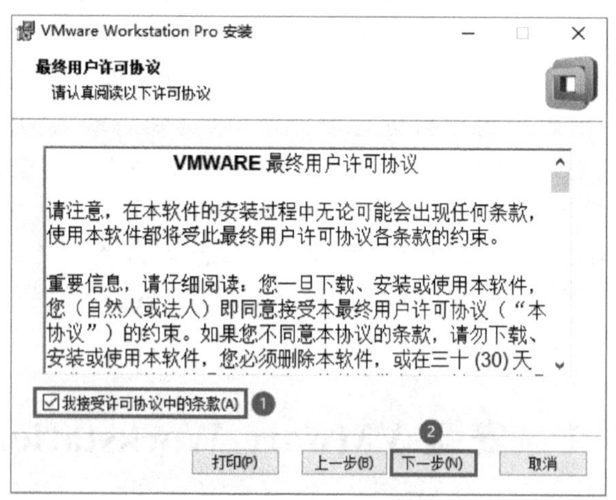

图 2-3　VMware Workstation 安装步骤 3

在弹出如图 2-4 所示的对话框中，单击“下一步”按钮。

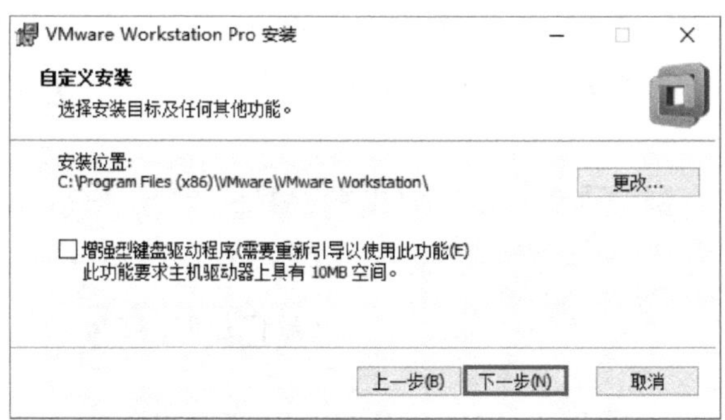

图 2-4　VMware Workstation 安装步骤 4

在弹出如图 2-5 所示的对话框中，取消“启动时检查产品更新”和“帮助完善 VMware Workstation Pro”两个选项，然后单击“下一步”按钮。

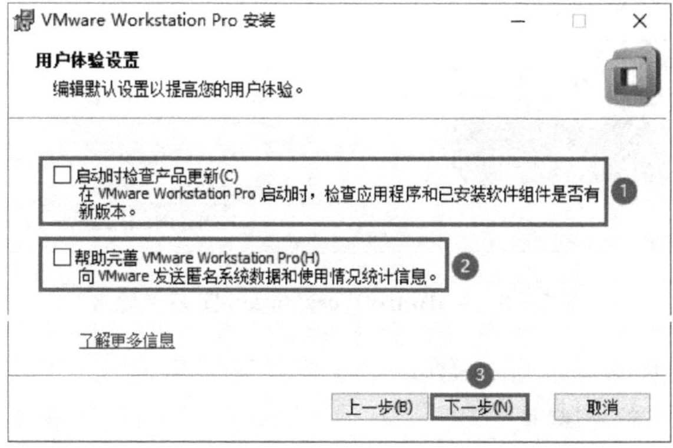

图 2-5　VMware Workstation 安装步骤 5

在弹出如图 2-6 所示的对话框中，单击“下一步”按钮。

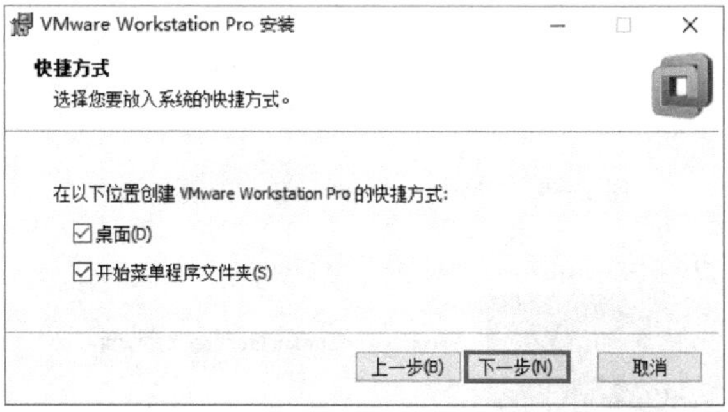

图 2-6　VMware Workstation 安装步骤 6

在弹出如图 2-7 所示的对话框中，单击“安装”按钮。

VMware Workstation 安装完成后，弹出如图 2-8 所示的对话框，单击“许可证”按钮。

将激活码输入到许可证密钥文本框，然后单击“输入”按钮，如图 2-9 所示。

在如图 2-10 所示的对话框中单击“完成”按钮，完成 VMware Workstation 的安装。

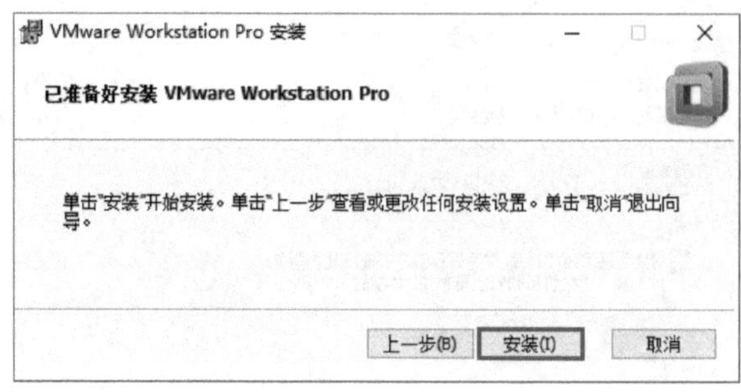

图 2-7 VMware Workstation 安装步骤 7

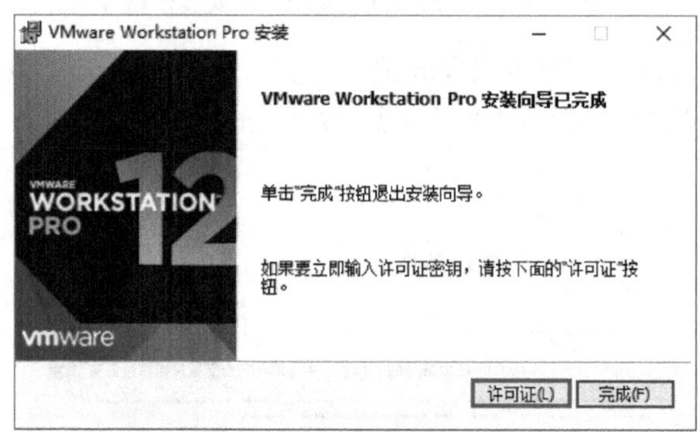

图 2-8 VMware Workstation 安装步骤 8

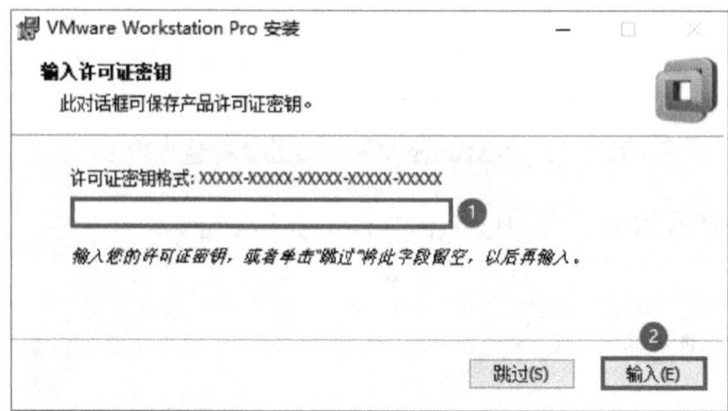

图 2-9 VMware Workstation 安装步骤 9

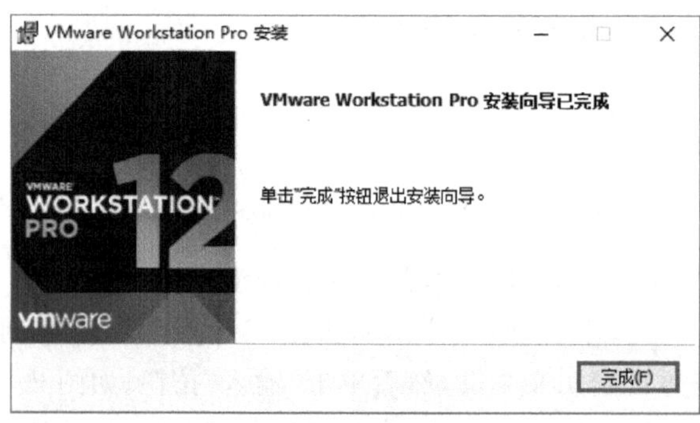

图 2-10 VMware Workstation 安装步骤 10

2.2　安装 Ubuntu

在安装 Ubuntu 之前，须确保计算机已开启虚拟技术（Virtualization Technology，VTx），否则将无法安装 Ubuntu。大多数计算机支持虚拟技术，而开启虚拟技术需要进入 BIOS 系统，由于不同计算机进入 BIOS 系统的方式不同，这里不作介绍，由读者自行查阅资料完成。

计算机开启虚拟技术后，运行 VMware Workstation 软件，然后选择"文件→新建虚拟机(N)"菜单项，如图 2－11 所示。

在弹出如图 2－12 所示的对话框中，单击"下一步"按钮。

图 2－11　Ubuntu 安装步骤 1

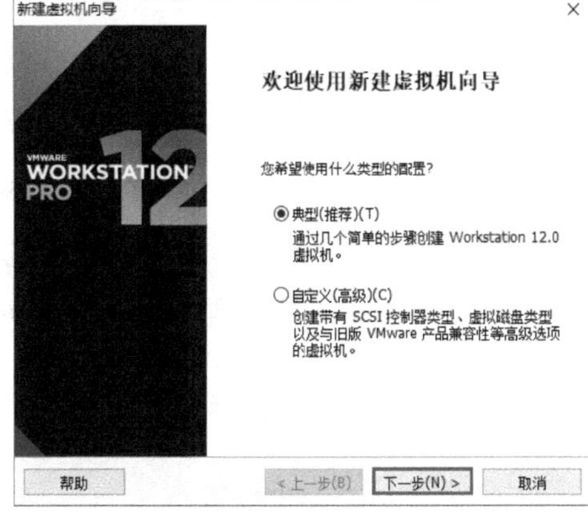

图 2－12　Ubuntu 安装步骤 2

在弹出如图 2－13 所示的对话框中，单击"浏览"按钮，在弹出的对话框中，选择资料包"02.相关软件"文件夹中的 ubuntu－14.04.5－desktop－amd64.iso 文件，然后单击"下一步"按钮。

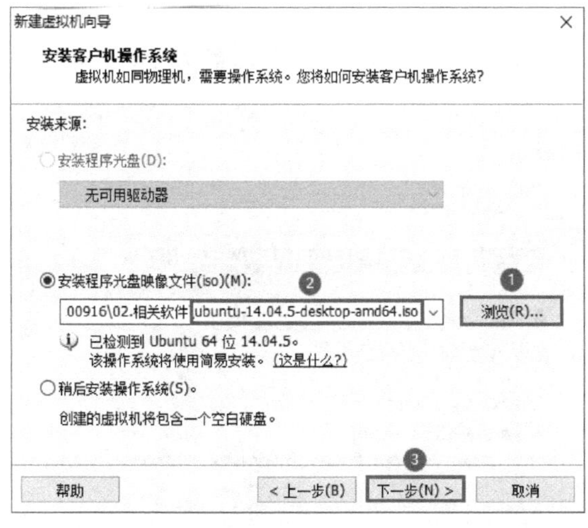

图 2－13　Ubuntu 安装步骤 3

弹出如图 2-14 所示的对话框，在“全名”文本框中输入 admin，在“用户名”文本框中输入 user，在“密码”文本框中输入 123456，在“确认”文本框中再次输入 123456，然后单击“下一步”按钮。注意，以上内容皆可自定义，为了便于后续开发，建议按照以上设置。

图 2-14　Ubuntu 安装步骤 4

弹出如图 2-15 所示的对话框，单击“浏览”按钮，在 D 盘下新建一个 Ubuntu 文件夹，并选择此文件夹作为虚拟机的存放路径，然后单击“下一步”按钮。

图 2-15　Ubuntu 安装步骤 5

在弹出如图 2-16 所示的对话框中，将“最大磁盘大小(GB)”一栏设置为 100，然后单击“下一步”按钮。

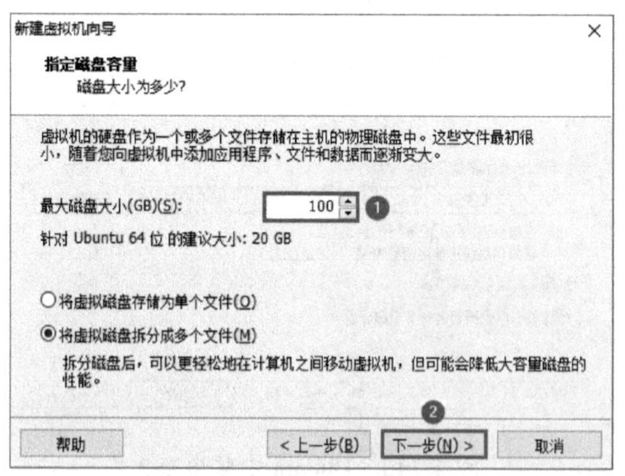

图 2-16　Ubuntu 安装步骤 6

弹出如图 2－17 所示的对话框，单击“自定义硬件(C)”按钮。

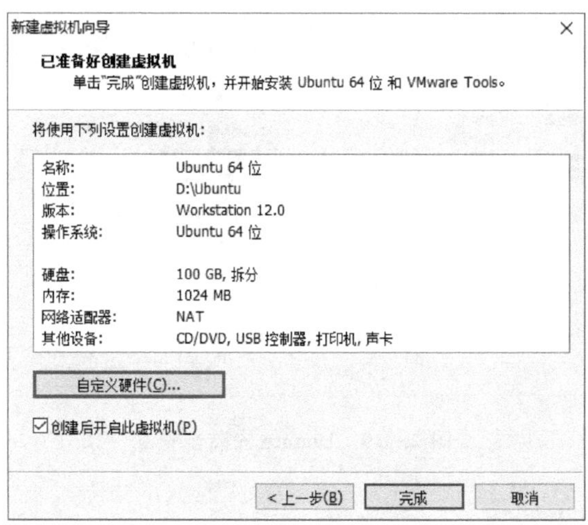

图 2－17　Ubuntu 安装步骤 7

在弹出如图 2－18 所示的对话框中，单击“内存”选项，然后将此虚拟机的内存设置为 8 192 MB(为虚拟机设置的内存不得大于计算机的运行内存，此处应根据计算机的运行内存合理分配虚拟机内存)。

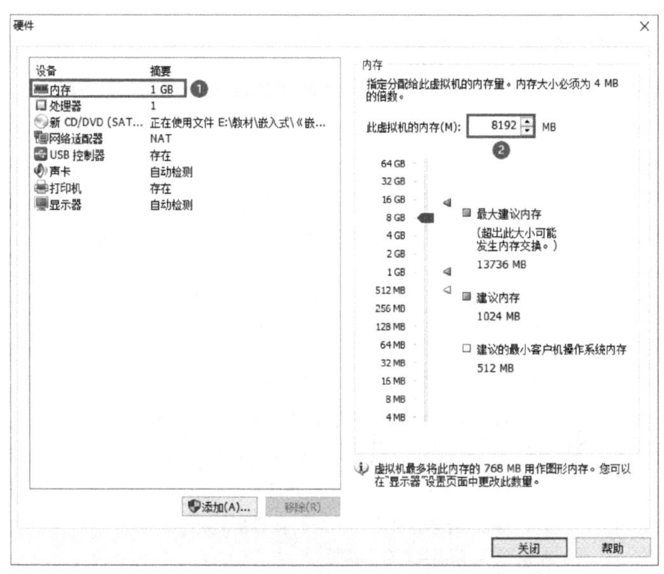

图 2－18　Ubuntu 安装步骤 8

然后单击“处理器”选项，如图 2－19 所示，将“处理器数量”设置为 2，“每个处理器的核心数量”设置为 4，然后单击“关闭”按钮。

在图 2－20 所示的对话框中，单击“完成”按钮。

在弹出如图 2－21 所示的对话框中选中“不再显示此消息”，然后单击“确定”按钮开始安装 Ubuntu。

如图 2－22 所示，Ubuntu 开始安装，此过程大概需要 10 分钟。

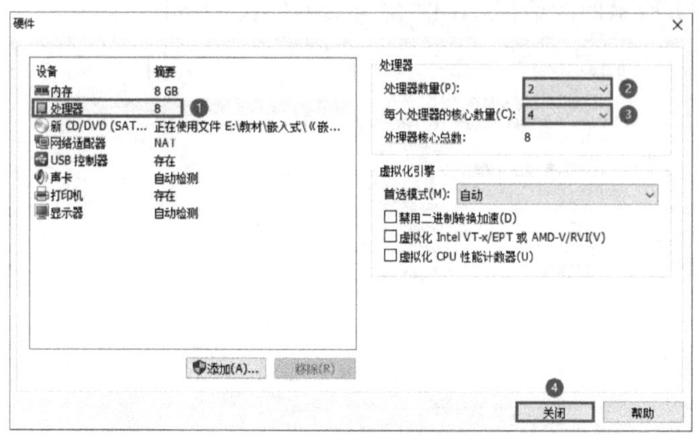

图 2－19　Ubuntu 安装步骤 9

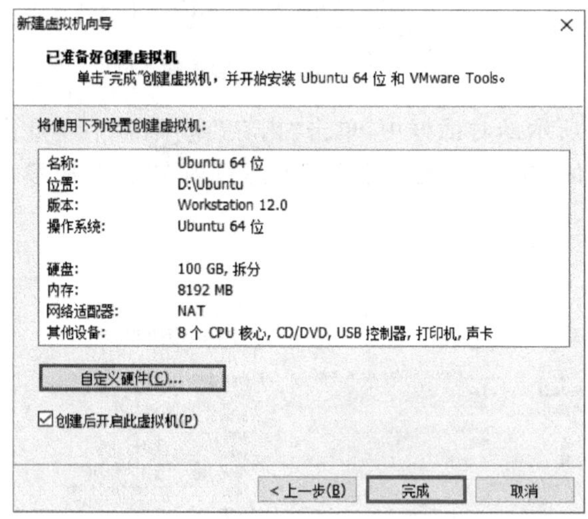

图 2－20　Ubuntu 安装步骤 10

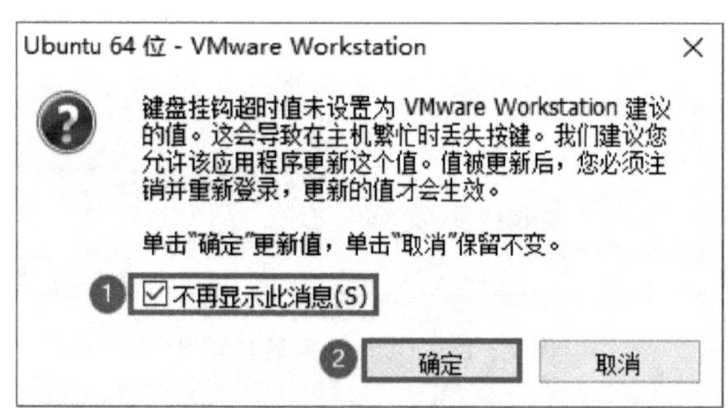

图 2－21　Ubuntu 安装步骤 11

安装完成后的界面如图 2－23 所示，在 admin 账户的密码栏中输入密码“123456”后回车，即可进入 Ubuntu 操作系统。

Ubuntu 操作系统的主界面如图 2－24 所示。

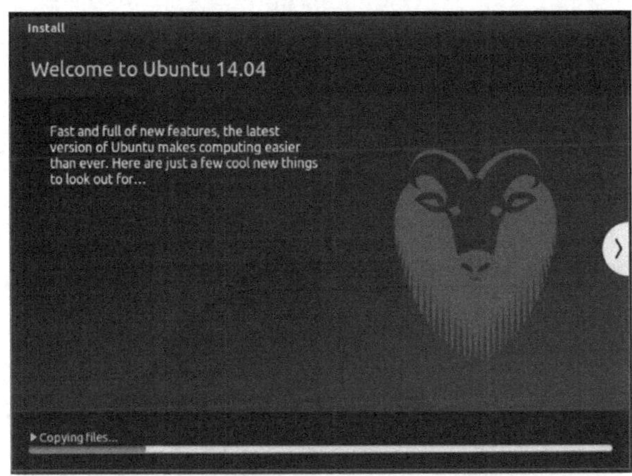

图 2-22　Ubuntu 安装步骤 12

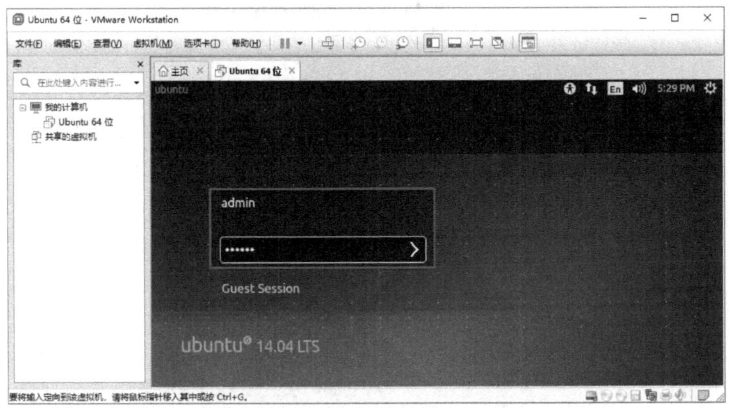

图 2-23　Ubuntu 安装步骤 13

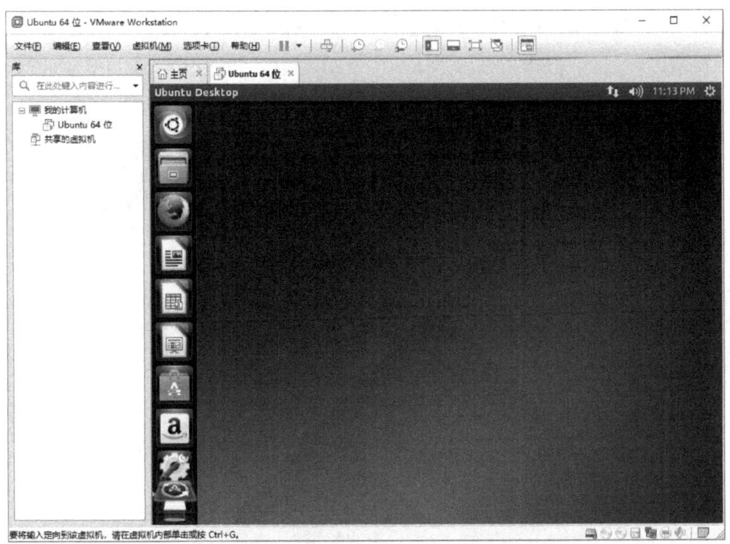

图 2-24　Ubuntu 安装步骤 14

2.3 安装 SecureCRT

2.3.1 安装 SecureCRT

SecureCRT 是一款支持 SSH2、SSH1、Telnet、Telnet/SSH、Relogin、Serial、TAPI 和 RAW 等协议的终端仿真程序，并且 SecureCRT 支持标签化 SSH 对话，从而可以便捷地管理多个 SSH 连接，即 SecureCRT 是 Windows 下登录 UNIX 和 Linux 服务器主机的软件。

双击运行本书配套资料包“02.相关软件\SecureCRT＋jdk1.6\SecureCRT＋Win\64 位”文件夹中的 setup.exe，在弹出如图 2-25 所示的对话框中，单击“Next”按钮。

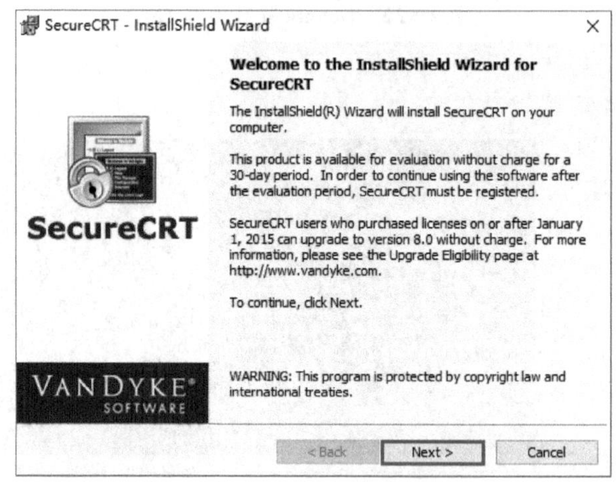

图 2-25　SecureCRT 安装步骤 1

在弹出如图 2-26 所示的对话框中，选择“I accept the terms in the license agreement”，然后单击“Next”按钮。

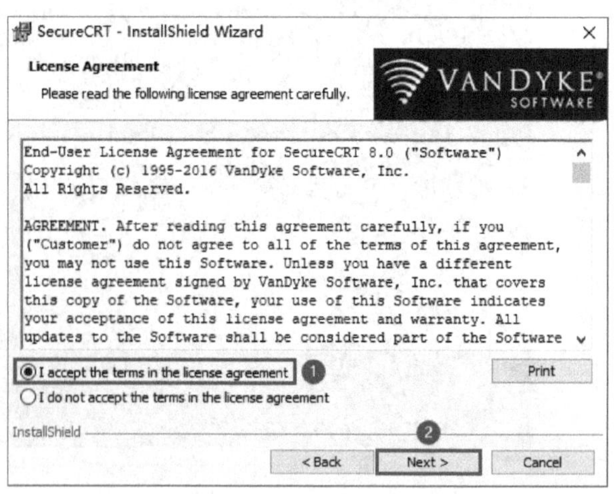

图 2-26　SecureCRT 安装步骤 2

在弹出如图 2－27 所示的对话框中，单击“Next”按钮。

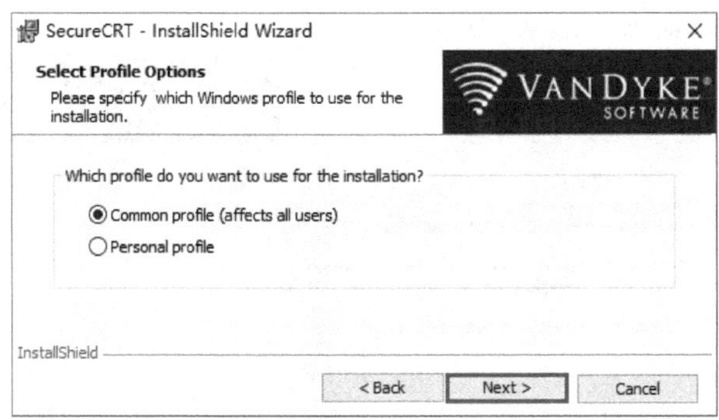

图 2－27　SecureCRT 安装步骤 3

在弹出如图 2－28 所示的对话框中，单击“Next”按钮。

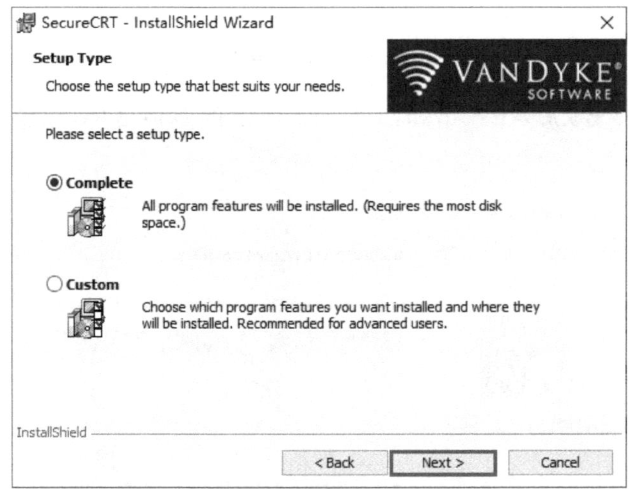

图 2－28　SecureCRT 安装步骤 4

在弹出如图 2－29 所示的对话框中，先选中“Add a desktop shortcut for SecureCRT”，再单击“Next”按钮。

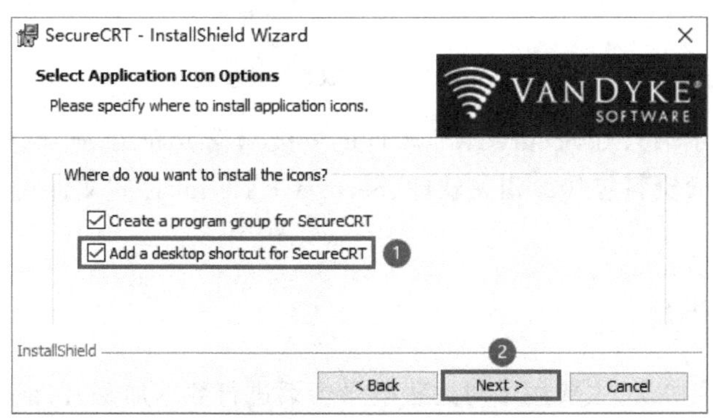

图 2－29　SecureCRT 安装步骤 5

在弹出如图 2-30 所示的对话框中，单击“Install”按钮。

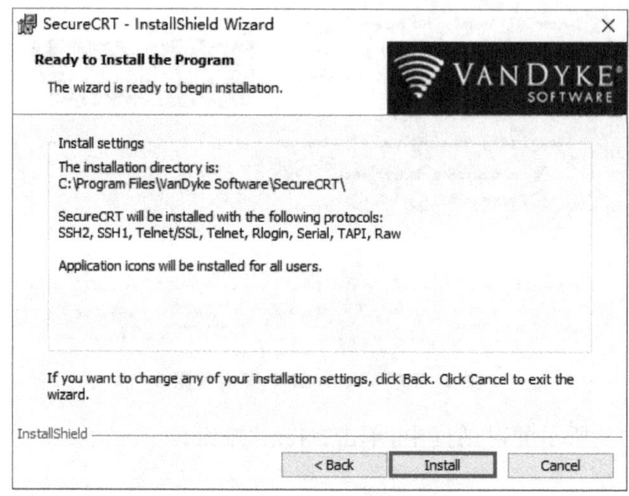

图 2-30　SecureCRT 安装步骤 6

SecureCRT 安装完成后，在弹出如图 2-31 所示的对话框中，取消 3 个选项然后单击“Finish”按钮。

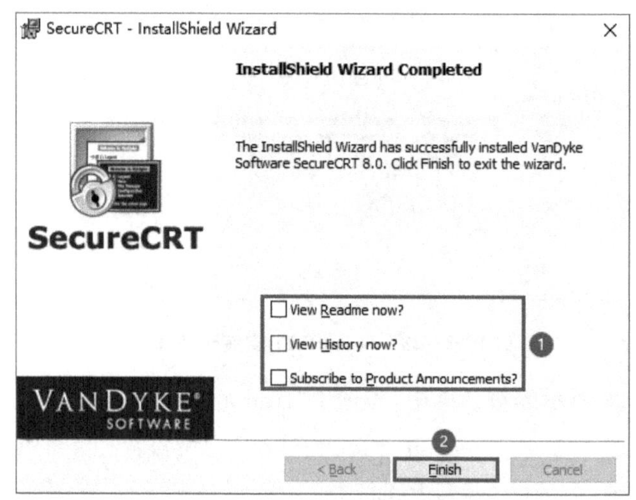

图 2-31　SecureCRT 安装步骤 7

由于篇幅有限，本书只对 SecureCRT 软件的安装做简要介绍，如果读者在安装过程中遇到问题，可以查看配套资料包“02.相关软件\SecureCRT+jdk1.6”文件夹中的“SecureCRT 安装和配置教程”。

2.3.2　安装 SSH

SSH 是一种安全协议，主要用于对远程登录会话进行数据加密，保证数据传输的安全。

在安装 SSH 之前需要先更新源列表，通过更新源命令“sudo apt-get update”来实现；更新源命令是一条更新安装包来源的命令，相当于在手机的应用商店获得最新的应用列表。其中

sudo 是 Linux 系统管理命令，是允许系统管理员让普通用户执行一些或全部的 root 命令的一个工具，相当于 Windows 的“以管理员身份运行”。apt 全称为 Advanced Packaging Tool，是 Linux 的一款安装包管理工具，是一个客户/服务器系统。

在 Ubuntu 下通过按快捷键“Ctrl+Alt+T”打开终端，然后输入“sudo apt-get update”命令，并回车执行该命令，输入密码(图 2-14 设置)后回车，如图 2-32 所示。注意，输入的密码是不可见的。

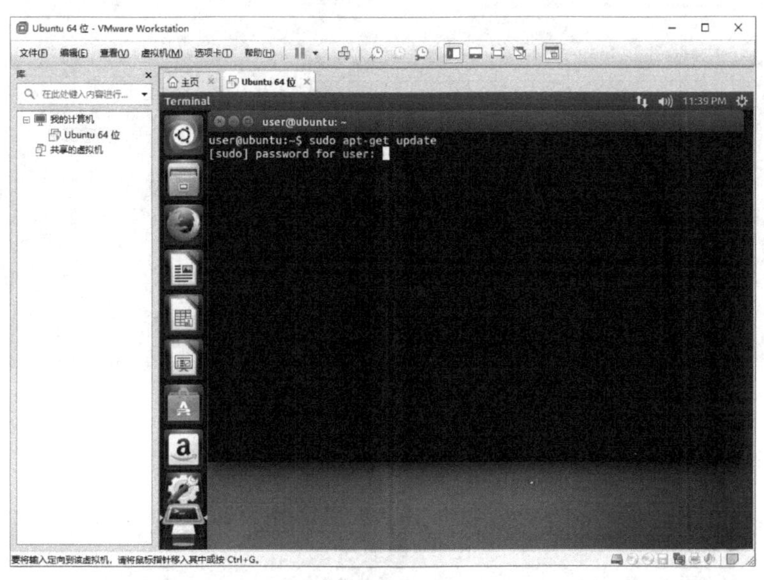
Ubuntu 64 位 - VMware Workstation
Terminal
user@ubuntu: ~
user@ubuntu:~$ sudo apt-get update
[sudo] password for user:

图 2-32　输入更新源命令和用户密码

在确保计算机的网络连接正常的前提下，Ubuntu 会自动进行更新源操作。出现“Reading package lists... Done”表示更新源操作完成，如图 2-33 所示。

```
user@ubuntu: ~
Hit http://us.archive.ubuntu.com trusty Release
Hit http://us.archive.ubuntu.com trusty/main Sources
Hit http://us.archive.ubuntu.com trusty/restricted Sources
Hit http://us.archive.ubuntu.com trusty/universe Sources
Hit http://us.archive.ubuntu.com trusty/multiverse Sources
Hit http://us.archive.ubuntu.com trusty/main amd64 Packages
Hit http://us.archive.ubuntu.com trusty/restricted amd64 Packages
Hit http://us.archive.ubuntu.com trusty/universe amd64 Packages
Hit http://us.archive.ubuntu.com trusty/multiverse amd64 Packages
Hit http://us.archive.ubuntu.com trusty/main i386 Packages
Hit http://us.archive.ubuntu.com trusty/restricted i386 Packages
Hit http://us.archive.ubuntu.com trusty/universe i386 Packages
Hit http://us.archive.ubuntu.com trusty/multiverse i386 Packages
Hit http://us.archive.ubuntu.com trusty/main Translation-en
Hit http://us.archive.ubuntu.com trusty/multiverse Translation-en
Hit http://us.archive.ubuntu.com trusty/restricted Translation-en
Hit http://us.archive.ubuntu.com trusty/universe Translation-en
Ign http://us.archive.ubuntu.com trusty/main Translation-en_US
Ign http://us.archive.ubuntu.com trusty/multiverse Translation-en_US
Ign http://us.archive.ubuntu.com trusty/restricted Translation-en_US
Ign http://us.archive.ubuntu.com trusty/universe Translation-en_US
Fetched 72 B in 1min 18s (0 B/s)
Reading package lists... Done
user@ubuntu:~$
```

图 2-33　更新源操作完成效果图

执行完更新源操作后，输入并执行“sudo apt - get install openssh - server”命令安装SSH，并执行“Y”命令同意安装，如图 2 - 34 所示。

```
user@ubuntu: ~
Ign http://us.archive.ubuntu.com trusty/main Translation-en_US
Ign http://us.archive.ubuntu.com trusty/multiverse Translation-en_US
Ign http://us.archive.ubuntu.com trusty/restricted Translation-en_US
Ign http://us.archive.ubuntu.com trusty/universe Translation-en_US
Fetched 72 B in 20s (3 B/s)
Reading package lists... Done
user@ubuntu:~$ sudo apt-get install openssh-server  ①
Reading package lists... Done
Building dependency tree
Reading state information... Done
The following extra packages will be installed:
  libck-connector0 ncurses-term openssh-client openssh-sftp-server
  ssh-import-id
Suggested packages:
  libpam-ssh keychain monkeysphere rssh molly-guard
The following NEW packages will be installed:
  libck-connector0 ncurses-term openssh-server openssh-sftp-server
  ssh-import-id
The following packages will be upgraded:
  openssh-client
1 upgraded, 5 newly installed, 0 to remove and 452 not upgraded.
Need to get 1,183 kB of archives.
After this operation, 3,443 kB of additional disk space will be used.
Do you want to continue? [Y/n] Y  ②
```

图 2 - 34　安装 SSH

如图 2 - 35 所示，SSH 已经安装完成。

```
user@ubuntu: ~
Preparing to unpack .../openssh-server_1%3a6.6p1-2ubuntu2.13_amd64.deb ...
Unpacking openssh-server (1:6.6p1-2ubuntu2.13) ...
Selecting previously unselected package ssh-import-id.
Preparing to unpack .../ssh-import-id_3.21-0ubuntu1_all.deb ...
Unpacking ssh-import-id (3.21-0ubuntu1) ...
Processing triggers for man-db (2.6.7.1-1ubuntu1) ...
Processing triggers for ureadahead (0.100.0-16) ...
ureadahead will be reprofiled on next reboot
Processing triggers for ufw (0.34~rc-0ubuntu2) ...
Setting up libck-connector0:amd64 (0.4.5-3.1ubuntu2) ...
Setting up openssh-client (1:6.6p1-2ubuntu2.13) ...
Setting up ncurses-term (5.9+20140118-1ubuntu1) ...
Setting up openssh-sftp-server (1:6.6p1-2ubuntu2.13) ...
Setting up openssh-server (1:6.6p1-2ubuntu2.13) ...
Creating SSH2 RSA key; this may take some time ...
Creating SSH2 DSA key; this may take some time ...
Creating SSH2 ECDSA key; this may take some time ...
Creating SSH2 ED25519 key; this may take some time ...
ssh start/running, process 7762
Setting up ssh-import-id (3.21-0ubuntu1) ...
Processing triggers for libc-bin (2.19-0ubuntu6.9) ...
Processing triggers for ureadahead (0.100.0-16) ...
Processing triggers for ufw (0.34~rc-0ubuntu2) ...
user@ubuntu:~$
```

图 2 - 35　SSH 安装完成

通过“sudo ps - e | grep ssh”命令可验证 SSH 是否安装成功。在终端执行该命令，弹出如图 2 - 36 所示的进程号表示 SSH 已经安装成功并启动。注意，进程号不是固定值，每次启动都有可能发生变化。

然后在终端执行“ifconfig”命令查询 Ubuntu 的 IP 地址，如图 2 - 37 所示，IP 地址为“192.168.137.128”，这个 IP 地址会在后续的操作中使用到。

```
user@ubuntu: ~
Preparing to unpack .../ssh-import-id_3.21-0ubuntu1_all.deb ...
Unpacking ssh-import-id (3.21-0ubuntu1) ...
Processing triggers for man-db (2.6.7.1-1ubuntu1) ...
Processing triggers for ureadahead (0.100.0-16) ...
ureadahead will be reprofiled on next reboot
Processing triggers for ufw (0.34~rc-0ubuntu2) ...
Setting up libck-connector0:amd64 (0.4.5-3.1ubuntu2) ...
Setting up openssh-client (1:6.6p1-2ubuntu2.13) ...
Setting up ncurses-term (5.9+20140118-1ubuntu1) ...
Setting up openssh-sftp-server (1:6.6p1-2ubuntu2.13) ...
Setting up openssh-server (1:6.6p1-2ubuntu2.13) ...
Creating SSH2 RSA key; this may take some time ...
Creating SSH2 DSA key; this may take some time ...
Creating SSH2 ECDSA key; this may take some time ...
Creating SSH2 ED25519 key; this may take some time ...
ssh start/running, process 7762
Setting up ssh-import-id (3.21-0ubuntu1) ...
Processing triggers for libc-bin (2.19-0ubuntu6.9) ...
Processing triggers for ureadahead (0.100.0-16) ...
Processing triggers for ufw (0.34~rc-0ubuntu2) ...
user@ubuntu:~$ sudo ps -e | grep ssh
[sudo] password for user:
  7762 ?        00:00:00 sshd
user@ubuntu:~$
```

图 2-36　SSH 已经安装成功并启动

```
user@ubuntu: ~
Processing triggers for ufw (0.34~rc-0ubuntu2) ...
user@ubuntu:~$ sudo ps -e | grep ssh
[sudo] password for user:
  7762 ?        00:00:00 sshd
user@ubuntu:~$ ifconfig
eth0      Link encap:Ethernet  HWaddr 00:0c:29:37:07:4d
          inet addr:192.168.137.128  Bcast:192.168.137.255  Mask:255.255.255.0
          inet6 addr: fe80::20c:29ff:fe37:74d/64 Scope:Link
          UP BROADCAST RUNNING MULTICAST  MTU:1500  Metric:1
          RX packets:17248 errors:0 dropped:0 overruns:0 frame:0
          TX packets:2539 errors:0 dropped:0 overruns:0 carrier:0
          collisions:0 txqueuelen:1000
          RX bytes:3776526 (3.7 MB)  TX bytes:300922 (300.9 KB)

lo        Link encap:Local Loopback
          inet addr:127.0.0.1  Mask:255.0.0.0
          inet6 addr: ::1/128 Scope:Host
          UP LOOPBACK RUNNING  MTU:65536  Metric:1
          RX packets:1317 errors:0 dropped:0 overruns:0 frame:0
          TX packets:1317 errors:0 dropped:0 overruns:0 carrier:0
          collisions:0 txqueuelen:1
          RX bytes:127344 (127.3 KB)  TX bytes:127344 (127.3 KB)

user@ubuntu:~$
```

图 2-37　查询 Ubuntu 的 IP 地址

2.3.3　使用 SecureCRT 远程登录

SecureCRT 软件安装和配置完成，且 SSH 安装完成之后，就可以在 SecureCRT 软件中通过 SSH 连接 Ubuntu。打开 SecureCRT 软件，选择 File→Quick Connect 菜单项，在弹出如图 2-38 所示对话框的“Hostname”栏中输入图 2-37 中查询得到的 IP，在 Username 栏中输入图 2-14 中设置的用户名（这里为 user），然后单击“Connect”按钮。

在弹出如图 2-39 所示的对话框中，单击“Accept & Save”按钮。

在如图 2-40 所示对话框的“Password”栏中输入图 2-14 中设置的密码（这里为 123456），然后单击“OK”按钮。

连接成功后，即可在弹出的如图 2-41 所示的终端中操作 Ubuntu 系统。

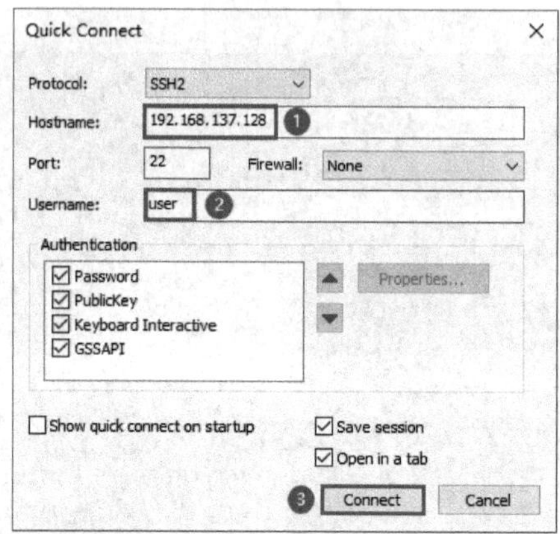

图 2-38　通过 SSH 连接 Ubuntu 步骤 1

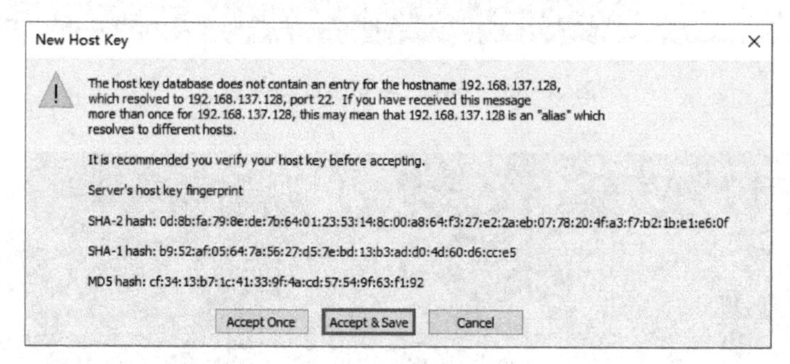

图 2-39　通过 SSH 连接 Ubuntu 步骤 2

图 2-40　通过 SSH 连接 Ubuntu 步骤 3

图 2-41　通过 SSH 连接 Ubuntu 步骤 4

接下来对 SecureCRT 中的终端进行配置，选择 Options→Session Options 菜单项，在弹出如图 2-42 所示的对话框中，选择 Terminal→Emulation，将“Scrollback buffer”设置为 128 000，然后单击“OK”按钮。

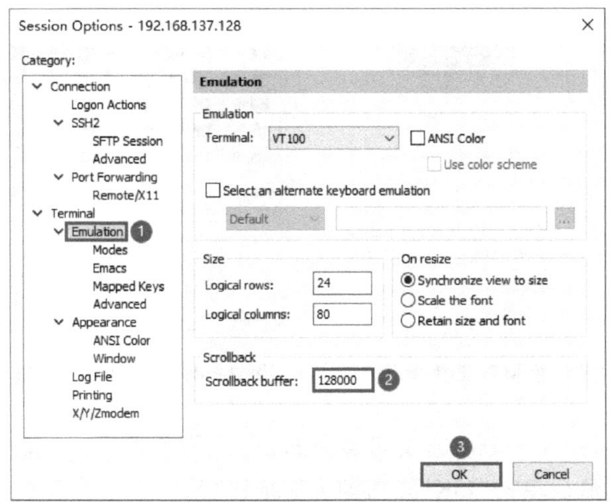

图 2-42 设置回滚缓冲区

在 SecureCRT 中，还可以对终端的背景颜色进行更改。方法如下：选择 Options→Session Options 菜单项，在弹出如图 2-43 所示的对话框中，选择 Terminal→Appearance，然后单击“Edit”按钮。

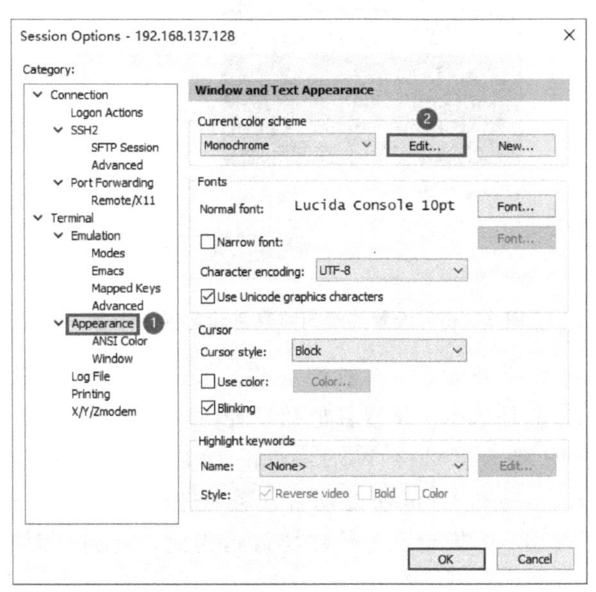

图 2-43 设置终端的前景色和背景色步骤 1

在弹出如图 2-44 所示的对话框中，单击“Foreground”下用于展示当前颜色的矩形框。

在弹出如图 2-45 所示的对话框中，将颜色设置为白色，可通过 RGB 值来设置，分别为 255、255、255，然后单击“OK”按钮保存设置。同样的方法，将 Background 设置为紫色(RGB

为 64、0、64)。

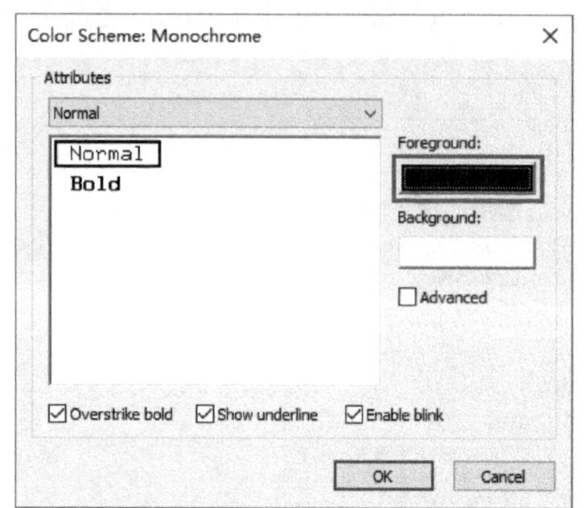

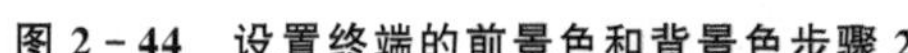

图 2-44　设置终端的前景色和背景色步骤 2

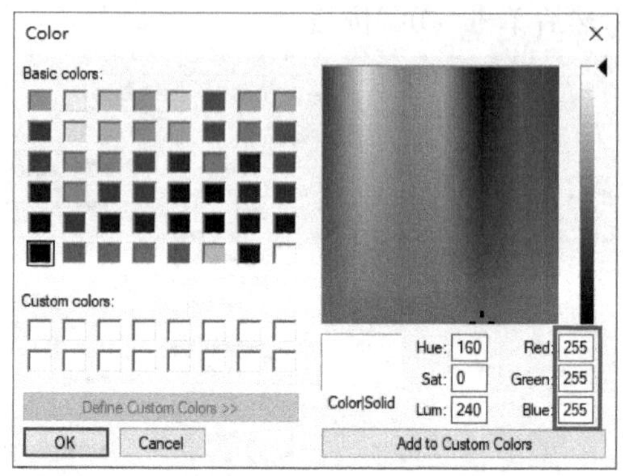

图 2-45　设置终端的前景色和背景色步骤 3

如图 2-46 所示,将"Normal"选项切换为 Bold,同样将"Foreground"和"Background"分别设置为白色和紫色,最后单击"OK"按钮即可完成设置。

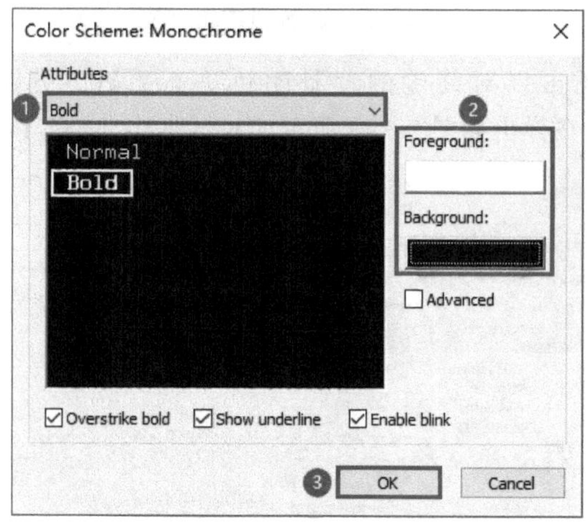

图 2-46　设置终端的前景色和背景色步骤 4

在企业进行嵌入式系统开发时,一般都会将 Ubuntu 安装在服务器上,开发者通过 Windows 访问 Ubuntu。但是对于学生或其他初学者,难以自行搭建服务器,于是可以通过在 Windows 操作系统中安装 VMware Worksation,然后在 VMware Workstation 中安装 Ubuntu 操作系统。Windows 和 Ubuntu 之间常常需要进行文件传输,SecureCRT 自带 SFTP (Secure File Transfer Protocol,安全文件传输协议),因此,本书推荐使用 SFTP 进行操作系统间的文件传输。

SFTP 为传输文件提供了一种安全的网络加密方法,用于将 Windows 和 Ubuntu 中的文件相互传输。因此,需要设置一个既能通过 Windows 访问又能通过 Ubuntu 访问的共享文件夹,这里建议在 D 盘下新建一个名为"Ubuntu_share"的文件夹,然后选择 Options→Session Options 菜单项,在弹出如图 2-47 所示的对话框中选择 Connection→SSH2→SFTP Session,在"Local directory"文本框中填写共享文件夹所在路径,即"D:\Ubuntu_share",如图 2-47

所示。最后单击“OK”按钮保存设置，这样就完成了共享文件夹的创建。

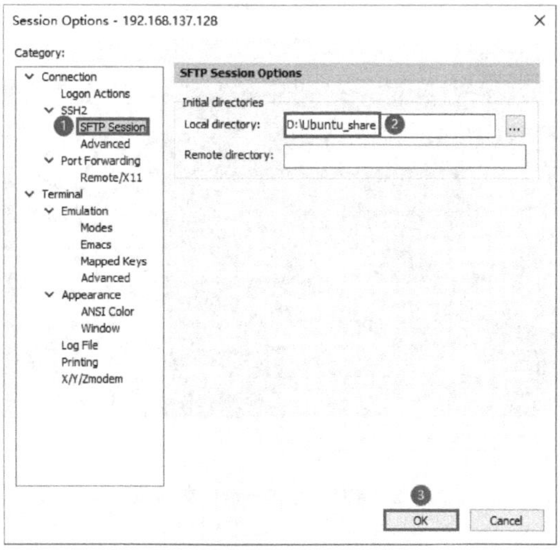

图 2－47　设置 SFTP 共享文件夹路径

共享文件夹 Ubuntu_share 创建完成之后，就可以尝试建立 SFTP 连接。选择 File→Connect SFTP Session 菜单项，弹出如图 2－48 所示的终端，表明成功建立 SFTP 连接。

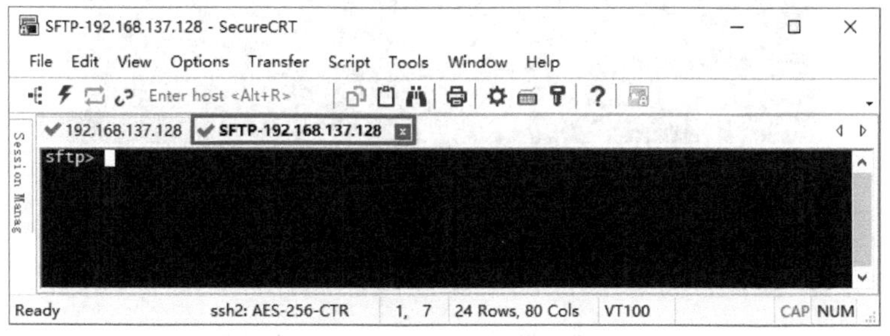

图 2－48　SFTP 成功连接

RK3288 的 Android SDK 是 Linux 内核和 Android 系统的源码开发包，即存放于本书配套资料包“08. 相关软件\SDK 源码包”中的 rk3288_android_cv5. tar. bz2，后续的开发都需要基于此源码包。因此，需要将 rk3288_android_cv5. tar. bz2 先复制到 Windows 操作系统下的“D:\Ubuntu_share”文件夹中，然后通过 SFTP 窗口将 rk3288_android_cv5. tar. bz2 复制到 Ubuntu 操作系统的“/home/user/work”文件夹下。

具体操作如图 2－49 所示，首先，打开远程登录的 Ubuntu 终端，通过执行“pwd”命令，查看当前的 Ubuntu 目录为“/home/user”；其次，在该目录下通过执行“mkdir work”命令新建一个 work 文件夹；最后执行“ls”命令可以看到 work 文件夹已经创建。

打开 SFTP 窗口，如图 2－50 所示，执行“cd work”命令进入“/home/user/work”目录，通过执行“put rk3288_android_cv5. tar. bz2”命令将 RK3288 源码包从“Ubuntu_share”文件夹复制到“/home/user/work”目录中。

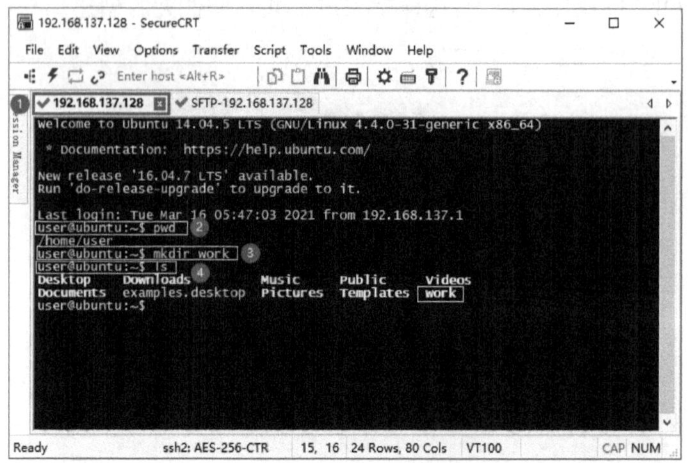

图 2-49 新建 work 文件夹

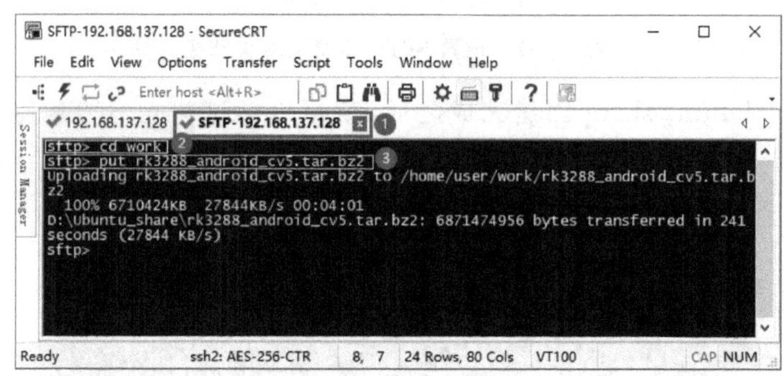

图 2-50 传输源码包

2.4 编译 RK3288 源码包

2.4.1 安装编译相关工具

在上一节中通过 SecureCRT 的 SFTP 复制了"rk3288_android_cv5. tar. bz2",但由于编译相关工具尚未安装,此时还不能对 RK3288 的 Android SDK 进行编译。在安装编译相关工具之前,先在 Ubuntu 的终端执行"sudo apt-get update"命令更新下载源。

然后安装 vim(一种 Unix 及类 Unix 系统文本编辑器),具体方法是在终端输入"sudo apt-get install vim"命令,在提示"Do you want to continue? [Y/n]"时,执行"Y"同意安装,如图 2-51 所示。

接着执行"sudo apt-get install openjdk-7-jdk"命令安装 Java 软件开发工具包,并输入"Y"同意安装,如图 2-52 所示。

最后执行"sudo apt-get install git-core gnupg flex bison gperf libsdl-dev libwxgtk2. 8-dev build-essential zip curl libncurses5-dev zlib1g-dev genromfs u-boot-tools libxml2-utils texinfo mercurial subversion who is lzop lsb-core libc6-dev-i386 g++-multilib lib32z1-dev lib32-ncurses5-dev"命令安装其他工具包。

```
user@ubuntu: ~
Hit http://us.archive.ubuntu.com trusty/multiverse Translation-en
Hit http://us.archive.ubuntu.com trusty/restricted Translation-en
Hit http://us.archive.ubuntu.com trusty/universe Translation-en
Ign http://us.archive.ubuntu.com trusty/main Translation-en_US
Ign http://us.archive.ubuntu.com trusty/multiverse Translation-en_US
Ign http://us.archive.ubuntu.com trusty/restricted Translation-en_US
Ign http://us.archive.ubuntu.com trusty/universe Translation-en_US
Reading package lists... Done
user@ubuntu:~$ sudo apt-get install vim ①
Reading package lists... Done
Building dependency tree
Reading state information... Done
The following extra packages will be installed:
  vim-common vim-runtime vim-tiny
Suggested packages:
  ctags vim-doc vim-scripts indent
The following NEW packages will be installed:
  vim vim-runtime
The following packages will be upgraded:
  vim-common vim-tiny
2 upgraded, 2 newly installed, 0 to remove and 450 not upgraded.
Need to get 6,324 kB of archives.
After this operation, 28.0 MB of additional disk space will be used.
Do you want to continue? [Y/n] Y ②
```

图 2-51　安装 vim

```
user@ubuntu: ~
user@ubuntu:~$ sudo apt-get install openjdk-7-jdk ①
Reading package lists... Done
Building dependency tree
Reading state information... Done
The following extra packages will be installed:
  ca-certificates-java fonts-dejavu-extra java-common libatk-wrapper-java
  libatk-wrapper-java-jni libgif4 libice-dev libpthread-stubs0-dev libsctp1
  libsm-dev libx11-6 libx11-dev libx11-doc libxau-dev libxcb1-dev libxdmcp-dev
  libxt-dev lksctp-tools openjdk-7-jre openjdk-7-jre-headless tzdata
  tzdata-java x11proto-core-dev x11proto-input-dev x11proto-kb-dev
  xorg-sgml-doctools xtrans-dev
Suggested packages:
  default-jre equivs libice-doc libsm-doc libxcb-doc libxt-doc openjdk-7-demo
  openjdk-7-source visualvm icedtea-7-plugin icedtea-7-jre-jamvm
  sun-java6-fonts fonts-ipafont-gothic fonts-ipafont-mincho fonts-wqy-microhei
  fonts-wqy-zenhei ttf-indic-fonts
The following NEW packages will be installed:
  ca-certificates-java fonts-dejavu-extra java-common libatk-wrapper-java
  libatk-wrapper-java-jni libgif4 libice-dev libpthread-stubs0-dev libsctp1
  libsm-dev libx11-dev libx11-doc libxau-dev libxcb1-dev libxdmcp-dev
  libxt-dev lksctp-tools openjdk-7-jdk openjdk-7-jre openjdk-7-jre-headless
  tzdata-java x11proto-core-dev x11proto-input-dev x11proto-kb-dev
  xorg-sgml-doctools xtrans-dev
The following packages will be upgraded:
  libx11-6 tzdata
2 upgraded, 26 newly installed, 0 to remove and 448 not upgraded.
Need to get 62.5 MB of archives.
After this operation, 104 MB of additional disk space will be used.
Do you want to continue? [Y/n] Y ②
```

图 2-52　安装 Java 软件开发工具包

2.4.2　编译 RK3288 源码包

编译相关工具安装完成之后，就需要对 RK3288 的 Android SDK 进行编译。首先，执行"cd work"命令切换工作路径到 work 目录，并执行"tar -xjvf rk3288_android_cv5.tar.bz2"命令解压源码包，然后进入"/home/user/work/rk3288_android"目录，通过执行"./mk -j=8-a"命令对 RK3288 的 Android SDK 进行编译，编译速度取决于计算机配置。

2.5 下载 RK3288 固件与调试

2.5.1 安装 adb 调试工具

adb(Android Debug Bridge,安卓调试桥)可以看作一个命令行窗口,用于计算机与模拟器或真实设备交互以实现调试的目的。在某些特殊的情况下无法进入系统时,adb 就能派上用场,例如手机不能开机,就可以通过 adb 命令把 rom 推送到手机内存,然后重启即可正常开机。RK3288 不仅要运行 Linux 操作系统,还常常需要运行 Android 操作系统,因此,建议在计算机上安装 adb 调试工具。

如图 2-53 所示,将本书配套资料包"02. 相关软件\adb"文件夹中的 adb. exe、AdbWinApi. dll、AdbWinUsbApi. dll 和 fastboot. exe 文件复制到"C:\Windows\System32"目录下。

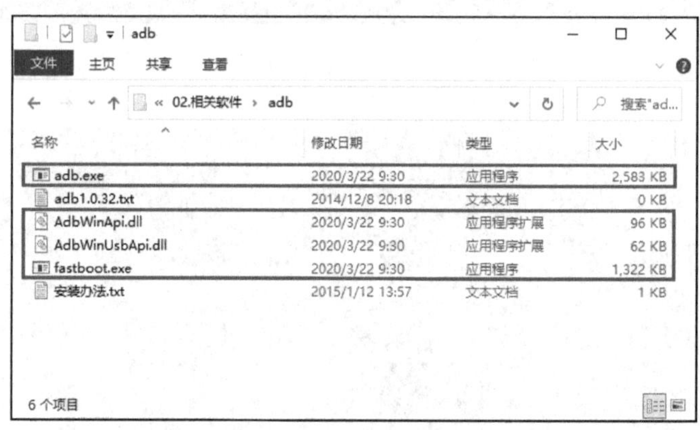

图 2-53 adb 安装

再将 adb 文件夹中的 adb. exe、AdbWinApi. dll、AdbWinUsbApi. dll 文件复制到"C:\Windows\System"目录下,最后将 adb 文件夹中的 adb. exe、AdbWinApi. dll 文件复制到"C:\Windows\SysWOW64"目录下。

完成以上操作之后,通过快捷键"Win+R"打开"运行"对话框,输入"CMD"命令后回车,打开命令提示符窗口。如图 2-54 所示,输入"adb"命令后回车,弹出"Android Debug Bridge version 1.0.41"即说明 adb 已经安装成功。

adb 安装成功之后,将嵌入式开发系统通过 Micro USB 线连接到计算机,然后输入"adb devices"命令后回车,可以查看已经连接的设备 ID,如图 2-55 所示。

在命令提示符窗口中执行"adb shell"命令,尝试以 root 用户身份登录到 RK3288 的 Linux 终端。通过命令行的前缀,可以判断当前所处位置是 Windows 还是 RK3288。如图 2-56 所示,输入"adb shell"命令后回车,命令行前缀变为"root@rk3288",表明当前处于 RK3288 的 Linux 终端。

如果有多个设备与计算机连接,可以通过"adb -s 设备 ID shell"命令选择连接某一个设备。

```
C:\Windows\system32\CMD.exe
Microsoft Windows [版本 10.0.18363.592]
(c) 2019 Microsoft Corporation。保留所有权利。

C:\Users\hp>adb ——> ❶
Android Debug Bridge version 1.0.41
Version 29.0.6-6198805
Installed as C:\Windows\system32\adb.exe

global options:
 -a         listen on all network interfaces, not just localhost
 -d         use USB device (error if multiple devices connected)
 -e         use TCP/IP device (error if multiple TCP/IP devices available)
 -s SERIAL  use device with given serial (overrides $ANDROID_SERIAL)
 -t ID      use device with given transport id
 -H         name of adb server host [default=localhost]
 -P         port of adb server [default=5037]
 -L SOCKET  listen on given socket for adb server [default=tcp:localhost:5037]

general commands:
 devices [-l]             list connected devices (-l for long output)
 help                     show this help message
 version                  show version num

networking:
 connect HOST[:PORT]      connect to a device via TCP/IP
 disconnect [[HOST]:PORT] disconnect from given TCP/IP device, or all
```

图 2－54　adb 使用步骤 1

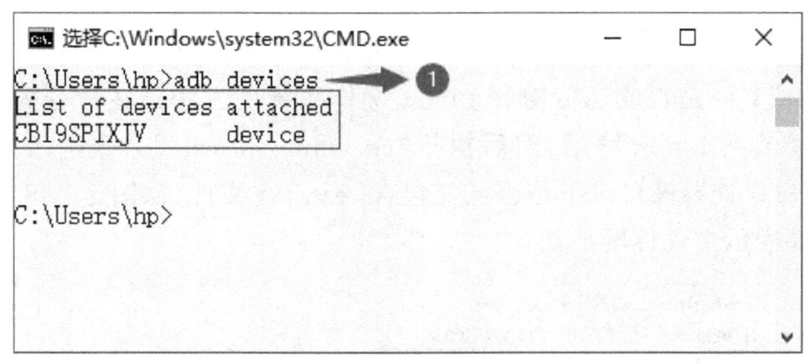

图 2－55　adb 使用步骤 2

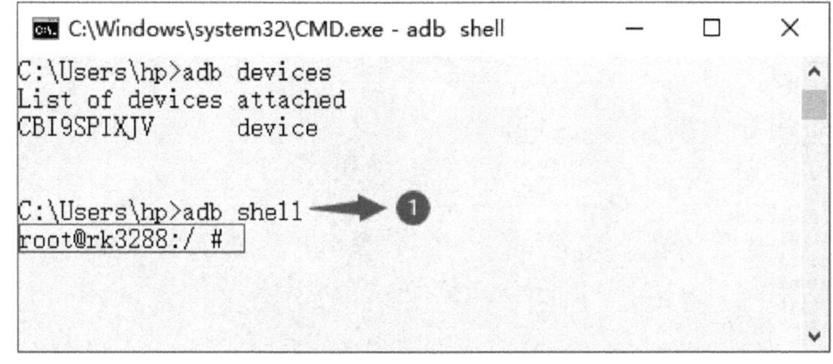

图 2－56　adb 使用步骤 3

如果需要退出 Linux 终端，通过输入“exit”命令并回车即可，如图 2－57 所示，退出 Linux 终端后，命令行前缀变为“C:\Users\hp＞”，表明当前处于 Windows 系统。注意，此处“hp”为计算机的账户名。

在命令提示符窗口中，还可以进行 Windows 操作系统和 Linux 操作系统之间的文件互传。使用“push”命令可以将文件从 Windows 操作系统传输到 Linux 操作系统，也可以通过执

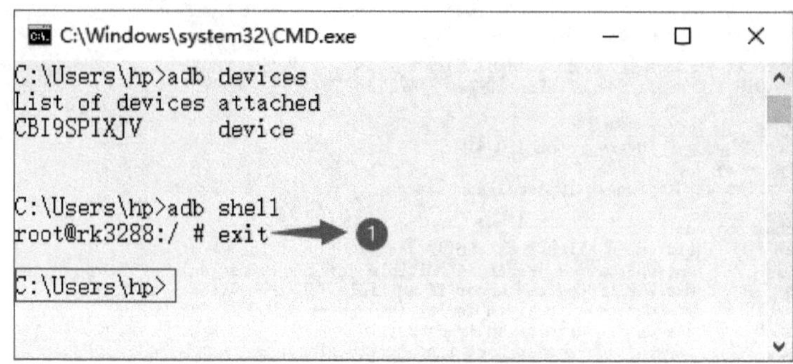

图 2-57 adb 使用步骤 4

行“adb shell”命令登录到 Linux 终端后，再使用“pull”命令将文件从 Linux 操作系统传输到 Windows 操作系统，示例如下。

将一个文件从 Windows 操作系统的桌面传输到 Linux 操作系统根目录下的“mnt/sdcard”文件夹。首先，在 Windows 操作系统的桌面新建一个“test. txt”文件，然后右键单击该文件，在弹出的菜单栏中选择“属性”，在弹出的对话框中查看该文件的绝对路径(本机是 C:\Users\hp\Desktop\test. txt)，在命令提示符窗口中执行“adb push C:\Users\hp\Desktop\test. txt /mnt/sdcard/”命令将“test. txt”传输到 Linux 操作系统中。

判断“test. txt”文件是否成功传输到 Linux 操作系统的方法是在命令提示符窗口中执行“adb shell”命令登录到 Linux 终端，然后执行“cd /mnt/sdcard/”命令进入“mnt/sdcard/”目录，最后执行“ls”命令查看该目录下是否已经包含 test. txt 文件，如图 2-58 所示，Linux 终端包含 test. txt 文件表示文件传输成功。

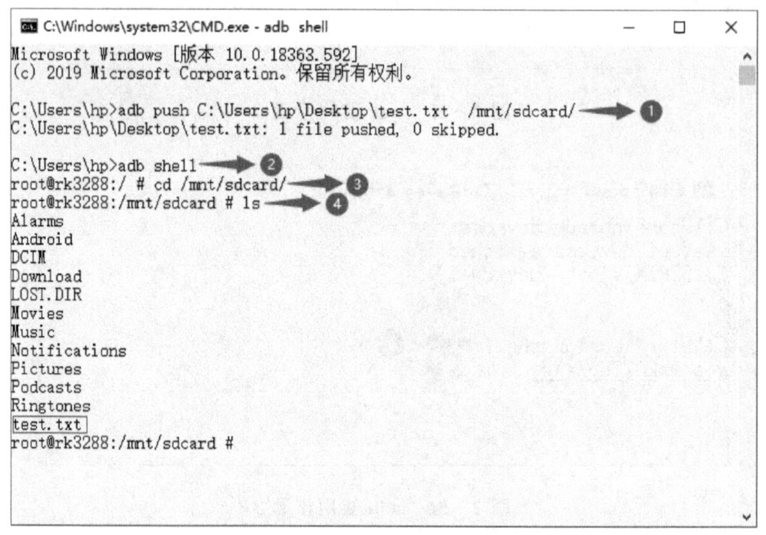

图 2-58 通过 adb push 命令传输文件

接下来，在 Linux 终端通过执行“echo 1 > temp”命令将数字 1 写入到 temp 文件中，如果 temp 文件不存在，该命令实现的功能是先创建 temp 文件再向 temp 文件中写入 1，然后执行“ls”命令查看该目录下是否已经包含了 temp 文件，再通过执行“exit”命令退出 Linux 终端，通过执行“cd Desktop”命令进入到 Windows 操作系统的桌面目录，最后，执行“adb pull /mnt/

sdcard/temp ."命令即可将 temp 文件从 Linux 操作系统传输到 Windows 操作系统中，如图 2-59 所示。

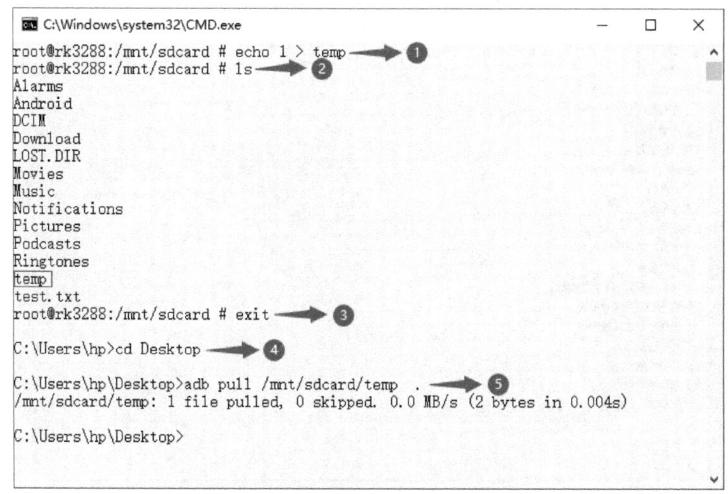

图 2-59　通过 adb pull 命令传输文件

2.5.2　安装 RK3288 平台驱动

RKTools 是专用于 RK3288 平台的固件下载工具，可以将编译生成的固件下载到 RK3288 平台。使用 RKTools 之前要先安装 RK3288 平台的驱动。双击运行本书配套资料包"02. 相关软件\Release_DriverAssitant"文件夹中的"DriverInstall. exe"。在弹出如图 2-60 所示的对话框中单击"驱动安装"按钮。

弹出如图 2-61 所示的对话框，说明 RK3288 平台驱动已经安装成功，单击"确定"按钮。

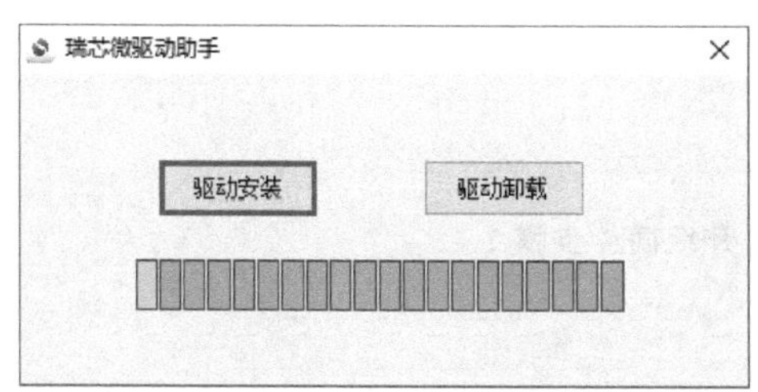

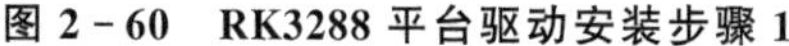

图 2-60　RK3288 平台驱动安装步骤 1

图 2-61　RK3288 平台驱动安装步骤 2

2.5.3　使用 Android Tool 下载工具升级固件

首先，使用 Micro-USB 线将嵌入式开发系统连接到计算机，并打开电源，可以在计算机的设备管理器中看到"Android Device"，说明 RK3288 已经成功连接到计算机，如图 2-62 所示。

双击运行本书配套资料包"02. 相关软件\AndroidTool_Release_v2. 3"文件夹中的"AndroidTool. exe"，在弹出如图 2-63 所示的对话框中，打开"升级固件"标签页。

"升级固件"标签页如图 2-64 所示。

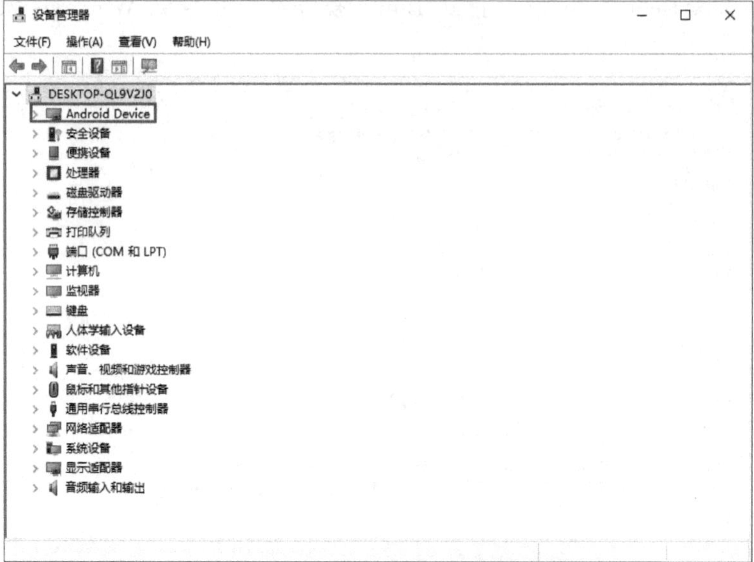

图 2-62　Android Tool 升级固件步骤 1

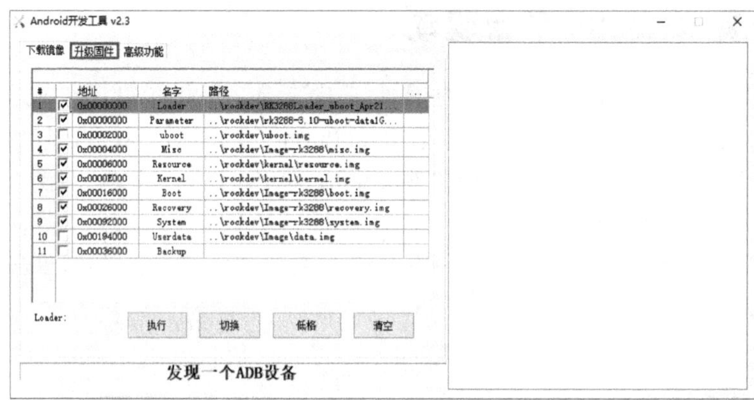

图 2-63　Android Tool 升级固件步骤 2

图 2-64　Android Tool 升级固件步骤 3

升级固件就是将编译好的.img 文件下载到嵌入式开发系统中。在下载之前，先打开 SecureCRT 软件的 SFTP 窗口，通过执行"cd /home/user/work/rk3288_android/out/release"命令进入到"home/user/work/rk3288_android/out/release"目录，然后执行"get update-android.img"命令将编译好的 update-android.img 文件传输到 Windows 的"D:\Ubuntu_share"文件夹中，如图 2-65 所示。

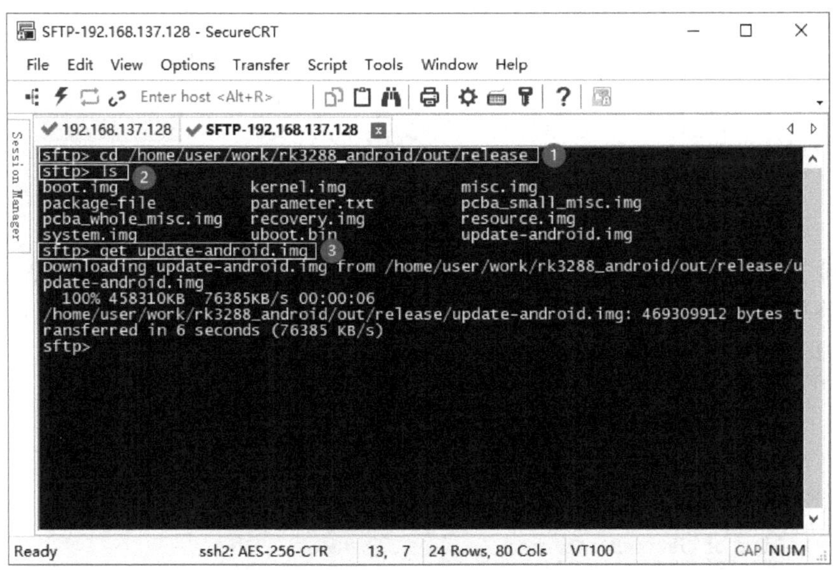

图 2-65　Android Tool 升级固件步骤 4

在 Android Tool 软件中，单击"升级固件"标签页下的"固件"按钮，如图 2-66 所示。

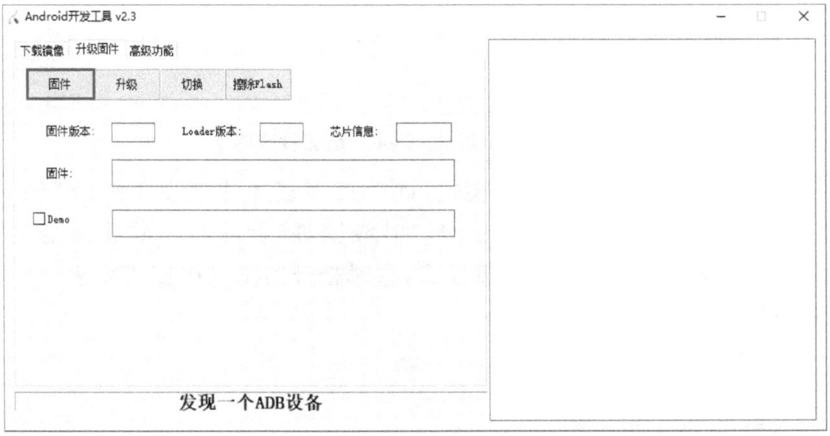

图 2-66　Android Tool 升级固件步骤 5

在弹出的对话框中，选择 Windows 下"D:\Ubuntu_share"文件夹中的"update-android.img"文件，然后单击"打开"按钮。在图 2-67 中可见"update-android.img"文件已经加载到 Android Tools 中，固件版本号为 5.0.00，Loader 版本为 2.30。

将"update-android.img"文件加载到 Android Tool 之后，就可以进行固件升级。进入固件升级模式的方法有两种。

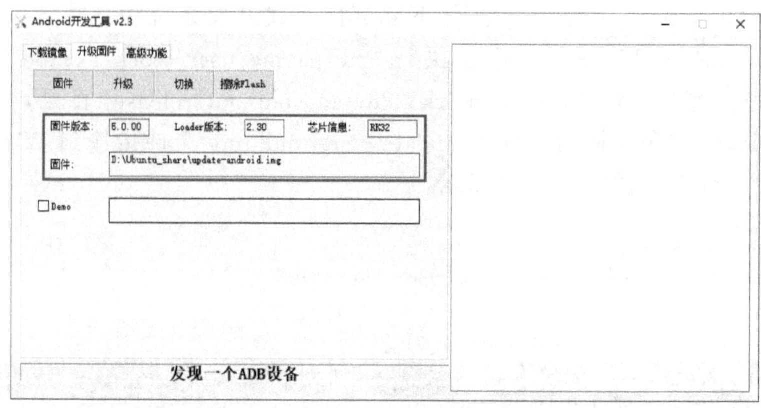

图 2-67 Android Tool 升级固件步骤 6

① 在命令提示符窗口中，通过执行“adb devices”命令查看嵌入式开发系统是否已经连接到计算机，连接成功后执行“adb shell”命令进入到嵌入式开发系统的 Linux 终端；最后，执行“reboot loader”命令，如图 2-68 所示。

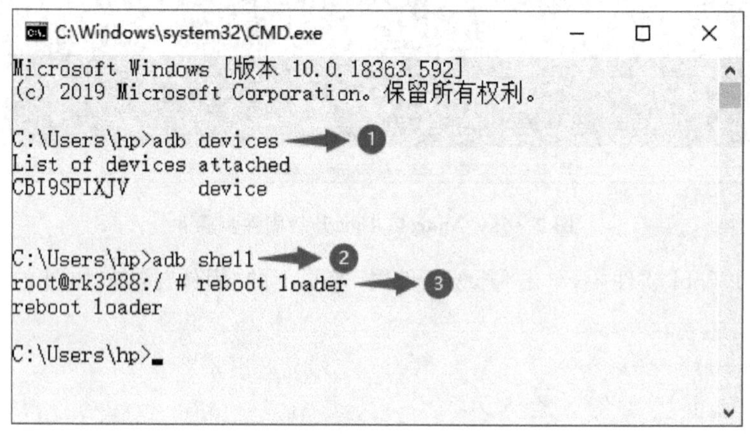

图 2-68 Android Tool 升级固件步骤 7

② 通过系统按键进入到固件升级模式，同时按下嵌入式开发系统的“RECOVER”和“RESET”按键，然后松开“RESET”按键，当“升级固件”标签页下的状态变为“发现一个LOADER 设备”时，说明已进入固件升级模式，这时松开“RECOVER”按键。如图 2-69 所示，单击“升级”按钮进行固件升级。

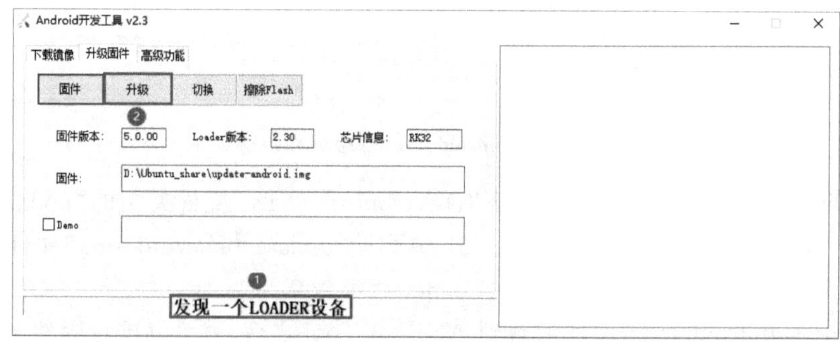

图 2-69 Android Tool 升级固件步骤 8

如图 2－70 所示，嵌入式开发系统开始进行固件升级。

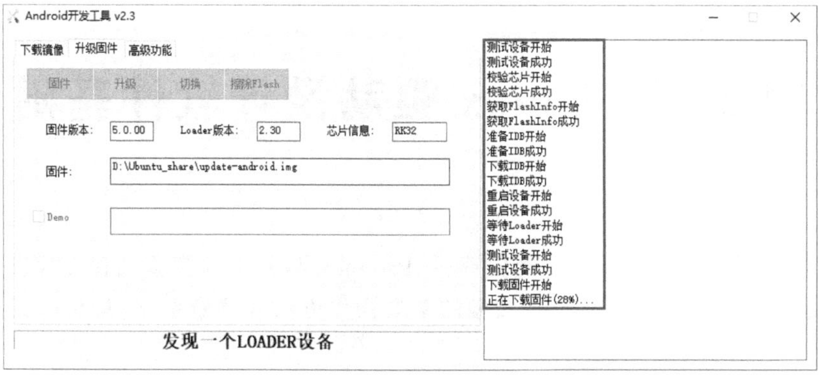

图 2－70　Android Tool 升级固件步骤 9

本章任务

安装 VMware Workstation 虚拟机，并搭建 Ubuntu 系统。安装编译工具，编译 RK3288 源码包，并通过 Android Tool 工具将编译生成的固件下载到嵌入式开发系统。安装 adb 调试工具并熟悉用法。

本章习题

1. VMware Workstation 虚拟机有哪些特点，为什么要安装虚拟机？
2. SecureCRT 终端软件主要起什么作用，如何通过该软件进行调试？
3. RK3288 固件的下载有哪些步骤，如何让 RK3288 进入到升级模式？
4. adb 调试工具如何使用，常用的 adb 调试命令有哪些？
5. 编译 RK3288 源码包的脚本参数-j、-a 分别代表什么？

第 3 章　Linux 驱动设计软件基础

本章主要介绍配套资料包“04.例程资料\Product”目录下的实验例程文件夹及其中的文件目录，对主要文件进行解释，并讲述实验的基本操作方法和注意事项，最后介绍驱动调试的常用方法。

3.1　实验例程目录分解

在本书配套资料包“04.例程资料\Product”目录下，存放的是本书所有实验的实验例程。实验例程文件夹的命名以 lab 开头（例如 lab1.demo_test），文件夹中包含 driver 和 app 两个子文件夹（部分实验只有 app 文件夹），这两个文件夹中主要包含 Makefile 和.c 文件，分别在两个文件夹（包含 Makefile 文件）中执行“make”命令进行编译，即可生成二进制可执行文件。这里以蜂鸣器实验（lab2.beep_test）为例进行介绍。

1. driver 文件夹

driver 文件夹下包含 beep.c 文件和对应的 Makefile 文件。beep.c 文件主要为设备的驱动代码，编译后将生成一个 beep.ko 文件和一系列中间文件。将 beep.ko 文件通过 adb 调试工具传输到 RK3288 系统的“data/local/tmp”文件夹中，执行“insmod beep.ko”命令，即可加载驱动。驱动加载后，执行“lsmod”命令可以列出当前已加载的驱动，执行“rmmod beep”命令可以卸载 beep 驱动。

driver 文件夹中 Makefile 文件的代码如清单 3-1 所示。在该文件夹下执行“make”命令时，将生成两个输出文件 beep.o 和 beep.ko，其中 beep.o 是编译 beep.c 文件后得到的结果，相比于 beep.o，beep.ko（kernel object）中还包含一些模块信息和模块依赖关系，在 RK3288 系统中加载速度更快。第 2 行代码中的 KERNELDIR 变量为 Ubuntu 系统上的 rk3288_android 源码包中 kernel 文件夹所在的路径。

程序清单 3-1

```
1.  obj-m := beep.o
2.  KERNELDIR := /home/user/work/rk3288_android/kernel
3.  PWD := $(shell pwd)
4.  modules:
5.      $(MAKE) -C $(KERNELDIR) M=$(PWD) modules
6.  clean:
7.      rm -rf *.o *~core .depend .*.cmd *.ko *.mod.c *.order *.symvers .tmp_versions
```

2. app 文件夹

lab2. beep_test 的 app 文件夹中主要包含 Makefile 和 beep_test. c 文件，beep_test. c 文件中的函数为主函数，Makefile 文件中的代码如程序清单 3-2 所示，其中第 1、2 行和第 3、4 行代码分别指定两条规则：① 当执行“make”或“make beep_test”命令时，则执行第 2 行代码；② 当执行“make clean”命令时，则执行第 4 行代码。

程序清单 3-2

```
1.  beep_test:
2.      arm-linux-gnueabihf-gcc -o beep_test beep_test.c -static
3.  clean:
4.      rm -rf beep_test
```

规则①的说明：beep_test 为目标文件，执行“make 目标文件”命令，即“make beep_test”就可以执行该规则中指定的“arm-linux-gnueabihf-gcc -o beep_test beep_test. c -static”命令。“arm-linux-gnueabihf-gcc”为编译链（也称编译工具链），“-o”用于指定编译后的输出文件，“-o”后的“beep_test”指定编译后的文件名，“beep_test. c”为源文件，“-static”表示按照静态编译方式，若省略“-static”则表示按照动态编译方式。静态编译方式是将所有需要的库文件编译并链接到编译后的文件中，在运行可执行文件时，就不需要再动态查找所需要的库文件，这种编译方式的优点是在 RK3288 中运行可执行文件时，不会因为缺少库文件而无法运行，缺点是由于包含了所有需要的库文件，使可执行文件占用的空间较大。注意，所有在 RK3288 的 Linux 系统中运行的程序都要用“arm-linux-gnueabihf-gcc”编译链编译，在 Ubuntu 系统中运行的程序使用“gcc”编译链进行编译。

规则②的说明：执行“make clean”命令时就可以执行该规则中指定的“rm -rf beep_test”命令，该命令的功能是删除可执行文件 beep_test。

基于以上两条规则，可以通过执行“make”或“make beep_test”命令，对 beep_test. c 文件进行编译，编译后会生成一个可执行文件 beep_test，将该文件通过 adb 调试工具传输到 RK3288 系统的“data/local/tmp”文件夹中，执行“./beep_test”命令即可执行 beep_test。

3.2 驱动文件加载、执行和监测流程

驱动. ko 文件和 app 目录下的可执行文件的流程如下。

1. 在 Ubuntu 系统中分别对 driver 和 app 文件夹进行编译，并将生成的后缀为. ko 的文件和可执行文件通过 adb 调试工具传输到 RK3288 系统的“data/local/tmp”文件夹中。

2. 在 Windows 端打开两个命令提示符窗口 A 和 B，A 用于执行 app 编译生成的可执行文件，B 用于监测驱动加载过程中的动态内核信息。二者都使用“adb shell”命令进入 RK3288 系统，如图 3-1 所示。

3. 在命令提示符窗口 B 中执行“cat proc/kmsg”命令，打开 RK3288 系统端的调试信息输出窗口，窗口 A 执行“cd data/local/tmp”命令进入到 tmp 文件夹，再执行“insmod xxx. ko”命令加载驱动文件，此时窗口 B 会对应输出加载过程中的调试信息（驱动文件中调用 printk()函数的输出），运行完毕后执行“rmmod xxx”命令卸载该驱动。

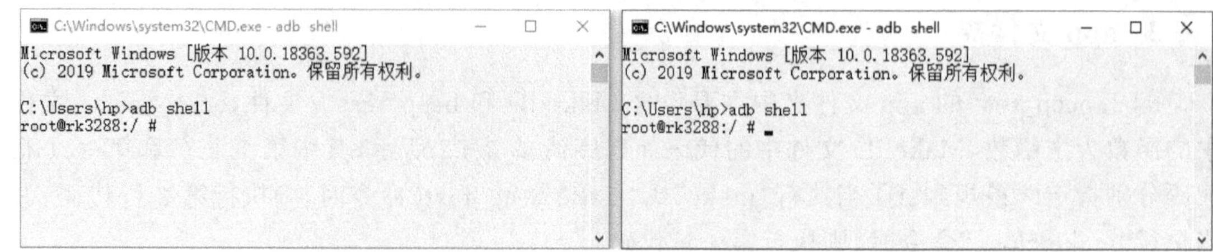

图 3-1 打开两个命令提示符窗口

3.3 驱动调试常见问题及解决方案

实验中的各类注意事项、常见问题和解决方案如下。

1. insmod 命令无法加载驱动文件

当需要反复修改代码、编译并运行可执行文件时，如果没有卸载之前的驱动，将会影响当前可执行文件的运行结果。因此，在运行可执行文件后需要卸载原有驱动。

2. adb devices 命令无法找到设备

使用 adb devices 命令无法找到设备时，可以从两方面尝试排查：① 注意 USB 线（连接 PC 端和 RK3288 设备的数据线）的选用，目前市面上有部分 Micro－USB 线仅作充电使用，无法传输数据，使用这种数据线时将无法在 Windows 端找到设备；② 注意 adb 的安装是否正确，是否严格遵循本书所使用的安装方法。

3.4 Linux 设备驱动调试

为了便于进行 Linux 设备驱动的开发和调试，不仅需要搭建好开发环境，还必须掌握调试软件的用法和常用的调试技巧。

从系统架构上来看，Linux 的设备驱动属于内核的一部分，若程序代码有严重 bug，可能导致整个系统崩溃，因此，掌握能够监视内核程序、追踪错误信息的调试技术是十分必要的，不断积累调试经验也有助于深入理解 Linux 操作系统。接下来将介绍两种常见的调试方法。

3.4.1 打印监视法 printk

printk 作为内核的格式化打印函数，是最为常用的监视方法，用法类似于 C 语言中的 printf()函数，printk 的用法步骤如下。

1. 在头文件中包含 Linux 文件夹中的 kernel.h 文件，即添加"#include <linux/kernel.h>"语句。

2. 调用 printk 语句，如"printk(KERN_DEBUG"requset io fail\n");"。

3. 进入命令提示符窗口，打开命令提示符窗口 A，执行"adb shell"命令进入 RK3288 系统,新打开命令提示符窗口 B,执行“cat /proc/kmsg”命令,运行监测窗口。在窗口 A 运行可执行文件,此时在窗口 B 中即可实时显示输出信息。

printf 和 printk 的区别如下。

1. printf 工作在用户态,而 printk 工作在内核态。

2. printk 可以在文字信息前面附加不同的宏,即日志级别(loglevel),表示消息优先级和错误严重程度。

在头文件 <linux/kernel. h> 中定义了 8 种可用的日志级别宏,下面按错误信息的严重程度由高到低地顺序列出这些级别。

表 3-1　日志级别宏

日志级别宏	含　义
KERN_EMERG	用于紧急事件消息,它们一般是系统崩溃之前提示的消息。 <0>
KERN_ALERT	用于需要立即采取动作的情况。 <1>
KERN_CRIT	临界状态,通常涉及严重的硬件或软件操作失败。 <2>
KERN_ERR	用于报告错误状态。设备驱动程序会经常使用 KERN_ERR 来报告来自硬件的问题。 <3>
KERN_WARNING	对可能出现问题的情况进行警告,但这类情况通常不会对系统造成严重问题。 <4>
KERN_NOTICE	有必要进行提示的正常情形。许多与安全相关的状况用这个级别进行汇报。 <5>
KERN_INFO	提示性信息。很多驱动程序在启动的时候以这个级别来打印出它们找到的硬件信息。 <6>
KERN_DEBUG	用于调试信息。 <7>

注意,在使用 printk()函数时,宏和消息文本之间不需要用逗号隔开,因为在编译的时候,预处理器会将日志级别的宏与消息文本组合为一个新的字符串,例如:

```
printk(KERN_DEBUG"requset io fail\n");
```

编译之后为

```
printk(" <7> requset io fail\n");
```

printk()函数的作用机理是将消息写到一个长度为__LOG_BUF_LEN 字节的循环缓冲区中(__LOG_BUF_LEN 的数值可以在配置内核时自定义),然后唤醒并监视正在等待消息的进程,包括那些在系统日志 syslog 上调用和对/proc/kmsg 文件进行读取的进程。注意,一旦完成读取,日志缓冲区内的数据不会保留。

相比于其他调试方式,使用 printk()函数最为简单,但也存在缺陷。当驱动文件过大时,printk 将会输出大量的冗余提示信息,使开发人员无法定位错误发生的位置,造成效率过低。同时 printk()函数只能在调试的时候使用,当要全部清除正式发布后的驱动程序,会潜在地增加代码修改的复杂性。

3.4.2　ioctl()控制函数

ioctl 是设备驱动程序中对设备的 I/O 通道进行管理的函数,可以通过调试设计 ioctl 命令从驱动程序复制数据到用户空间,并在用户空间中检验这些数据。Ioctl 函数的优点是速度快,且在调试被禁用后,用来复制数据的这些命令仍可以保留在驱动程序中。

在本书配套资料包“04. 例程资料\Product\lab2. beep_test\driver”文件夹下的 beep. c 驱动文件中，定义接口结构体 file_operations 时已预留了 ioctl 接口，如程序清单 3-3 所示。ioctl 的接口指向该驱动文件中名为 beep_ioctl 的函数，在此函数内部添加需要调试的信息（例如打印信息的命令 printk），然后在 main()函数中通过调用 ioctl(fd,cmd)函数实现调试。

程序清单 3-3

```
static struct file_operations beep_fops = {
    .owner = THIS_MODULE,
    .open = beep_open,
    .read = beep_read,
    .write = beep_write,
    .unlocked_ioctl = beep_ioctl,
    .release = beep_release,
};
```

下面通过代码介绍 ioctl 函数的用法。注意，以下代码的框架基于蜂鸣器实验的实验例程，即资料包“04. 例程资料\Product\lab2. beep_test”，但请勿直接对资料包中的实验例程进行修改，否则将影响后续蜂鸣器实验的实验结果。

1. 定义命令

将以下 3 行代码分别复制到 app 文件夹的 beep_test. c 文件中，以及 driver 文件夹的 beep. c 文件中。

```
#define TEST_IOC    0x13 //定义幻数，即命令号，该命令因设备而异，且系统范围内唯一
#define TEST_1  _IO(TEST_IOC,0x00)      //自动生成 ioctl 命令码，命令 1
#define TEST_2  _IO(TEST_IOC,0x01)      //命令 2
```

2. 修改 beep_ioctl()函数

在 beep. c 文件的 beep_ioctl()函数中添加调试信息，当在 main()函数中调用 ioctl(fd, cmd)函数时便会执行这个函数，可以将内核空间的数据通过 printk 进行输出打印。

```
static long beep_ioctl(struct file * file, unsigned int cmd, unsigned long arg){

    if (_IOC_TYPE(cmd)! = TEST_IOC)                            //判断是否是该设备的命令号
    {
        return -1;
    }
    printk(KERN_INFO "CODE_NR: %d \n",_IOC_NR(cmd));      //打印当前指令的序号

    switch (cmd)                                          //区分指令，每个指令对应不同的操作
    {
    case TEST_1:
        printk(KERN_INFO "use ioctl successfully \n");    //不带参数
        break;
    case TEST_2:
```

```
            printk(KERN_INFO "------CMD: %d------arg: %d \n",(int)cmd,(int)arg);  //带参数
            break;
        default:
            break;
        }

        return 0;
}
```

3. 在 main( )函数中调用

在 app 文件夹的 beep_test. c 文件的 main()函数中，调用 ioctl()函数实现调试。ioctl()函数有多个输入参数，一般只用到前两个，如 int ioctl(int fd, ind cmd,...),fd 为用户程序打开设备时使用 open()函数返回的文件标示符，cmd 为用户程序对设备的控制命令，后面的补充参数通常省略，少数情况会用到第 3 个参数。

```
int main(int argc, char * * argv){
    int fd;
    int ret = 0;

    //open file
    fd = open("/dev/beep", O_RDWR);
    if (fd < 0){
        perror("open /dev/beep error, exit\n");
        exit(1);
    }
    printf("open /dev/beep success\n");

    //Test1,不带额外参数
    ret = ioctl(fd,TEST_1);
    if (ret == -1)
    {
        perror("ioctl error");
        return -2;
    }

    //Test2,带额外参数
    int ioctl_arg = 16;
    ret = ioctl(fd,TEST_2,ioctl_arg);
    if (ret == -1)
    {
        perror("ioctl error");
        return -2;
    }
```

```
    close(fd);

    return 0;
}
```

4. 在/proc/kmsg 中查看

使用与 printk 监视法相同的方法，开启两个命令提示符窗口 A 和 B 进行观察。注意，在运行 beep_test. c 文件编译生成的可执行文件 beep_test 之前，需要先加载 beep. c 文件生成的 beep. ko 驱动文件。另外，每次执行完 beep_test 后都要通过 rmmod beep 命令卸载 beep 设备，然后导入新的可执行文件。若不卸载原有的 beep. ko 驱动文件，在运行新的可执行文件时运行结果可能不会改变。

本章任务

完成本章学习后，了解本书配套实验例程的目录架构，熟悉驱动文件加载、执行和监测的流程，掌握 Linux 设备驱动的调试方法。通过查找资料了解 Linux 驱动源码架构，熟悉嵌入式 Linux C/C++应用开发流程。

本章习题

1. Makefile 文件有哪些常用规则，简述其作用。
2. Linux 设备驱动如何加载到系统中，简述操作流程。
3. 如何查看驱动文件的调试输出信息？
4. 简述 Linux 设备驱动调试的方法。
5. 简述驱动调试过程中的常见问题及解决办法。

第 4 章　Linux 设备驱动实验

Linux 设备驱动实验为本书第一个实验。通过该实验熟悉嵌入式系统开发的基本流程，学习在 Ubuntu 操作系统中对驱动程序和应用层测试程序进行编译，并在 RK3288 的 Linux 端加载驱动以及运行应用层程序。

4.1　实验内容

打开本书配套资料包"04.例程资料\Product"目录下的 lab1.demo_test 文件夹，其包含两个文件夹：driver 文件夹包含了虚拟 demo 字符设备的驱动程序源文件和驱动程序编译配置文件，app 文件夹包含了应用层测试程序源码和应用层测试程序编译配置文件。对各个文件的说明如下。

① lab1.demo_test\driver\demo.c：demo 设备的驱动程序源文件，定义与应用层之间的接口函数。

② lab1.demo_test\driver\Makefile：驱动程序编译配置文件，包括编译命令和清除命令。

③ lab1.demo_test\app\demo_test.c：应用层测试程序源码，调用驱动程序中的 demo_open()、demo_write()、demo_read()和 demo_release()函数。

④ lab1.demo_test\app\Makefile：应用层测试程序编译配置文件，包括编译命令和清除命令。

在开展实验之前，先简要介绍实验步骤，如图 4-1 所示。

1. 在 Ubuntu 操作系统中，安装交叉编译工具。

2. 将本书配套资料包中的 lab1.demo_test 文件夹复制到 Windows 操作系统的"D:\Ubuntu_share"目录下，然后通过 SFTP 将 lab1.demo_test 文件夹传输到 Ubuntu 操作系统的"/home/user/work"目录下。

3. 在 Ubuntu 操作系统中，先编译驱动程序，再编译应用层程序，编译后分别生成 demo.ko 和 demo_test 文件。

4. 将编译生成的 demo.ko 和 demo_test 文件先通过 SFTP 从 Ubuntu 操作系统传输到 Windows 操作系统的"D:\Ubuntu_share"目录下，再通过 adb 从 Windows 操作系统的"D:\Ubuntu_share"目录传输到 RK3288 平台的"/data/local/tmp"目录下。

5. 在 RK3288 的 Linux 终端，先加载驱动，再运行应用程序，可以通过另一个 Linux 终端查看 RK3288 的动态内核信息。

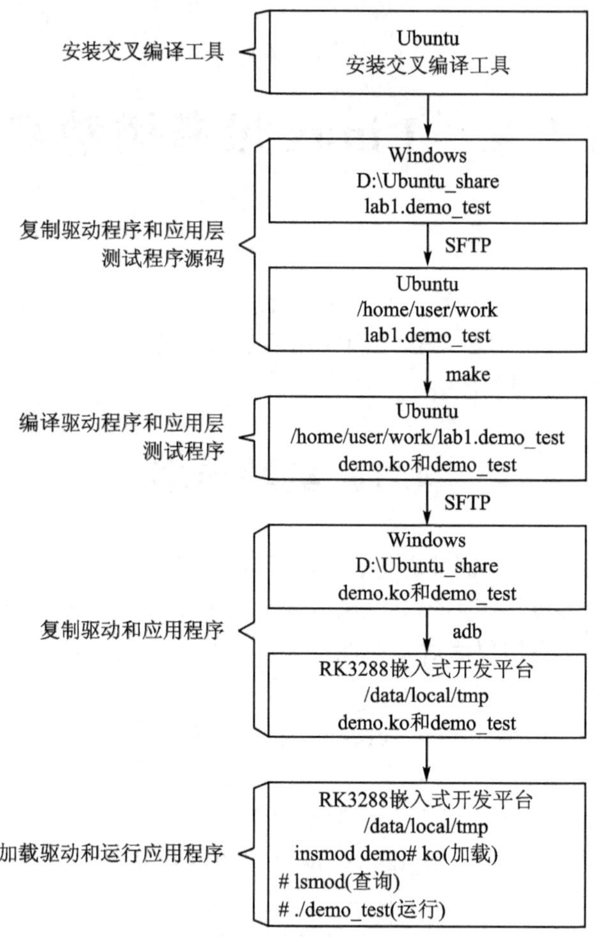

图 4-1　Linux 设备驱动实验步骤

4.2　实验原理

4.2.1　Makefile 简介

1. Makefile

Makefile 文件指定了整个工程的编译和链接规则。一个工程中可能有很多源文件，按类型、功能或模块分别存放在若干目录中，而 Makefile 文件定义了一系列的规则，来指定哪些文件需要先编译，哪些文件需要重新编译，如何编译，需要创建哪些文件以及如何创建，需要保留哪些文件等，甚至还能进行更复杂的功能操作，因为 Makefile 也可以执行操作系统的命令。Makefile 的好处是"自动化编译"，一旦写好了 Makefile 文件，只需要执行"make"命令，即可自动编译整个工程，极大提高了软件开发的效率。编写 Makefile 文件是 Linux 程序员必须学会的技能。

2. 编译规则

在 Windows 系统下，编译源文件的步骤为预处理、编译（从.c 到汇编.s 再到中间目标文件.OBJ）和链接（将.OBJ 合成为可执行文件.exe），当项目中源文件较多时，就会产生很多中间目标文件，常见的.lib(library)文件即是将这些中间目标文件打包，在链接的时候加入到可执行文件中去。在 Linux 下，.OBJ 将改为.o，.lib 将改为.a(archive)。

3. Makefile 规则

Makefile 文件像 C 语言一样有自己的格式、关键字和函数。"make"命令根据文件更新的时间戳来决定哪些文件需要重新编译，这样可以避免编译那些已经编译过的或是没有修改过的程序，极大地提高编译效率。

Makefile 的规则如下：

```
目标(targets)...:依赖(prerequisites)...
    命令(command)
```

目标（targets）通常是要生成文件的名称，可以是可执行文件或.o 文件，也可以是一个要执行的动作名称，如 clean。依赖（prerequisites）是用来产生目标的材料（例如源文件），targets 这一个或多个的目标文件的名称依赖于 prerequisites 中的文件，其生成规则定义在 command 命令中。只要修改了目标的依赖，就需要重新执行 command 命令，这就是 Makefile 的规则，也是 Makefile 中最核心的内容。command 命令是生成目标时执行的动作，一个规则可以含有多条命令，每条命令占一行，命令前使用 Tab 键缩进。注意，在 Makefile 中，若一行代码过长，可以使用"\"连接符换行。

4. 示例

当一个工程有 3 个头文件和 8 个源文件时，Makefile 文件的示例代码如程序清单 4－1 所示（－c 只编译不链接，－o 生成输出可执行文件）。

程序清单 4－1

```
edit : main.o kbd.o command.o display.o \
            insert.o search.o files.o utils.o
            cc -o edit main.o kbd.o command.o display.o \
                    insert.o search.o files.o utils.o

    main.o : main.c defs.h
            cc -c main.c
    kbd.o : kbd.c defs.h command.h
            cc -c kbd.c
    command.o : command.c defs.h command.h
            cc -c command.c
    display.o : display.c defs.h buffer.h
            cc -c display.c
    insert.o : insert.c defs.h buffer.h
```

```
15.             cc -c insert.c
16.     search.o : search.c defs.h buffer.h
17.             cc -c search.c
18.     files.o : files.c defs.h buffer.h command.h
19.             cc -c files.c
20.     utils.o : utils.c defs.h
21.             cc -c utils.c
22.     clean :
23.             rm edit main.o kbd.o command.o display.o \
24.                 insert.o search.o files.o utils.o
```

在这个 Makefile 中，目标(targets)包含：执行文件 edit 和中间目标文件(*.o)，依赖文件为各个.c 文件和.h 文件。每个.o 文件都有一组依赖文件，而这些.o 文件又是执行文件 edit 的依赖文件。依赖关系的实质就是说明目标文件由哪些文件生成。

在定义好依赖关系后，即可定义生成目标文件的操作系统命令，注意，命令行要使用 Tab 键作为缩进。使用“make”命令进行编译时，会先比较目标和依赖文件的修改日期，如果依赖文件的修改日期新于目标文件，或目标文件不存在时，就会执行后续定义的命令。

注意，第 22 行的 clean 不是文件名称，而是一个动作，类似于 C 语言中的 lable。clean 后面没有依赖文件，那么 make 就不会自动执行其后所定义的命令。只有在 make 后面指出这个动作的名称，才会执行动作后面定义的命令。通过这样的方法，可以在 Makefile 中定义不用编译或是与编译无关的命令，如程序的打包和备份等，具体步骤如下。

(1) make 会在当前目录下查找名为 Makefile 或 makefile 的文件。

(2) 找到文件后会先查找文件中的第一个目标(targets)，如程序清单 4-1 中的 edit，然后根据目标后面的依赖执行目标后面的命令。

(3) 如果目标文件 edit 不存在，或是 edit 所依赖的.o 文件的修改时间新于当前 edit 文件，则执行后面所定义的命令来生成新的 edit 文件。

(4) 如果 edit 所依赖的.o 文件不存在，或是.o 文件所依赖的文件的修改时间新于当前.o 文件，则 make 会先执行后面定义的命令生成.o 文件。

这就是 make 的编译过程，根据文件的依赖关系逐步编译，直至最终编译生成第一个目标文件。在查找依赖关系的过程中，如果出现依赖的文件不存在等错误，则退出编译并报错。make 只关注文件的依赖性，而对于所定义的命令的错误，或是编译不成功，make 不予处理。

按照 make 的编译步骤，第 22 行代码中的 clean 没有被第一个目标直接或间接关联，那么它后面定义的命令将无法自动执行，此时可以通过“make clean”命令来使其执行，以此来清除所有的目标文件，以便重编译。

如果该工程已经编译成功，当再次修改其中的一个源文件时，如 files.c，根据文件的依赖性，目标文件 files.o 将会被重编译，此时 files.o 文件的修改时间新于 edit 文件，因此 edit 也将被重新链接。

5. Makefile 中使用变量

在程序清单 4-2 的代码中，8 个.o 文件的字符串用到了两次，此时若需要在工程中加入一个新的.o 文件，就需要同时在两处添加代码。若在代码量大的 Makefile 文件中进行类似修改，就有可能因为遗漏某处修改而导致编译失败。因此，为了便于维护 Makefile 文件，在 Makefile 中可以使用变量，Makefile 的变量表现为字符串的形式，理解为 C 语言中的“宏”更为贴切。

程序清单 4-2

```
edit : main.o kbd.o command.o display.o \
                    insert.o search.o files.o utils.o
        cc -o edit main.o kbd.o command.o display.o \
                    insert.o search.o files.o utils.o
```

如声明一个变量 objects、OBJECTS、objs、OBJS、obj 或 OBJ，能够表示.obj 文件即可。在 Makefile 文件中进行如程序清单 4-3 所示的定义。

程序清单 4-3

```
objects = main.o kbd.o command.o display.o \
          insert.o search.o files.o utils.o
```

然后可以在 Makefile 文件中以“$(objects)”的形式来使用该变量，如程序清单 4-4 所示。

程序清单 4-4

```
objects = main.o kbd.o command.o display.o \
              insert.osearch.o files.o utils.o
   edit : $(objects)
          cc -o edit $(objects)
```

6. Makefile 自动推导

GNU 的 make 很强大，它可以自动推导依赖文件以及文件依赖关系后面的命令，因此不必在每一条规则中都写上类似于“cc -c xxx.c”的命令，因为 make 会自动识别并推导命令。

当 make 识别到一个.o 文件时，会自动把对应的.c 文件添加到依赖关系中。如 make 识别到 whatever.o 文件，那么 whatever.c 即是 whatever.o 的依赖文件，并且编译命令“cc -c whatever.c”也会被推导出来。于是，Makefile 文件可以进行适当简化，如程序清单 4-5 所示。

程序清单 4-5

```
objects = main.o kbd.o command.o display.o \
              insert.o search.o files.o utils.o

   edit : $(objects)
          cc -o edit $(objects)

   main.o : defs.h
   kbd.o : defs.h command.h
   command.o : defs.h command.h
   display.o : defs.h buffer.h
   insert.o : defs.h buffer.h
   search.o : defs.h buffer.h
   files.o : defs.h buffer.h command.h
```

```
14.     utils.o : defs.h
15.
16.     .PHONY : clean
17.     clean :
18.             -rm edit $(objects)
```

第 16 行代码中的.PHONY 表示 clean 是一个“伪目标”。

第 18 行代码中，在 rm 命令前面加“-”表示即使某些文件存在问题也不予处理，继续执行后面的命令。clean 的规则不要放在 Makefile 文件的开头，不然 clean 就会变成 make 的默认目标，将 clean 放在文件的最后是不成文的规定。

7. Linux 驱动 Makefile 解释

Linux 驱动的一般写法如程序清单 4-6 所示。

程序清单 4-6

```
1.    obj-m := demo.o
2.    KERNELDIR := /home/user/work/rk3288_android/kernel
3.    PWD := $(shell pwd)
4.    modules:
5.        $(MAKE) -C $(KERNELDIR) M=$(PWD) modules
6.    clean:
7.        rm -rf *.o *~core .depend .*.cmd *.ko *.mod.c *.order *.symvers .tmp_versions
```

（1）第 2 行代码：“:=”表示立即赋值，此时 KERNELDIR 的值为“:=”后面的地址。

（2）第 3 行代码：$()用作命令替换，表示执行括号中的命令，PWD 的值为执行 shell pwd 命令的结果，即当前地址。

（3）第 4 行代码：“make”命令会将 Makefile 中第一个不以“.”开头的目标作为默认目标执行，modules 即为 make 的默认目标，第 5 行的命令将被执行。

（4）第 5 行代码：$(MAKE)等同于 make，-C 选项的作用是将当前工作目录切换到指定的位置，此时将会执行 make 内核源码顶层的 Makefile，执行完成以后 KERNELRELEASE 已被定义，kbuild 也被启动，kbulid 即 kernel bulid，用于编译 Linux 内核文件，它对 Makefile 进行了功能上的扩充，使其在编译内核文件时更加高效。而驱动程序一般是内核加载模块，内核加载模块属于内核文件，需要启动 kbuild 来进行编译。

然后将执行 make M=$(PWD) modules，此命令在 kbuild 启动后便可以识别，“M=”选项的作用是当用户需要以某个内核为基础编译一个外部模块时，需要在 make modules 命令中加入“M=dir”，程序会自动在指定的 dir 目录中查找模块源码，根据 make modules 规则将其编译，生成.ko 文件。M 不是 Makefile 的选项，而是内核根目录下 Makefile 中使用的变量。然后将执行第 1 行代码：obj-m := demo.o，用 demo.o 来编译内核的外部模块，根据 Makefile 的自动推导，demo.o 由 demo.c 编译而成，此时，模块源码被找到，执行 make modules 规则编译，生成.ko 文件。

8. Makefile 静态编译

在 Makefile 文件中，当“gcc -static”用于编译一个程序时，使程序静态编译（将动态库的函数和所依赖的其他文件都编译进程序中)如程序清单 4－7 所示,编译生成的文件较大,但运行时就不再需要依赖任何动态库。

程序清单 4－7

```
demo_test:
    arm-linux-gnueabihf-gcc -o demo_test demo_test.c -static
clean:
    rm -rf demo_test
```

4.2.2　“/”“.”和“./”

“/”表示根目录,执行“cd /”命令表示回到根目录。“.”表示当前目录,“./”表示执行,后面常加脚本文件名,表示用来执行当前目录下的脚本文件。

4.2.3　Linux 下的 insmod、lsmod 和 rmmod 命令

insmod 命令用于安装模块,命令格式为“insmod 模块名”,rmmod 命令用于卸载模块,命令格式为“rmmod 模块名”,lsmod 命令用于查看系统中手动安装的模块,命令格式为“lsmod”。

4.3　实验步骤

步骤 1:复制文件夹到 Ubuntu_share 目录

将本书配套资料包“04.例程资料\Material”目录下的 lab1.demo_test 文件夹复制到“D:\Ubuntu_share”目录下。

步骤 2:完善 lab1.demo_test 文件夹下的源码文件

打开“D:\Ubuntu_share\lab1.demo_test\driver”文件夹中的 demo.c 文件,添加如程序清单 4－8 所示的第 10、11 行代码。DEVICE_NAME 代表设备名,整型变量 DEMO_MAJOR 用来存储设备的主设备号。在 Linux 内核中,主设备号用于标识设备对应的驱动程序,告知 Linux 内核使用哪一个驱动程序为该设备(/dev 下的设备文件)服务,而设备号则用来标识具体且唯一的某个设备。

程序清单 4－8

```
1.  #include <linux/module.h>
2.  #include <linux/kernel.h>
3.  #include <linux/init.h>
4.  #include <linux/fs.h>
5.  #include <linux/cdev.h>
6.  #include <asm/uaccess.h>
7.  #include <linux/device.h>
8.  #include <linux/gpio.h>
```

```

#define DEVICE_NAME "demo"
static int DEMO_MAJOR = 0;
```

在上一步添加的代码后面，添加如程序清单 4-9 所示的代码。本实验中定义了 5 个内部静态函数 demo_open()、demo_read()、demo_write()、demo_ioctl()和 demo_release()，分别对应 file_operations 结构体中的 open()、read()、write()、unlocked_ioctl()和 release()。

第 26 至 33 行代码：定义 file_operations 结构体变量 demo_fops，并对其进行初始化，demo_fops 在进行设备注册时会被添加到内核中，最终供程序调用。owner 是指向 module 结构体类型的指针变量，一般为 THIS_MODULE；open()函数为驱动程序提供初始化设备的能力，从而为设备操作做好准备；read()函数用于从设备读取数据；write()函数用于将数据写入设备中；ioctl()函数主要用于配置设备参数，进入或退出某种操作模式等；release()函数用于释放设备占用的空间。这样应用程序才能通过接口函数来调用驱动程序中相应的函数，以达到操作硬件的目的。

程序清单 4-9

```
1.  static int demo_open(struct inode * inode, struct file * file){
2.      printk(KERN_DEBUG "Demo open\n");
3.      return 0;
4.  }
5.
6.  static ssize_t demo_read(struct file * filp, char * buffer, size_t count, loff_t * ppos){
7.      printk(KERN_DEBUG "Demo read\n");
8.      return count;
9.  }
10.
11. static ssize_t demo_write(struct file * filp, const char * buffer, size_t count, loff_t * f_pos){
12.     printk(KERN_DEBUG "Demo write\n");
13.     return count;
14. }
15.
16. static long demo_ioctl(struct file * file, unsigned int cmd, unsigned long arg){
17.     printk(KERN_DEBUG "Demo ioctl\n");
18.     return 0;
19. }
20.
21. static int demo_release(struct inode * inode, struct file * filp){
22.     printk(KERN_DEBUG "Demo release\n");
23.     return 0;
24. }
25.
26. static struct file_operations demo_fops = {
27.     .owner = THIS_MODULE,
```

```
        .open = demo_open,
        .read = demo_read,
        .write = demo_write,
        .unlocked_ioctl = demo_ioctl,
        .release = demo_release,
    };
```

在 file_operations 结构体定义后面，添加如程序清单 4 - 10 所示的代码。

(1) 第 1 行代码：定义一个指向 class 结构体的指针变量 demo_class，该指针变量将在创建设备时使用。

(2) 第 3 至 25 行代码：定义设备初始化函数 demo_init()，该函数用于向内核注册和创建设备节点，在模块被加载进内核时调用。通过 register_chrdev()函数向内核注册字符设备，第一个参数为主设备号，为 0 表示由内核分配主设备号；第二个参数 DEVICE_NAME 为设备名；第三个参数 &demo_fops 为驱动程序接口，若注册成功则会返回该字符设备申请到的主设备号给 DEMO_MAJOR，然后通过 class_create()函数注册一个设备类，最后通过 device_create()函数在"/dev/"目录下创建一个设备节点，节点名为 DEVICE_NAME，主设备号为 DEMO_MAJOR，次设备号为 0。

(3) 第 27 至 32 行代码：定义一个设备注销函数 demo_exit()，该函数用于向内核中注销字符设备，在卸载模块时调用。device_destroy()函数的功能是移除设备，class_destroy()函数的功能是移除设备类，unregister_chrdev()函数的功能是注销字符设备。

程序清单 4 - 10

```
1.  static struct class *demo_class;
2.
3.  static int __init demo_init(void){
4.      printk(KERN_DEBUG "Demo init\n");
5.      DEMO_MAJOR = register_chrdev(0, DEVICE_NAME, &demo_fops);
6.
7.      if(DEMO_MAJOR < 0){
8.          printk(KERN_DEBUG "Can't register Demo major number\n");
9.          return DEMO_MAJOR;
10.     }
11.
12.     printk(KERN_DEBUG "Register Demo driver OK! Major = %d\n", DEMO_MAJOR);
13.
14.     demo_class = class_create(THIS_MODULE, DEVICE_NAME);
15.     if(IS_ERR(demo_class)){
16.         printk(KERN_DEBUG "Err: create Demo class failed.\n");
17.         return -1;
18.     }
19.
20.     device_create(demo_class, NULL, MKDEV(DEMO_MAJOR, 0), NULL, DEVICE_NAME);
21.
22.     printk(KERN_DEBUG "Demo initialized\n");
```

```

    return 0;
}

static void __exit demo_exit(void){
    printk(KERN_DEBUG "Demo exit\n");
    device_destroy(demo_class, MKDEV(DEMO_MAJOR, 0));
    class_destroy(demo_class);
    unregister_chrdev(DEMO_MAJOR, DEVICE_NAME);
}

module_init(demo_init);
module_exit(demo_exit);
MODULE_LICENSE("GPL");
```

打开“D:\Ubuntu_share\lab1.demo_test\app 文件夹中的 demo_test.c 文件，添加如程序清单 4-11 所示的第 10 至 41 行代码。

(1) 第 15 至 19 行代码：打开“/dev/demo”设备文件，O_RDWR 表示对打开设备文件的权限是可读可写，若打开成功，则会返回一个大于 0 的设备文件描述符，失败则返回－1。

(2) 第 23 至 29 行代码：使用 write()函数将 buf 数组中的 sizeof(buf)字节写入到设备文件描述符 fd 所指的设备文件中，若写入成功则返回实际写入到的字节数，若失败则返回－1。

(3) 第 31 至 37 行代码：使用 read()函数从设备文件描述符 fd 所指的设备文件中读取 sizeof(buf)字节存到 buf 数组中，若成功则返回实际读取的字节数，若实际读取的字节数小于要读取的字节数，则说明已经读到文件的末端或没有数据可以读取，若失败则返回－1。

(4) 第 39 行代码：close()函数关闭设备文件。

程序清单 4-11

```
1.  #include <stdio.h>
2.  #include <stdlib.h>
3.  #include <unistd.h>
4.  #include <sys/types.h>
5.  #include <sys/stat.h>
6.  #include <sys/ioctl.h>
7.  #include <fcntl.h>
8.  #include <string.h>
9.
10. int main(int argc, char **argv){
11.     int fd;
12.     int ret = 0;
13.     char buf[15];
14.
15.     fd = open("/dev/demo", O_RDWR);
16.     if (fd < 0){
17.         perror("open /dev/demo error, exit\n");
```

```
            exit(1);
        }
        printf("open /dev/demo success\n");
        memset(buf, '0', sizeof(buf));

        ret = write(fd,buf, sizeof(buf));
        if(ret > 0){
            printf("write /dev/demo success\n");
        }
        else{
            printf("write /dev/demo error\n");
        }

        ret = read(fd, buf, sizeof(buf));
        if(ret > 0){
            printf("read /dev/demo success\n");
        }
        else{
            printf("read /dev/demo error\n");
        }

        close(fd);
        return 0;
}
```

步骤 3:安装交叉编译工具

在嵌入式开发系统上开展 Linux 的设备驱动实验,首先,要确保 Ubuntu 操作系统中已经安装了 arm - linux - gcc 和 arm - linux - g++ 交叉编译工具。若没有安装,则通过 SecureCRT 终端连接 Ubuntu,然后执行“sudo apt - get update”命令和 user 密码更新下载源,如程序清单 4 - 12 所示。

程序清单 4 - 12

```
user@ubuntu:~ $ sudo apt - get update
[sudo] password for user:
```

然后分别执行“sudo apt - get install gcc - arm - linux - gnueabihf”和“sudo apt - get install g++- arm - linux - gnueabihf”命令进行 arm - linux - gcc 和 arm - linux - g++交叉编译工具的安装,如程序清单 4 - 13 所示。

程序清单 4 - 13

```
user@ubuntu:~ $ sudo apt - get install gcc - arm - linux - gnueabihf
user@ubuntu:~ $ sudo apt - get install g+ + - arm - linux - gnueabihf
```

步骤 4:复制源码包到 Ubuntu

通过 SecureCRT 建立 SFTP 文件传输连接,执行“cd /home/user/work/”命令进入“/

home/user/work"目录,然后执行"put -r lab1. demo_test/"命令,将 lab1. demo_test 文件夹传输到"/home/user/work"目录,如程序清单 4-14 所示。

程序清单 4-14

```
sftp > cd /home/user/work/
sftp > put -r lab1.demo_test/
```

步骤 5:编译驱动程序和应用层测试程序

通过 SecureCRT 终端连接 Ubuntu,执行"cd /home/user/work/lab1. demo_test/driver"命令进入"/home/user/work/lab1. demo_test/driver"目录,然后执行"make"或"make modules"命令对驱动程序进行编译。编译之后,可以通过"ls"命令查看该目录下已经生成的 demo. ko 文件,该文件即为 demo 驱动。建议在编译之前,先通过执行"make clean"命令清除编译生成的文件,如程序清单 4-15 所示。

程序清单 4-15

```
user@ubuntu:~$ cd /home/user/work/lab1.demo_test/driver
user@ubuntu:~/work/lab1.demo_test/driver$ make clean
user@ubuntu:~/work/lab1.demo_test/driver$ make
```

执行"cd /home/user/work/lab1. demo_test/app"命令进入"/home/user/work/lab1. demo_test/app"目录,然后执行"make"或"make demo_test"命令对应用层测试程序进行编译。编译之后,可以通过"ls"命令查看该目录下已经生成的 demo_test 文件,该文件即为可执行的应用程序。建议在编译之前,先通过执行"make clean"命令清除编译生成的文件,如程序清单 4-16 所示。

程序清单 4-16

```
user@ubuntu:~/work/lab1.demo_test/driver$ cd /home/user/work/lab1.demo_test/app
user@ubuntu:~/work/lab1.demo_test/app$ make clean
user@ubuntu:~/work/lab1.demo_test/app$ make
```

步骤 6:复制驱动和应用程序

通过 SecureCRT 建立 SFTP 文件传输连接,通过执行"cd /home/user/work/lab1. demo_test/driver"命令进入"/home/user/work/lab1. demo_test/driver"目录,然后执行"get demo. ko"命令,将 demo. ko 文件复制到"D:\Ubuntu_share"目录下,如程序清单 4-17 所示。

程序清单 4-17

```
sftp > cd /home/user/work/lab1.demo_test/driver
sftp > get demo.ko
```

通过执行"cd /home/user/work/lab1. demo_test/app"命令进入"/home/user/work/lab1. demo_test/app"目录,然后执行"get demo_test"命令,将 demo_test 文件复制到"D:\Ubuntu_share"目录下,如程序清单 4-18 所示。

程序清单 4-18

```
sftp > cd /home/user/work/lab1.demo_test/app
sftp > get demo_test
```

步骤 7:加载驱动和运行应用程序

在加载驱动和执行驱动应用操作时，还需要同时查看 RK3288 的动态内核信息，因此，需要打开两个 RK3288 的 Linux 终端，为了便于介绍，本书将加载驱动和执行驱动应用的终端命名为 Terminal－A，将查看动态的内核信息的终端命名为 Terminal－B。

首先，通过快捷键“Win＋R”打开“运行”对话框，输入“CMD”命令后回车，打开命令提示符窗口，该窗口为 Terminal－B。在命令提示符窗口中执行“adb shell”命令登录到 RK3288 的 Linux 终端，然后执行“cat /proc/kmsg”命令查看 RK3288 的动态内核信息，如程序清单 4－19 所示。

程序清单 4－19

```
C:\Users\hp > adb shell
root@rk3288:/ # cat /proc/kmsg
```

再打开一个命令提示符窗口，该窗口为 Terminal－A。依次执行“adb push D:\Ubuntu_share\demo.ko /data/local/tmp”和“adb push D:\Ubuntu_share\demo_test /data/local/tmp”命令，将 demo.ko 和 demo_test 文件复制到 RK3288 平台的“/data/local/tmp”目录下，如程序清单 4－20 所示。

程序清单 4－20

```
C:\Users\hp > adb push D:\Ubuntu_share\demo.ko /data/local/tmp
C:\Users\hp > adb push D:\Ubuntu_share\demo_test /data/local/tmp
```

在 Terminal－A 中执行“adb shell”命令登录到 RK3288 的 Linux 终端，再执行“cd /data/local/tmp”命令进入 RK3288 平台的“/data/local/tmp”目录，如程序清单 4－21 所示。

程序清单 4－21

```
C:\Users\hp > adb shell
root@rk3288:/ # cd /data/local/tmp
```

在 Terminal－A 中执行“insmod demo.ko”命令，加载 demo.ko 驱动，如程序清单 4－22 所示。

程序清单 4－22

```
root@rk3288:/data/local/tmp # insmod demo.ko
```

可以在 Terminal－B 中查看 RK3288 的动态内核信息，如程序清单 4－23 所示。

程序清单 4－23

```
Demo init
Register Demo driver OK! Major = 240
Demo initialized
```

在 Terminal－A 中执行“lsmod”命令，查看 demo 驱动是否加载成功，如程序清单 4－24 所示。

程序清单 4－24

```
root@rk3288:/data/local/tmp # lsmod
demo 1779 0 - Live 0x00000000 (O)
mali_kbase 240797 13 - Live 0x00000000
```

在 Terminal - A 中执行“chmod 777 demo_test”命令更改 demo_test 的权限，改为任何用户对 demo_test 都有可读、可写、可执行的权限。更改完权限之后，就可以通过执行“./demo_test”命令来执行 demo_test，如程序清单 4 - 25 所示。更多关于 chmod 命令的用法介绍请参考附录 A。

程序清单 4 - 25

```
root@rk3288:/data/local/tmp # chmod 777 demo_test
root@rk3288:/data/local/tmp # ./demo_test
```

可以在 Terminal - B 中查看 RK3288 的动态内核信息，如程序清单 4 - 26 所示。

程序清单 4 - 26

```
Demo open
Demo write
Demo read
Demo release
```

完成实验之后，可以在 Terminal - A 中通过执行“rmmod demo”命令卸载 demo 驱动，如程序清单 4 - 27 所示。

程序清单 4 - 27

```
root@rk3288:/data/local/tmp # rmmod demo
```

可以在 Terminal - B 中查看 RK3288 的动态内核信息，如程序清单 4 - 28 所示。

程序清单 4 - 28

```
Demo exit
```

步骤 8：运行结果

Terminal - A 和 Terminal - B 的运行结果如图 4 - 2 所示。

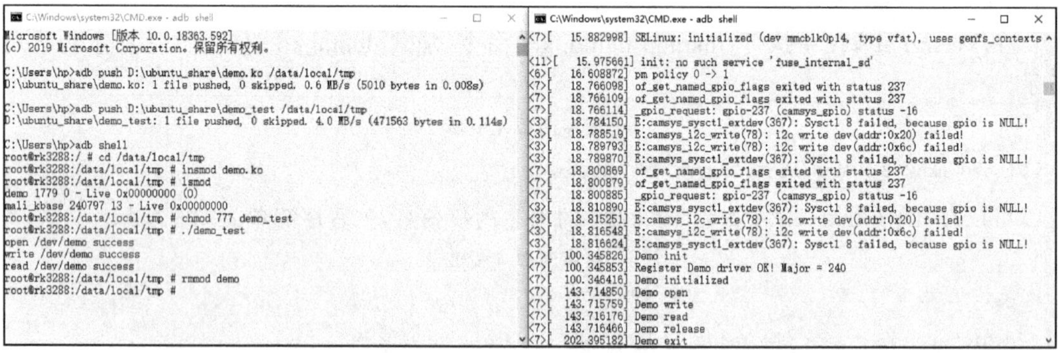

图 4 - 2　本章实验运行结果

本章任务

完成本章的学习后，掌握 Linux 中 Makefile 文件的规则和编写方法。查阅资料，分别列出除字符设备外的其他块设备和网络设备的驱动架构，对比字符设备、块设备和网络设备的异同。

本章习题

1. file_operations 结构体中常用的内部成员变量有哪些，简述其作用。
2. 简述初始化函数 demo_init()的功能及实现方式。
3. Makefile 文件对于整个工程的意义是什么？
4. 简述 Windows 下的源文件的编译步骤。
5. 简述"/"". "和". /"三者的区别。

第 5 章　蜂鸣器控制实验

蜂鸣器是一种一体化结构的电子讯响器，采用直流电压供电，广泛应用于报警器、汽车电子设备和定时器等电子产品中，用作发声器件。蜂鸣器分为无源蜂鸣器和有源蜂鸣器，无源蜂鸣器使用方波信号来驱动，有源蜂鸣器使用直流信号来驱动，嵌入式开发系统上的蜂鸣器为有源蜂鸣器。蜂鸣器控制实验主要通过控制相关 GPIO 的电平高低，从而达到控制蜂鸣器鸣叫和静息的目的。

5.1　实验内容

从本章开始，将学习通过操作 GPIO 来控制各个模块的功能。要求了解 GPIO 的编号计算方法并掌握常用的 API 函数，能熟练配置 GPIO 来完成后续实验。通过本章蜂鸣器实验，了解蜂鸣器的工作原理，学会编写程序驱动蜂鸣器，掌握 RK3288 平台的 GPIO 操作。

5.2　实验原理

5.2.1　蜂鸣器电路

蜂鸣器电路如图 5-1 所示。J_{202} 为 2Pin 排针，实际开发时需要使用跳线帽将其短接，使蜂鸣器正极接通电源。BEEP 网络连接到 RK3288 核心板的 Y22 引脚，当该引脚输出高电平

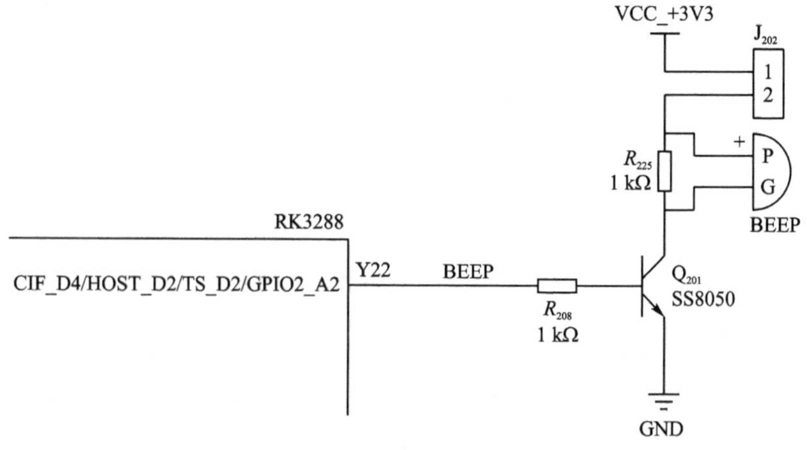

图 5-1　蜂鸣器电路

时，晶体三极管导通，此时蜂鸣器负极接地，蜂鸣器鸣叫；当该引脚输出低电平时，晶体三极管截止，蜂鸣器静息。

5.2.2 RK3288 的 GPIO 及编号计算

GPIO(General - Purpose Input/Output，通用输入/输出)是一种软件运行期间能够动态配置和控制的通用引脚。RK3288 有 9 组 GPIO BANK，分别是 GPIO0～GPIO8。每组 GPIO BANK 又以 A0～A7、B0～B7、C0～C7 和 D0～D7 作为编号区分(不是所有 GPIO BANK 都有全部编号，如 GPIO5 就只有 B0～B7 和 C0～C3)。每个 GPIO 口除了通用输入/输出功能外，还可能有其他复用功能。

并不是每个引脚都可以作为 GPIO 使用，只有引脚名称中含有 GPIO 标签的才可以作为 GPIO 使用，含有 GPIO 功能的引脚都会包含类似于 GPIO7_A4 这样的信息，其中，下划线之前的部分是 GPIO BANK 号，下划线之后的部分是 GPIO BANK 偏移量。在编写底层驱动代码时，使用的是 GPIO 编号，编号的计算方法如下。

GPIO 编号＝RK_GPIO_BANK×32＋RK_GPIO_BANK_OFFSET

RK_GPIO_BANK 为 GPIO BANK 号，BANK0 即为 0，BANK2 即为 2，以此类推。RK_GPIO_BANK_OFFSET 为 GPIO BANK 偏移量，A0 为 0，A7 为 7，B0 为 8，B7 为 15，以此类推。

5.2.3 GPIO 的 API 函数

本章使用到操作 GPIO 的 API 函数包括 gpio_request()、gpio_free()、gpio_direction_input()、gpio_direction_output()、gpio_get_value()、gpio_set_value()和 gpio_to_irq()。

1. gpio_request()函数用于获得并占有 GPIO 端口的使用权，由参数 gpio 指定具体的 port。非空的 label 指针有助于诊断，主要告知内核这块地址已被占用。当其他代码调用同一地址的 gpio_request 就会报错“该地址已经被申请”，先申请再访问的好处是避免资源竞争。函数原型如下所示。

```
int gpio_request(unsigned gpio, const char * label);
```

2. gpio_free()函数用于释放 GPIO 端口的使用权，由参数 gpio 指定具体 GPIO 端口。函数原型如下所示。

```
void gpio_free(unsigned gpio);
```

3. gpio_direction_input()函数用于将 GPIO 端口设为输入，由参数 gpio 指定具体 GPIO 端口。函数原型如下所示。

```
int gpio_direction_input(unsigned gpio);
```

4. gpio_direction_output()函数用于将 GPIO 端口设为输出，并指定输出电平值，由参数 gpio 指定具体 GPIO 端口，由参数 value 指定输出的电平值。函数原型如下所示。

```
int gpio_direction_output(unsigned gpio, int value);
```

5. gpio_get_value()函数用于获得 GPIO 端口上的电平值并返回，由参数 gpio 指定具体 GPIO 端口。函数原型如下所示。

```
int gpio_get_value(unsigned gpio);
```

6. gpio_set_value()函数用于设置 GPIO 端口上的电平，由参数 gpio 指定具体 GPIO 端口，由参数 value 指定设置的电平。函数原型如下所示。

```
void gpio_set_value(unsigned gpio, int value);
```

7. gpio_to_irq()函数用于将 GPIO 当作中断口使用，返回的值即为中断号，可以将中断号传送给 request_irq()和 free_irq()，内核通过调用 gpio_to_irq()函数将 GPIO 端口转换为中断，由参数 gpio 指定具体 GPIO 端口。函数原型如下所示。

```
int gpio_to_irq(unsigned gpio);
```

5.2.4 copy_to_user()和 copy_from_user()

在 Linux 内核中，copy_to_user()和 copy_from_user()函数常用于进行相关驱动程序设计。由于内核空间与用户空间的内存不能直接互访，因此，需要借助 copy_to_user()函数完成从内核空间到用户空间的复制，借助 copy_from_user()函数完成从用户空间到内核空间的复制。

copy_to_user()函数的原型如程序清单 5-1 所示，to 为目标地址，即用户空间的地址，from 为源地址，即内核空间的地址，n 为将要复制的数据的字节数。如果数据复制成功，则返回 0；否则，返回没有复制成功的数据字节数。

程序清单 5-1

```
unsigned long copy_to_user(void __user * to, const void * from, unsigned long n)
{
    might_sleep();
    BUG_ON((long) n < 0);
    if (access_ok(VERIFY_WRITE, to, n))
        n = __copy_to_user(to, from, n);
    return n;
}
```

copy_from_user()函数的原型如程序清单 5-2 所示，to 为目标地址，即内核空间的地址，from 为源地址，即用户空间的地址，n 表示将要复制的数据的字节数。如果数据复制成功，则返回 0；否则，返回没有复制成功的数据字节数。

程序清单 5-2

```
static inline unsigned long copy_from_user(void * to, const void __user * from, unsigned long n)
{
    if (access_ok(VERIFY_READ, from, n))
        n = __arch_copy_from_user(to, from, n);
    else /* security hole - plug it */
        memzero(to, n);
    return n;
}
```

5.2.5 sleep()

sleep()函数的功能是将当前进程挂起一段时间，以秒为单位。如果想要程序等待一段时间再执行，即可使用 sleep()函数来实现。Linux 下的 sleep()函数原型如下所示。

```
unsigned int sleep(unsigned int seconds);
```

5.3 实验步骤

步骤 1：复制文件夹到 Ubuntu_share 目录

将本书配套资料包"04. 例程资料\Material"目录下的 lab2. beep_test 文件夹复制到"D:\Ubuntu_share"目录下。

步骤 2：完善 lab2. beep_test 文件夹下的源码文件

打开"D:\Ubuntu_share\lab2. beep_test\driver"文件夹中的 beep. c 文件，添加如程序清单 5-3 所示的第 10 至 12 行代码。

(1) 第 10 行代码：定义驱动设备名称。

(2) 第 11 行代码：定义主设备号为 0。

(3) 第 12 行代码：定义 beep 的 GPIO 控制引脚，根据实际接线图赋值。

程序清单 5-3

```
1.  #include <linux/module.h>
2.  #include <linux/kernel.h>
3.  #include <linux/init.h>
4.  #include <linux/fs.h>
5.  #include <linux/cdev.h>
6.  #include <asm/uaccess.h>
7.  #include <linux/device.h>
8.  #include <linux/gpio.h>
9.
10. #define DEVICE_NAME "beep"
11. static int BEEP_MAJOR = 0;
12. static int GPIO_BEEP_PIN = 66;
```

在上一步添加的代码后面，添加如程序清单 5-4 所示的驱动文件操作函数的代码。

(1) 第 1 至 4 行代码：定义 open()函数。

(2) 第 6 至 21 行代码：定义 beep_read()函数，首先读取 GPIO_BEEP_PIN 引脚的电平，并通过 copy_to_user()函数把 beep 状态返回到用户空间。

(3) 第 23 至 42 行代码：定义 beep_write()函数，通过 copy_from_user()函数获取用户输入数据(输入为 0 或 1)，再调用 gpio_direction_output()函数设置 beep 对应的 gpio 引脚，从而实现控制 beep 开关。

程序清单 5-4

```
static int beep_open(struct inode * inode, struct file * file){
    printk(KERN_DEBUG "Beep open\n");
    return 0;
}

static ssize_t beep_read(struct file * filp, char * buffer, size_t count, loff_t * ppos){
    char tmp[10];
    int ret;

    if(gpio_get_value(GPIO_BEEP_PIN) == 1){
        strcpy(tmp,"beep on");
    }
    else{
        strcpy(tmp,"beep off");
    }
    printk(KERN_DEBUG "Beep read\n");

    ret = copy_to_user(buffer, tmp, sizeof(tmp));

    return count;
}

static ssize_t beep_write(struct file * filp, const char * buffer, size_t count, loff_t * f_pos){
    int ret;
    char tmp[10];
    memset(tmp, 0, 10);

    if(count > 1){
        printk(KERN_DEBUG "invalid argument\n");
        return count;
    }

    ret = copy_from_user(tmp,buffer,count);
    if(!ret){
        printk(KERN_DEBUG "copy from user: %s\n",buffer);
    }

    gpio_direction_output(GPIO_BEEP_PIN,! strncmp(tmp, "1", 1) ? 1 : 0);

    printk(KERN_DEBUG "Beep write\n");
    return count;
}
```

```

static long beep_ioctl(struct file * file, unsigned int cmd, unsigned long arg){
    printk(KERN_DEBUG "Beep ioctl\n");
    return 0;
}

static int beep_release(struct inode * inode, struct file * filp){
    printk(KERN_DEBUG "Beep release\n");
    return 0;
}

static struct file_operations beep_fops = {
    .owner = THIS_MODULE,
    .open = beep_open,
    .read = beep_read,
    .write = beep_write,
    .unlocked_ioctl = beep_ioctl,
    .release = beep_release,
};
```

在 file_operations 结构体定义后面，添加如程序清单 5-5 所示的代码。

(1) 第 3 至 32 行代码：定义设备初始化函数 beep_init()，该函数用于向内核注册和创建设备节点，在模块被加载进内核时调用。通过 register_chrdev()函数向内核注册字符设备，然后通过 class_create()函数注册一个设备类，最后通过 device_create()函数在“/dev/”目录下创建一个设备节点，节点名为 DEVICE_NAME，主设备号为 BEEP_MAJOR，次设备号为 0。

(2) 第 34 至 40 行代码：定义一个设备注销函数 beep_exit()，该函数用于向内核中注销字符设备，在卸载模块时调用。device_destroy()函数用于移除设备，class_destroy()函数用于移除设备类，unregister_chrdev()函数用于注销字符设备。

程序清单 5-5

```
1.  static struct class * beep_class;
2.
3.  static int __init beep_init(void){
4.      int ret;
5.      printk(KERN_DEBUG "Beep init\n");
6.      BEEP_MAJOR = register_chrdev(0, DEVICE_NAME, &beep_fops);
7.
8.      if(BEEP_MAJOR < 0){
9.          printk(KERN_DEBUG "Can't register beep major number\n");
10.         return BEEP_MAJOR;
11.     }
12.
13.     printk(KERN_DEBUG "Register beep driver OK! Major = %d\n", BEEP_MAJOR);
14.
15.     beep_class = class_create(THIS_MODULE, DEVICE_NAME);
```

```
    if(IS_ERR(beep_class)){
        printk(KERN_DEBUG "Err: create beep class failed.\n");
        return -1;
    }

    device_create(beep_class, NULL, MKDEV(BEEP_MAJOR, 0), NULL, DEVICE_NAME);

    ret = gpio_request(GPIO_BEEP_PIN,"GPIO_BEEP_PIN");
    if(ret < 0){
        printk("Request beep pin fail\n");
    }
    gpio_direction_output(GPIO_BEEP_PIN, 0);

    printk(KERN_DEBUG "Beep initialized\n");

    return 0;
}

static void __exit beep_exit(void){
    printk(KERN_DEBUG "Beep exit\n");
    gpio_free(GPIO_BEEP_PIN);
    device_destroy(beep_class, MKDEV(BEEP_MAJOR, 0));
    class_destroy(beep_class);
    unregister_chrdev(BEEP_MAJOR, DEVICE_NAME);
}

module_init(beep_init);
module_exit(beep_exit);
MODULE_LICENSE("GPL");
```

打开“D:\Ubuntu_share\lab2. beep_test\app”文件夹中的 beep_test. c 文件，添加如程序清单 5-6 所示的第 10 至 66 行代码。

(1) 第 21 至 26 行代码：打开“/dev/beep”设备文件，O_RDWR 表示对打开设备文件的权限是可读可写，若打开成功，则会返回一个大于 0 的设备文件描述符，失败则返回-1。

(2) 第 29 至 35 行代码：使用 write()函数将 buf_write_on 数组中的 sizeof(char)字节写入到设备文件描述符 fd 所指的设备文件中，若写入成功则返回实际写入的字节数，若失败则返回-1。

(3) 第 37 至 43 行代码：使用 read()函数从设备文件描述符 fd 所指的设备文件中读取 sizeof(buf)字节存到 buf 数组中，若成功则返回实际读取的字节数，若实际读取的字节数小于要读取的字节数，则说明已经读到文件的末端或没有数据可以读取，若失败则返回-1。

程序清单 5-6

```
1.  #include <stdio.h>
2.  #include <stdlib.h>
```

```
#includc <unistd.h>
#include <sys/types.h>
#include <sys/stat.h>
#include <sys/ioctl.h>
#include <fcntl.h>
#include <string.h>

int main(int argc, char **argv){
    int fd;
    int ret = 0;
    char buf[15];
    char buf_write_on[1];
    char buf_write_off[1];

    memset(buf, '0', sizeof(buf));
    memset(buf_write_on, '1', sizeof(buf_write_on));
    memset(buf_write_off, '0', sizeof(buf_write_off));

    fd = open("/dev/beep", O_RDWR);
    if (fd < 0){
        perror("open /dev/beep error, exit\n");
        exit(1);
    }
    printf("open /dev/beep success\n");

    //open beep
    ret = write(fd,buf_write_on, sizeof(char));
    if(ret > 0){
        printf("write /dev/beep success\n");
    }
    else{
        printf("write /dev/beep error\n");
    }

    ret = read(fd, buf, sizeof(buf));
    if(ret > 0){
        printf("read /dev/beep success: %s\n",buf);
    }
    else{
        printf("read /dev/beep error\n");
    }

    sleep(3);

    //close beep
```

```
    ret = write(fd, buf_write_off, sizeof(char));
    if(ret > 0){
        printf("write /dev/beep success\n");
    }
    else{
        printf("write /dev/beep error\n");
    }

    ret = read(fd, buf, sizeof(buf));
    if(ret > 0){
        printf("read /dev/beep success: %s\n",buf);
    }
    else{
        printf("read /dev/beep error\n");
    }

    close(fd);
    return 0;
}
```

步骤 3:复制源码包到 Ubuntu

通过 SecureCRT 建立 SFTP 文件传输连接,执行"cd /home/user/work/"命令进入"/home/user/work"目录,然后执行"put -r lab2. beep_test/"命令,将 lab2. beep_test 文件夹传输到"/home/user/work"目录下,如程序清单 5-7 所示。

程序清单 5-7

```
sftp > cd /home/user/work/
sftp > put -r lab2.beep_test/
```

步骤 4:编译驱动程序和应用层测试程序

通过 SecureCRT 终端连接 Ubuntu,执行"cd /home/user/work/lab2. beep_test/driver"命令进入"/home/user/work/lab2. beep_test/driver"目录,然后执行"make"或"make modules"命令对驱动程序进行编译。编译之后,可以通过"ls"命令查看该目录下已经生成的 beep. ko 文件,该文件即为 beep 驱动。建议在编译之前,先通过执行"make clean"命令清除编译生成的文件,如程序清单 5-8 所示。

程序清单 5-8

```
user@ubuntu:~ $ cd /home/user/work/lab2.beep_test/driver
user@ubuntu:~/work/lab2.beep_test/driver $ make clean
user@ubuntu:~/work/lab2.beep_test/driver $ make
```

执行"cd /home/user/work/lab2. beep_test/app"命令进入"/home/user/work/lab2. beep_test/app"目录,然后执行"make"或"make beep_test"命令对应用层测试程序进行编译。编译之后,可以通过"ls"命令查看该目录下已经生成的 beep_test 文件,该文件即为可执行的应用程序。建议在编译之前，先通过执行"make clean"命令清除编译生成的文件，如程序清单 5-9 所示。

程序清单 5-9

```
user@ubuntu:~/work/lab2.beep_test/driver $ cd /home/user/work/lab2.beep_test/app
user@ubuntu:~/work/lab2.beep_test/app $ make clean
user@ubuntu:~/work/lab2.beep_test/app $ make
```

步骤 5:复制驱动和应用程序

通过 SecureCRT 建立 SFTP 文件传输连接，执行"cd /home/user/work/lab2.beep_test/driver"命令进入"/home/user/work/lab2.beep_test/driver"目录，然后执行"get beep.ko"命令，将 beep.ko 文件复制到"D:\Ubuntu_share"目录下，如程序清单 5-10 所示。

程序清单 5-10

```
sftp > cd /home/user/work/lab2.beep_test/driver
sftp > get beep.ko
```

通过执行"cd /home/user/work/lab2.beep_test/app"命令进入"/home/user/work/lab2.beep_test/ app"目录，然后执行"get beep_test"命令，将 beep_test 文件复制到"D:\Ubuntu_share"目录下，如程序清单 5-11 所示。

程序清单 5-11

```
sftp > cd /home/user/work/lab2.beep_test/app
sftp > get beep_test
```

步骤 6:加载驱动和运行应用程序

在加载驱动和执行驱动应用操作时，还需要同时查看 RK3288 的动态内核信息，因此，需要打开两个 RK3288 的 Linux 终端，为了便于介绍，本书将加载驱动和执行驱动应用的终端命名为 Terminal-A，将查看动态的内核信息的终端命名为 Terminal-B。

首先，通过快捷键"Win+R"打开"运行"对话框，输入"CMD"命令后回车，打开命令提示符窗口，该窗口为 Terminal-B。在命令提示符窗口中执行"adb shell"命令登录到 RK3288 的 Linux 终端，然后执行"cat /proc/kmsg"命令查看 RK3288 的动态内核信息，如程序清单 5-12 所示。

程序清单 5-12

```
C:\Users\hp > adb shell
root@rk3288:/ # cat /proc/kmsg
```

其次，再打开一个命令提示符窗口，该窗口为 Terminal-A。依次执行"adb push D:\Ubuntu_share\beep.ko /data/local/tmp"和"adb push D:\Ubuntu_share\beep_test /data/local/tmp"命令，将 beep.ko 和 beep_test 文件复制到 RK3288 平台的"/data/local/tmp"目录下，如程序清单 5-5-13 所示。

程序清单 5-13

```
C:\Users\hp > adb push D:\Ubuntu_share\beep.ko /data/local/tmp
C:\Users\hp > adb push D:\Ubuntu_share\beep_test /data/local/tmp
```

在 Terminal - A 中执行“adb shell”命令登录到 RK3288 的 Linux 终端，再执行“cd /data/local/tmp”命令进入 RK3288 平台的“/data/local/tmp”目录，如程序清单 5 - 14 所示。

程序清单 5 - 14

```
C:\Users\hp > adb shell
root@rk3288:/ # cd /data/local/tmp
```

在 Terminal - A 中执行“insmod beep. ko”命令，加载 beep. ko 驱动，如程序清单 5 - 15 所示。

程序清单 5 - 15

```
root@rk3288:/data/local/tmp # insmod beep.ko
```

可以在 Terminal - B 中查看 RK3288 的动态内核信息，如程序清单 5 - 16 所示。

程序清单 5 - 16

```
Beep init
Register beep driver OK! Major = 240
Beep initialized
```

在 Terminal - A 中执行“lsmod”命令，查看 beep 驱动是否加载成功，如程序清单 5 - 17 所示。

程序清单 5 - 17

```
root@rk3288:/data/local/tmp # lsmod
beep 2151 0 - Live 0x00000000 (O)
mali_kbase 240797 13 - Live 0x00000000
```

在 Terminal - A 中执行“chmod 777 beep_test”命令，更改 beep_test 的权限，改为任何用户对 beep_test 都有可读可写可执行的权限。更改完权限之后，就可以通过执行“./beep_test”命令来执行 beep_test，如程序清单 5 - 18 所示。

程序清单 5 - 18

```
root@rk3288:/data/local/tmp # chmod 777 beep_test
root@rk3288:/data/local/tmp #./beep_test
```

可以在 Terminal - B 中查看 RK3288 的动态内核信息，如程序清单 5 - 19 所示。

程序清单 5 - 19

```
1.    Beep open
2.    copy from user:1?
3.    Beep write
4.    Beep read
5.    copy from user:0?
6.    Beep write
7.    Beep read
8.    Beep release
```

完成实验之后，可以在 Terminal - A 中通过执行“rmmod beep”命令卸载 beep 驱动，如程序清单 5 - 20 所示。

程序清单 5 - 20

```
root@rk3288:/data/local/tmp # rmmod beep
```

可以在 Terminal B 中查看 RK3288 的动态内核信息，如程序清单 5－21 所示。

程序清单 5－21

```
Beep exit
```

步骤 7：运行结果

Terminal－A 和 Terminal－B 的运行结果如图 5－2 所示。

```
C:\Windows\system32\CMD.exe - adb shell
Microsoft Windows [版本 10.0.18363.592]
(c) 2019 Microsoft Corporation。保留所有权利。

C:\Users\hp>adb push D:\ubuntu_share\beep.ko /data/local/tmp
D:\ubuntu_share\beep.ko: 1 file pushed, 0 skipped. 0.8 MB/s (5813 bytes in 0.007s)

C:\Users\hp>adb push D:\ubuntu_share\beep_test /data/local/tmp
D:\ubuntu_share\beep_test: 1 file pushed, 0 skipped. 2.5 MB/s (472125 bytes in 0.181s)

C:\Users\hp>adb shell
root@rk3288:/ # cd /data/local/tmp
root@rk3288:/data/local/tmp # insmod beep.ko
root@rk3288:/data/local/tmp # lsmod
beep 2151 0 - Live 0x00000000 (O)
mali_kbase 240797 13 - Live 0x00000000
root@rk3288:/data/local/tmp # chmod 777 beep_test
root@rk3288:/data/local/tmp # ./beep_test
open /dev/beep success
write /dev/beep success
read /dev/beep success: beep on
write /dev/beep success
read /dev/beep success: beep off
root@rk3288:/data/local/tmp # rmmod beep
root@rk3288:/data/local/tmp #
```

```
C:\Windows\system32\CMD.exe - adb shell
Microsoft Windows [版本 10.0.18363.592]
(c) 2019 Microsoft Corporation。保留所有权利。

C:\Users\hp>adb shell
root@rk3288:/ # cat /proc/kmsg
<7>[  346.820779] Beep init
<7>[  346.820808] Register beep driver OK! Major = 240
<7>[  346.822110] Beep initialized
<7>[  499.647019] Beep open
<7>[  499.647941] copy from user:1�
<7>[  499.648031] Beep write
<7>[  499.648345] Beep read
<7>[  502.601134] copy from user:0�
<7>[  502.601223] Beep write
<7>[  502.601402] Beep read
<7>[  502.601544] Beep release
<7>[  716.974059] Beep exit
```

图 5－2　本章实验运行结果

本章任务

完成本章的学习后，掌握蜂鸣器电路的工作原理，了解 RK3288 的 GPIO 及编号计算方法，熟悉操作 GPIO 的常用 API 函数。编写驱动程序，按照一定的频率开关蜂鸣器，如每隔 1 秒使蜂鸣器状态变化一次，实现蜂鸣器鸣叫 1 秒与静息 1 秒的循环交替。

本章习题

1. 简述蜂鸣器的控制逻辑。
2. GPIO 全称是通用输入输出，简述 GPIO 共有哪几种输入输出模式。
3. 根据 GPIO 编号的计算公式，计算 GPIO7_A4 的编号，计算编号为 100 的 GPIO 所属的 BANK 及其偏移量。
4. 本章使用了多个 GPIO 的 API 函数，其中 gpio_get_value() 函数的功能、输入参数和返回值各是什么？
5. 内核空间与用户空间如何进行数据交互？

第 6 章　LED 控制实验

发光二极管简称为 LED，常在电路及仪器中作为指示灯使用。发光二极管与普通二极管一样，是由一个 PN 结组成，具有单向导电性。当给发光二极管加上正向电压后，从 P 区注入到 N 区的空穴和由 N 区注入到 P 区的电子在 PN 结附近分别与 N 区的电子和 P 区的空穴复合，产生自发辐射的荧光。

6.1　实验内容

在上一章蜂鸣器控制实验中，介绍了如何控制 GPIO，使其输出高低电平。本章 LED 控制实验与上一章类似，通过控制 LED 电路相关 GPIO 的电平高低，从而达到让 LED 灯点亮和熄灭的目的。通过本章 LED 控制实验，了解 LED 点亮的工作原理，深入了解字符设备驱动框架。

6.2　实验原理

6.2.1　LED 电路

LED 电路如图 6-1 所示，LED1、LED2 和 LED3 网络分别连接至 RK3288 芯片的 R26、Y23 和 Y21 引脚。当 R26 引脚输出低电平时，LED1 点亮；R26 引脚输出高电平时，LED1 熄灭。电阻 R_{204} 起分压限流的作用。

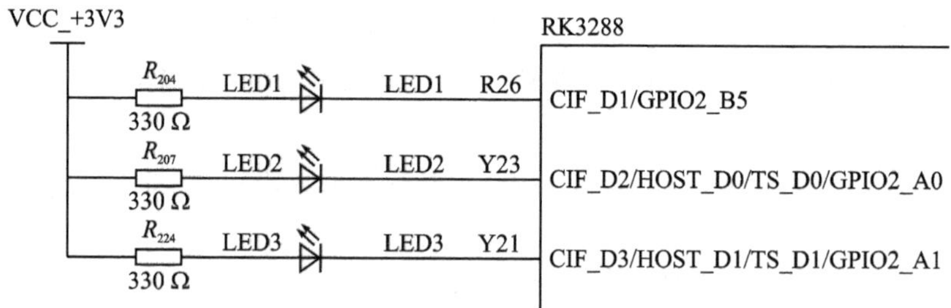

图 6-1　LED 电路

6.2.2　字符设备和驱动模型

字符设备是指在 I/O 传输过程中以字符为单位进行传输的设备，例如键盘、打印机等。

在 Linux 系统中，字符设备以特别文件的方式在文件目录树中占据位置并拥有相应的节点，每一个字符设备都在“/dev”目录下对应一个设备文件。

可以使用与普通文件相同的文件操作命令对字符设备文件进行操作，例如打开、关闭、读和写等。

字符设备驱动程序设计流程如图 6-2 所示。第一步，进行设备初始化，包括分配 cdev（在 Linux 内核中，程序使用 cdev 结构体来描述字符设备）、初始化 cdev、注册 cdev 和硬件初始化；第二步，使用 open()、read()、write()、lseek()和 close()函数进行设备操作，其中，read()和 write()函数用于在驱动程序和应用程序间交换数据；第三步，设备注销，通过 cdev_del()函数注销 cdev，通过 unregister_chrdev_region()函数释放设备号。

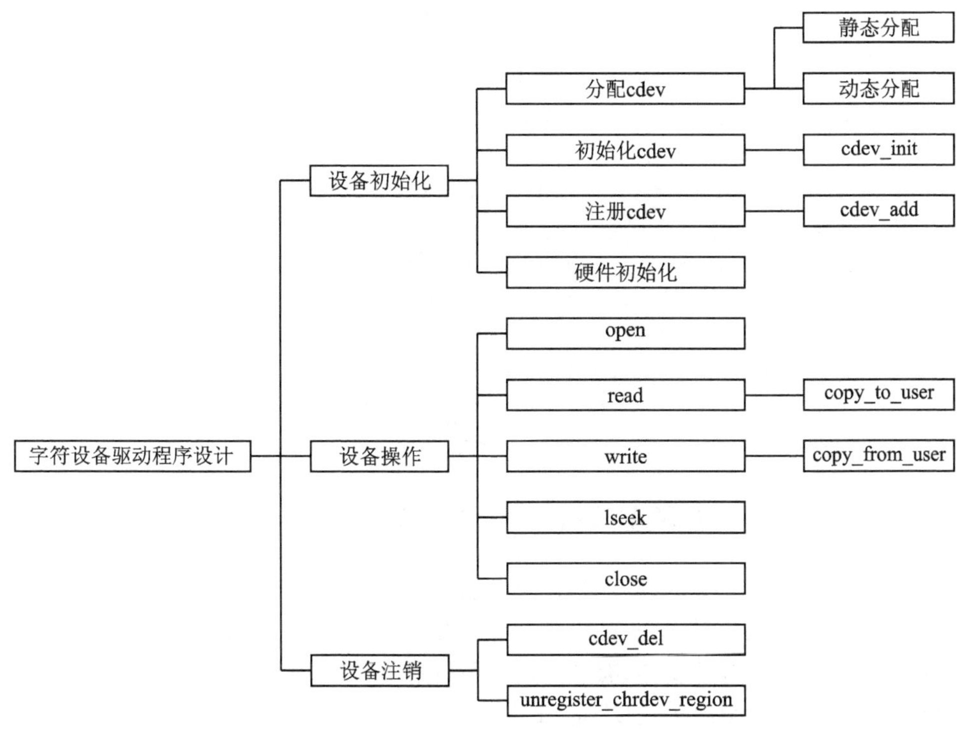

图 6-2　字符设备驱动程序设计流程

6.2.3　register_chrdev()和 unregister_chrdev()

register_chrdev()为字符设备注册函数，函数原型如下。

```
Int register_chrdev (unsigned int major, const char * name, struct file_operations * fops);
```

参数 major 为主设备号，该值为 0 时，自动运行分配。name 为设备名称，fops 为 file_operations 结构体变量指针。register_chrdev()函数的返回值较复杂，如果 major 值为 0，正常注册后，返回分配的主设备号；如果分配失败，返回 EBUSY 的负值(- EBUSY)；如果 major 值大于 255，则返回 EINVAL 的负值(- EINVAL)；指定 major 的值(非 0 且小于 255)，若该主设备号已被注册，则返回 EBUSY 的负值(- EBUSY)，若正常注册，则返回 0。

unregister_chrdev()为字符设备注销函数，其函数原型如下。

```
Int unregister_chrdev (unsigned int major, const char * name) ;
```

参数 major 为主设备号，name 为设备文件。unregister_chrdev()函数的返回值如下：如果 major 值大于 255，则返回 EINVAL 的负值(-EINVAL)，指定了 major 值后，若将要注销的 major 值不是注册的设备驱动程序的设备号，则返回 EINVAL 的负值(-EINVAL)，正常注销则返回 0。

6.2.4 module_init 和 module_exit 宏

在 Linux 内核中，采用 module_init 和 module_exit 两个宏来定义驱动程序的注册与注销，这两个宏在 init.h 文件中定义，module_init 和 module_exit 的宏代码如程序清单 6-1 所示。

程序清单 6-1

```
/* Each module must use one module_init(). */
    #define module_init(initfn)                        \
    static inline initcall_t __inittest(void)          \
    { return initfn; }                                 \
    int init_module(void) __attribute__((alias(#initfn)));
/* This is only required if you want to be unloadable. */
    #define module_exit(exitfn)                        \
    static inline exitcall_t __exittest(void)          \
    { return exitfn; }                                 \
    void cleanup_module(void) __attribute__((alias(#exitfn)));
```

6.2.5 MODULE_LICENSE("GPL")

从 2.4.10 版本的 Linux 内核开始，模块必须通过 MODULE_LICENSE 宏声明此模块的许可证，否则在加载此模块时，会收到内核被污染“kernel tainted”的警告。从 linux/module.h 文件中可以看到，可被内核接受的、有意义的许可证有“GPL”“GPL v2”“GPL and additional”“Dual BSD/GPL”“Dual MPL/GPL”和“Proprietary”。

除了 MODULE_LICENSE，还有 MODULE_AUTHOR(声明作者)、MODULE_DESCRIPTION(模块简单描述)、MODULE_VERSION(模块版本)、MODULE_ALIAS(模块别名)、MODULE_DEVICE_TABLE(模块支持的设备)。MODULE_声明可以写在模块的任何地方，但必须在函数外，建议写在模块的最后面。

6.3 实验步骤

步骤 1：复制文件夹到 Ubuntu_share 目录

将本书配套资料包“04.例程资料\Material”目录下的 lab3.led_test 文件夹复制到“D:\Ubuntu_share”目录下。

步骤 2：完善 lab3.led_test 文件夹下的源码文件

打开"D:\Ubuntu_share\lab3.led_test\driver"文件夹中的 led.c 文件，添加如程序清单 6－2 所示的第 10 至 16 行代码。

（1）第 10 行代码：定义驱动设备名称。

（2）第 12 行代码：定义主设备号为 0。

（3）第 13 至 15 行代码：定义 LED 的 GPIO 控制引脚，根据实际接线图赋值。

程序清单 6－2

```
1.  #include <linux/module.h>
2.  #include <linux/kernel.h>
3.  #include <linux/init.h>
4.  #include <linux/fs.h>
5.  #include <linux/cdev.h>
6.  #include <asm/uaccess.h>
7.  #include <linux/device.h>
8.  #include <linux/gpio.h>
9.
10. #define DEVICE_NAME "led"
11.
12. static int LED_MAJOR = 0;
13. static int GPIO_LED1_PIN = 77;
14. static int GPIO_LED2_PIN = 64;
15. static int GPIO_LED3_PIN = 65;
16. static int GPIO_LED_N[3] = {65, 64, 77};
```

在上一步添加的代码后面，添加如程序清单 6－3 所示的驱动文件操作函数代码。

（1）第 1 至 4 行代码：定义 led_open()函数。

（2）第 6 至 36 行代码：定义 led_read()函数，首先读取 GPIO_LED1_PIN、GPIO_LED2_PIN 和 GPIO_LED3_PIN 引脚的电平，并通过 copy_to_user()函数把 LED 状态返回到用户空间。

（3）第 38 至 61 行代码：定义 led_write()函数，通过 copy_from_user()函数获取用户输入的数据（输入为 0 或 1），再调用 gpio_direction_output()函数设置 LED 对应的 GPIO 引脚，从而实现控制 LED 开关。

程序清单 6－3

```
1.  static int led_open(struct inode * inode, struct file * file){
2.      printk(KERN_DEBUG "LED open\n");
3.      return 0;
4.  }
5.
6.  static ssize_t led_read(struct file * filp, char * buffer, size_t count, loff_t * ppos){
7.      char tmp[3];
8.      int ret;
```

```

    if(gpio_get_value(GPIO_LED1_PIN) == 1){
        tmp[0] = '1';
    }
    else{
        tmp[0] = '0';
    }

    if(gpio_get_value(GPIO_LED2_PIN) == 1){
        tmp[1] = '1';
    }
    else{
        tmp[1] = '0';
    }

    if(gpio_get_value(GPIO_LED3_PIN) == 1){
        tmp[2] = '1';
    }
    else{
        tmp[2] = '0';
    }

    printk(KERN_DEBUG "LED read\n");

    ret = copy_to_user(buffer, tmp, sizeof(tmp));

    return count;
}

static ssize_t led_write(struct file * filp, const char * buffer, size_t count, loff_t * f_pos){
    int ret;
    char tmp[3];
    int i;

    memset(tmp,0,3);

    if(count > 3){
        printk(KERN_DEBUG "invalid argument\n");
        return count;
    }

    ret = copy_from_user(tmp, buffer, count);
    if(!ret){
        printk(KERN_DEBUG "copy from user: % s\n",buffer);
```

```
    }

    for(i = 0; i < count; i++){
        gpio_direction_output(GPIO_LED_N[i], !strncmp(&tmp[i], "1", 1) ? 1 : 0);
    }

    printk(KERN_DEBUG "LED write\n");
    return count;
}

static long led_ioctl(struct file *file, unsigned int cmd, unsigned long arg){
    printk(KERN_DEBUG "LED ioctl\n");
    return 0;
}

static int led_release(struct inode *inode, struct file *filp){
    printk(KERN_DEBUG "LED release\n");
    return 0;
}

static struct file_operations led_fops = {
    .owner = THIS_MODULE,
    .open = led_open,
    .read = led_read,
    .write = led_write,
    .unlocked_ioctl = led_ioctl,
    .release = led_release,
};
```

在 file_operations 结构体定义后面，添加如程序清单 6-4 所示的代码。

(1) 第 3 至 44 行代码：定义设备初始化函数 led_init()，该函数用于向内核注册和创建设备节点，在模块被加载进内核时调用。通过 register_chrdev()函数向内核注册字符设备，然后通过 class_create()函数注册一个设备类，最后通过 device_create()函数在"/dev/"目录下创建一个设备节点，节点名为 DEVICE_NAME，主设备号为 LED_MAJOR，次设备号为 0。

(2) 第 46 至 54 行代码：定义一个设备注销函数 led_exit()，该函数用于向内核注销字符设备，在卸载模块时调用。device_destroy()函数用于移除设备，class_destroy()函数用于移除设备类，unregister_chrdev()函数用于注销字符设备。

程序清单 6-4

```
1.  static struct class *led_class;
2.
3.  static int __init led_init(void){
4.      int ret;
5.      printk(KERN_DEBUG "LED init\n");
6.      LED_MAJOR = register_chrdev(0, DEVICE_NAME, &led_fops);
```

```

    if(LED_MAJOR < 0){
        printk(KERN_DEBUG "Can't register led major number\n");
        return LED_MAJOR;
    }

    printk(KERN_DEBUG "Register led driver OK! Major =  %d\n", LED_MAJOR);

    led_class = class_create(THIS_MODULE, DEVICE_NAME);
    if(IS_ERR(led_class)){
        printk(KERN_DEBUG "Err: create led class failed.\n");
        return -1;
    }

    device_create(led_class, NULL, MKDEV(LED_MAJOR, 0), NULL, DEVICE_NAME);

    ret = gpio_request(GPIO_LED1_PIN, "GPIO_LED1_PIN");
    if(ret < 0){
        printk("Request led1 pin fail\n");
    }
    gpio_direction_output(GPIO_LED1_PIN, 1);

    ret = gpio_request(GPIO_LED2_PIN, "GPIO_LED2_PIN");
    if(ret < 0){
        printk("Request led2 pin fail\n");
    }
    gpio_direction_output(GPIO_LED2_PIN, 1);

    ret = gpio_request(GPIO_LED3_PIN, "GPIO_LED3_PIN");
    if(ret < 0){
        printk("Request led3 pin fail\n");
    }
    gpio_direction_output(GPIO_LED3_PIN, 1);

    printk(KERN_DEBUG "LED initialized\n");

    return 0;
}

static void __exit led_exit(void){
    printk(KERN_DEBUG "LED exit\n");
    gpio_free(GPIO_LED1_PIN);
    gpio_free(GPIO_LED2_PIN);
    gpio_free(GPIO_LED3_PIN);
    device_destroy(led_class, MKDEV(LED_MAJOR, 0));
```

```
    class_destroy(led_class);
    unregister_chrdev(LED_MAJOR, DEVICE_NAME);
}

module_init(led_init);
module_exit(led_exit);
MODULE_LICENSE("GPL");
```

打开“D:\Ubuntu_share\lab3.led_test\app”文件夹中的 led_test.c 文件，添加如程序清单 6-5 所示的第 10 至 73 行代码。

（1）第 20 至 25 行代码：打开“/dev/led”设备文件，O_RDWR 表示对打开设备文件的权限是可读可写，若打开成功，则会返回一个大于 0 的设备文件描述符，失败则返回－1。

（2）第 32 至 38 行代码：使用 write()函数将 buf_write 数组中的 sizeof(buf_write)字节写入到设备文件描述符 fd 所指定的设备文件中，若写入成功则返回实际写入到的字节数，若失败则返回－1。

（3）第 40 至 46 行代码：使用 read()函数从设备文件描述符 fd 所指的设备文件中读取 sizeof(buf)字节存到 buf 数组中，若成功则返回实际读取的字节数，若实际读取的字节数小于要读取的字节数，则说明已经读到文件的末端或没有数据可以读取，若失败则返回－1。

程序清单 6-5

```
1.  #include <stdio.h>
2.  #include <stdlib.h>
3.  #include <unistd.h>
4.  #include <sys/types.h>
5.  #include <sys/stat.h>
6.  #include <sys/ioctl.h>
7.  #include <fcntl.h>
8.  #include <string.h>
9.
10. int main(int argc, char **argv)
11. {
12.     int fd;
13.     int ret = 0;
14.     char buf[3];
15.     char buf_write[3];
16.
17.     memset(buf, '0', sizeof(buf));
18.     memset(buf_write, '0', sizeof(buf_write));
19.
20.     fd = open("/dev/led", O_RDWR);
21.     if (fd < 0){
22.         perror("open /dev/led error, exit\n");
23.         exit(1);
24.     }
25.     printf("open /dev/led success\n");
```

```

    //open led
    buf_write[0] = '0';
    buf_write[1] = '0';
    buf_write[2] = '0';

    ret = write(fd, buf_write, sizeof(buf_write));
    if(ret > 0){
        printf("write /dev/led success\n");
    }
    else{
        printf("write /dev/led error\n");
    }

    ret = read(fd, buf, sizeof(buf));
    if(ret > 0){
        printf("read /dev/led success: %s\n", buf);
    }
    else{
        printf("read /dev/led error\n");
    }

    sleep(3);

    //close led
    buf_write[0] = '1';
    buf_write[1] = '1';
    buf_write[2] = '1';

    ret = write(fd,buf_write, sizeof(buf_write));
    if(ret > 0){
        printf("write /dev/led success\n");
    }
    else{
        printf("write /dev/led error\n");
    }

    ret = read(fd, buf, sizeof(buf));
    if(ret > 0){
        printf("read /dev/led success: %s\n", buf);
    }
    else{
        printf("read /dev/led error\n");
    }

```

```
    close(fd);
    return 0;
}
```

步骤 3：复制源码包到 Ubuntu

通过 SecureCRT 建立 SFTP 文件传输连接，执行“cd /home/user/work/”命令进入“/home/user/work”目录，然后执行“put -r lab3.led_test/”命令，将 lab3.led_test 文件夹传输到“/home/user/work”目录下，如程序清单 6-6 所示。

程序清单 6-6

```
sftp > cd /home/user/work/
sftp > put -r lab3.led_test/
```

步骤 4：编译驱动程序和应用层测试程序

通过 SecureCRT 终端连接 Ubuntu，执行“cd /home/user/work/lab3.led_test/driver”命令进入“/home/user/work/lab3.led_test/driver”目录，然后执行“make”或“make modules”命令对驱动程序进行编译。编译之后，可以通过“ls”命令查看该目录下已经生成了 led.ko 文件，该文件为 led 驱动。建议在编译之前，先通过执行“make clean”命令清除编译生成的文件，如程序清单 6-7 所示。

程序清单 6-7

```
user@ubuntu:~ $ cd /home/user/work/lab3.led_test/driver
user@ubuntu:~/work/lab3.led_test/driver $ make clean
user@ubuntu:~/work/lab3.led_test/driver $ make
```

执行“cd /home/user/work/lab3.led_test/app”命令进入“/home/user/work/lab3.led_test/app”目录，然后执行“make”或“make led_test”命令对应用层测试程序进行编译。编译之后，可以通过“ls”命令查看该目录下已经生成了 led_test 文件，该文件为可执行的应用程序。建议在编译之前，先通过执行“make clean”命令清除编译生成的文件，如程序清单 6-8 所示。

程序清单 6-8

```
user@ubuntu:~/work/lab3.led_test/driver $ cd /home/user/work/lab3.led_test/app
user@ubuntu:~/work/lab3.led_test/app $ make clean
user@ubuntu:~/work/lab3.led_test/app $ make
```

步骤 5：复制驱动和应用程序

通过 SecureCRT 建立 SFTP 文件传输连接，执行“cd /home/user/work/lab3.led_test/driver”命令进入“/home/user/work/lab3.led_test/driver”目录，然后执行“get led.ko”命令，将 led.ko 文件复制到“D:\Ubuntu_share”目录下，如程序清单 6-9 所示。

程序清单 6-9

```
sftp > cd /home/user/work/lab3.led_test/driver
sftp > get led.ko
```

通过执行“cd /home/user/work/lab3.led_test/app”命令进入“/home/user/work/lab3.

led_test/ app”目录，然后执行“get led_test”命令，将 led_test 文件复制到“D:\Ubuntu_share”目录下，如程序清单 6-10 所示。

程序清单 6-10

```
sftp > cd /home/user/work/lab3.led_test/app
sftp > get led_test
```

步骤 6:加载驱动和运行应用程序

在加载驱动和执行驱动应用操作时，还需要同时查看 RK3288 的动态内核信息，因此，需要打开两个 RK3288 的 Linux 终端，为了便于介绍，本书将加载驱动和执行驱动应用的终端命名为 Terminal-A，将查看动态内核信息的终端命名为 Terminal-B。

首先，通过快捷键“Win+R”打开“运行”对话框，输入“CMD”命令后回车，打开命令提示符窗口，该窗口为 Terminal-B。在命令提示符窗口中执行“adb shell”命令登录到 RK3288 的 Linux 终端，然后执行“cat /proc/kmsg”命令查看 RK3288 的动态内核信息，如程序清单 6-11 所示。

程序清单 6-11

```
C:\Users\hp > adb shell
root@rk3288:/ # cat /proc/kmsg
```

其次，再打开一个命令提示符窗口，该窗口为 Terminal-A。依次执行“adb push D:\Ubuntu_share\led.ko /data/local/tmp”和“adb push D:\Ubuntu_share\led_test /data/local/tmp”命令，将 led.ko 和 led_test 文件复制到 RK3288 平台的“/data/local/tmp”目录下，如程序清单 6-12 所示。

程序清单 6-12

```
C:\Users\hp > adb push D:\Ubuntu_share\led.ko /data/local/tmp
C:\Users\hp > adb push D:\Ubuntu_share\led_test /data/local/tmp
```

在 Terminal-A 中执行“adb shell”命令登录到 RK3288 的 Linux 终端，再执行“cd /data/local/tmp”命令进入 RK3288 平台的“/data/local/tmp”目录，如程序清单 6-13 所示。

程序清单 6-13

```
C:\Users\hp > adb shell
root@rk3288:/ # cd /data/local/tmp
```

在 Terminal-A 中执行“insmod led.ko”命令，加载 led.ko 驱动，如程序清单 6-14 所示。

程序清单 6-14

```
root@rk3288:/data/local/tmp # insmod led.ko
```

可以在 Terminal-B 中查看 RK3288 的动态内核信息，如程序清单 6-15 所示。

程序清单 6-15

```
LED init
Register led driver OK! Major = 240
LED initialized
```

在 Terminal-A 中执行“lsmod”命令，查看 led 驱动是否加载成功，如程序清单 6-16 所示。

程序清单 6-16

```
root@rk3288:/data/local/tmp # lsmod
led 2312 0 - Live 0x00000000 (O)
mali_kbase 240797 13 - Live 0x00000000
```

在 Terminal-A 中执行“chmod 777 led_test”命令，更改 led_test 的权限，改为任何用户对 led_test 都有可读、可写、可执行的权限。更改完权限之后，就可以通过执行“./led_test”命令来执行 led_test，如程序清单 6-17 所示。

程序清单 6-17

```
root@rk3288:/data/local/tmp # chmod 777 led_test
root@rk3288:/data/local/tmp #./led_test
```

可以在 Terminal-B 中查看 RK3288 的动态内核信息，如程序清单 6-18 所示。

程序清单 6-18

```
LED open
copy from user:000
LED write
LED read
copy from user:111
LED write
LED read
LED release
```

完成实验之后，可以在 Terminal-A 中通过执行“rmmod led”命令卸载 led 驱动，如程序清单 6-19 所示。

程序清单 6-19

```
root@rk3288:/data/local/tmp # rmmod led
```

可以在 Terminal-B 中查看 RK3288 的动态内核信息，如程序清单 6-20 所示。

程序清单 6-20

```
LED exit
```

步骤 7：运行结果

Terminal-A 和 Terminal-B 的运行结果如图 6-3 所示。

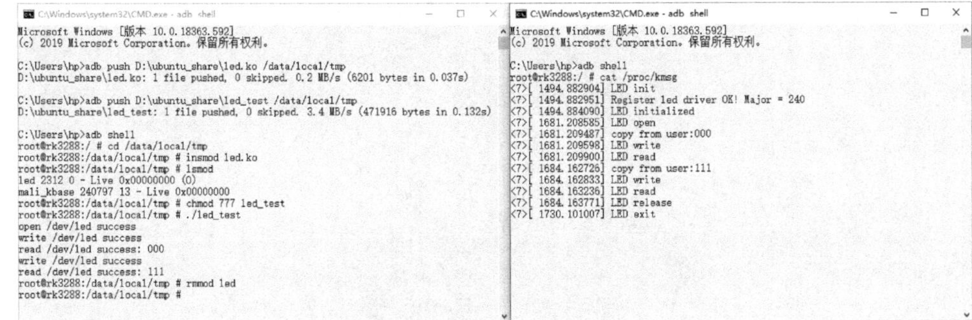

图 6-3　本章实验运行结果

本章任务

完成本章的学习后，掌握字符设备驱动程序的设计流程及相关函数的用法。编写驱动程序，实现流水灯，即 LED_1、LED_2 和 LED_3 依次点亮，全部点亮后，再使 LED_1、LED_2 和 LED_3 依次熄灭，循环以上两种状态。

本章习题

1. 简述 LED 灯的控制逻辑。
2. 在调用 register_chrdev() 函数时，返回 EINVAL 的负值(- EINVAL)代表的意义什么？
3. 简述模块里常用的描述性声明有哪些。
4. 如何实现将当前进程暂时挂起，使其等待指定的时间后再继续执行？
5. module_init 和 module_exit 分别在哪个阶段执行？

第 7 章　独立按键中断实验

中断是指 CPU 在正常运行期间，由于内、外部事件或由程序预先安排的事件引起的 CPU 暂停正在运行的程序，转而运行为该内部、外部事件或预先安排的事件服务的程序，服务完毕后再返回继续运行被暂停的程序。Linux 中断通常分为外部中断（又叫硬件中断）和内部中断（又叫异常）。

软件对硬件进行配置后，往往需要等待硬件的反馈，这里有两种方式：①轮询（polling），CPU 不断地读取硬件状态；②当硬件完成某种事件后，给 CPU 一个中断，让 CPU 停止当前程序，优先处理中断。

当 CPU 收到一个中断（IRQ）时，会去执行该中断对应的处理函数（ISR）。通常有一个中断向量表，中断向量表中定义了 CPU 对应的每一个外设资源中断处理程序的入口，当发生中断时，CPU 直接跳转到对应的入口执行程序，即中断上下文。注意，在中断上下文中，不可阻塞睡眠。

7.1　实验内容

中断处理是操作系统必须具备的功能之一，学习中断及中断处理的相关知识，是学习操作系统的重要环节。本章通过独立按键实验来介绍 Linux 中断的相关知识，包括中断的定义、中断处理程序和 CPU 执行中断的基本流程等。

7.2　实验原理

7.2.1　独立按键电路

本实验由独立按键来触发外部中断，独立按键电路如图 7－1 所示。KEY1 和 KEY2 网络分别连接到 RK3288 芯片的 L27 和 R27 引脚，当按键未按下时，输入到 RK3288 引脚的电平为高电平，按键按下时输入低电平。

7.2.2　Linux 中断 top/bottom

中断服务程序的设计最好是快速完成任务并退出，因为此时系统处于被中断状态。但在中断处理函数中又有一些必须完成的事情，如清除中断标志、读/写数据和寄存器操作等。

在 Linux 系统中，同样要求尽快完成中断处理函数。但有些中断处理函数的任务繁重，会消耗大量时间，导致响应速度变差。针对这种情况，Linux 系统将中断分为两部分：① 上半部

(top half)收到一个中断，立即执行，有严格的时间限制，只做一些必要的工作，如应答和复位等，这些工作都是在所有中断被禁止的情况下完成的；② 下半部(bottom half)需要较多时间，能够被推迟到后面完成的任务会在下半部进行。

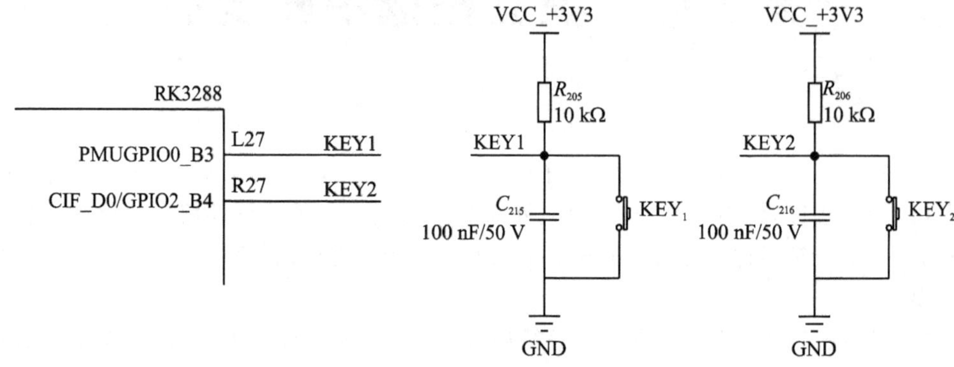

图 7-1 独立按键电路

7.2.3 中断处理程序

驱动程序可以使用以下接口向系统申请注册一个中断处理程序，中断处理程序的参数如表 7-1 所示。

```
request_irq(unsigned int irq, irq_handler_t handler, unsigned long flags,const char * name, void * dev)
```

表 7-1 中断处理程序的参数

参 数	含 义
irq	表示该中断的中断号
handler	中断发生后的 ISR
flags	中断标志(IRQF_DISABLED/IRQFSAMPLE_RANDOM/ IRQF_TIMER/IRQF_SHARED)
name	中断相关的设备 ASCII 文本，如"keyboard"
dev	用于共享中断线，传递驱动程序的设备结构。对于非共享类型的中断，直接设置为 NULL

7.3 实验步骤

步骤 1:复制文件夹到 Ubuntu_share 目录

将本书配套资料包"04.例程资料\Material"目录下的 lab4.key_test 文件夹复制到"D:\Ubuntu_share"目录下。

步骤 2:完善 lab4.key_test 文件夹下的源码文件

打开"D:\Ubuntu_share\lab4.key_test\driver"文件夹中的 key.c 文件，添加如程序清单

7－1 所示的第 13 至 37 行代码。

（1）第 13 行代码：定义驱动设备名称。

（2）第 19 行代码：定义主设备号为 0。

（3）第 20 至 21 行代码：定义 key 的 GPIO 控制引脚，根据实际接线图赋值。

程序清单 7－1

```
1.  #include <linux/module.h>
2.  #include <linux/kernel.h>
3.  #include <linux/init.h>
4.  #include <linux/fs.h>
5.  #include <linux/cdev.h>
6.  #include <asm/uaccess.h>
7.  #include <asm/irq.h>
8.  #include <linux/interrupt.h>
9.  #include <linux/device.h>
10. #include <linux/gpio.h>
11. #include <linux/sched.h>

13. #define DEVICE_NAME "key"
14. #define DEBOUNCE_JIFFIES    (10 / (MSEC_PER_SEC / HZ))  /* 10ms */
15.
16. static int EINT_KEY1 = 0;
17. static int EINT_KEY2 = 0;
18.
19. static int KEY_MAJOR = 0;
20. static int GPIO_KEY1_PIN = 11;
21. static int GPIO_KEY2_PIN = 76;
22. static int ev_press = 0;
23.
24. static DECLARE_WAIT_QUEUE_HEAD(key_waitq);
25. static unsigned int key_val;
26. static unsigned int key_state = -1;
27.
28. struct key_irq_desc{
29.     unsigned int pin;
30.     unsigned int key_val;
31.     struct timer_list timer;
32. };
33.
34. static struct key_irq_desc keys_desc[2] = {
35.     {11,0x01},
36.     {76,0x02},
37. };
```

在上一步添加的代码后面，添加如程序清单 7－2 所示的驱动文件操作函数的代码。

(1) 第 29 至 80 行代码:定义 key_open()函数。

(2) 第 82 至 93 行代码:定义 key_read()函数,通过 copy_to_user()函数把 key 状态返回到用户空间。

程序清单 7-2

```
1.  static void keys_timer(unsigned long _data){
2.      int state;
3.      struct key_irq_desc * key = (struct key_irq_desc * )_data;
4.  
5.      state = !!((gpio_get_value(key->pin) ? 1 : 0) ^ 0);
6.      if(key_state != state){
7.          key_state = state;
8.  
9.          if(state == 1){
10.             ev_press = 1;
11.             wake_up_interruptible(&key_waitq);
12.         }
13.     }
14. 
15.     if(state){
16.         mod_timer(&key->timer, jiffies + DEBOUNCE_JIFFIES);
17.     }
18. }
19. 
20. static irqreturn_t keys_isr(int irq, void * dev_id){
21.     struct key_irq_desc * p = (struct key_irq_desc * )dev_id;
22. 
23.     key_val = p->key_val;
24. 
25.     mod_timer(&p->timer, jiffies + DEBOUNCE_JIFFIES);
26.     return IRQ_HANDLED;
27. }
28. 
29. static int key_open(struct inode * inode, struct file * file){
30.     int i, ret;
31. 
32.     ret = gpio_request(GPIO_KEY1_PIN, "key1_test");
33.     if(ret < 0){
34.         printk(KERN_DEBUG"requset io fail\n");
35.     }
36. 
37.     ret = gpio_direction_input(GPIO_KEY1_PIN);
38.     if(ret < 0){
39.         printk(KERN_DEBUG"gpio direction input");
40.     }
```

```c

    EINT_KEY1 = gpio_to_irq(GPIO_KEY1_PIN);
    if (EINT_KEY1 < 0){
        printk(KERN_DEBUG"gpio to irq fail\n");
    }
    printk("Key1 gpio to irq: %d\n", EINT_KEY1);

    ret = request_threaded_irq(EINT_KEY1, NULL, keys_isr, IRQF_TRIGGER_FALLING | IRQF_ONESHOT, "key1_test", &keys_desc[0]);
    if(ret < 0){
        printk(KERN_DEBUG"request irq fail,ret: %d\n",ret);
    }

    ret = gpio_request(GPIO_KEY2_PIN, "key2_test");
    if(ret < 0){
        printk(KERN_DEBUG"requset io fail\n");
    }

    ret = gpio_direction_input(GPIO_KEY2_PIN);
    if(ret < 0){
        printk(KERN_DEBUG"gpio direction input");
    }

    EINT_KEY2 = gpio_to_irq(GPIO_KEY2_PIN);
    if (EINT_KEY2 < 0){
        printk(KERN_DEBUG"gpio to irq fail\n");
    }
    printk("Key2 gpio to irq: %d\n", EINT_KEY2);

    ret = request_threaded_irq(EINT_KEY2, NULL, keys_isr, IRQF_TRIGGER_FALLING | IRQF_ONESHOT, "key2_test", &keys_desc[1]);
    if(ret < 0){
        printk(KERN_DEBUG"request irq fail\n");
    }

    for(i = 0; i < sizeof(keys_desc) / sizeof(keys_desc[0]); i++){
        setup_timer(&(keys_desc[i].timer), keys_timer, (unsigned long)(&keys_desc[i]));
    }
    printk(KERN_DEBUG "Key open\n");

    return 0;
}

static ssize_t key_read(struct file *filp, char *buffer, size_t count, loff_t *ppos){
    int ret;
```

```
    char buf[2];
    printk(KERN_DEBUG "Key read\n");

    wait_event_interruptible(key_waitq, ev_press);
    buf[0] = (char)key_val;
    buf[1] = (char)key_state;
    ret = copy_to_user(buffer, buf, sizeof(buf));
    ev_press = 0;
    return count;
}

static ssize_t key_write(struct file * filp, const char * buffer, size_t count, loff_t * f_
pos){
    printk(KERN_DEBUG "Key write\n");
    return count;
}

static long key_ioctl(struct file * file, unsigned int cmd, unsigned long arg){
    printk(KERN_DEBUG "Key ioctl\n");
    return 0;
}

static int key_release(struct inode * inode, struct file * filp){
    int i;

    free_irq(EINT_KEY1, &keys_desc[0]);
    free_irq(EINT_KEY2, &keys_desc[1]);
    gpio_free(GPIO_KEY1_PIN);
    gpio_free(GPIO_KEY2_PIN);

    for (i = 0; i < sizeof(keys_desc) / sizeof(keys_desc[0]); i++){
        del_timer_sync(&keys_desc[i].timer);
    }

    printk(KERN_DEBUG "Key release\n");
    return 0;
}

static struct file_operations key_fops = {
    .owner = THIS_MODULE,
    .open = key_open,
    .read = key_read,
    .write = key_write,
    .unlocked_ioctl = key_ioctl,
    .release = key_release,
};
```

在 filc_operations 结构体定义后面，添加如程序清单 7－3 所示的代码。

(1) 第 3 至 22 行代码：定义设备初始化函数 key_irq_init()，该函数用于向内核注册和创建设备节点，在模块被加载进内核时调用。通过 register_chrdev()函数向内核注册字符设备，然后通过 class_create()函数注册一个设备类，最后通过 device_create()函数在“/dev/”目录下创建一个设备节点，节点名为 DEVICE_NAME，主设备号为 KEY_MAJOR，次设备号为 0。

(2) 第 24 至 29 行代码：定义一个设备注销函数 key_irq_exit()，该函数用于向内核中注销字符设备，在卸载模块时调用。device_destroy()函数用于移除设备，class_destroy()函数用于移除设备类，unregister_chrdev()函数用于注销字符设备。

程序清单 7－3

```
1.  static struct class *key_class;
2.
3.  static int __init key_irq_init(void){
4.      printk(KERN_DEBUG "Key init\n");
5.      KEY_MAJOR = register_chrdev(0, DEVICE_NAME, &key_fops);
6.
7.      if(KEY_MAJOR < 0){
8.          printk(KERN_DEBUG "Can't register key major number\n");
9.          return KEY_MAJOR;
10.     }
11.
12.     printk(KERN_DEBUG "Register key driver OK! Major = %d\n", KEY_MAJOR);
13.     key_class = class_create(THIS_MODULE, DEVICE_NAME);
14.     if(IS_ERR(key_class)){
15.         printk(KERN_DEBUG "Err: create key class failed.\n");
16.         return -1;
17.     }
18.     device_create(key_class, NULL, MKDEV(KEY_MAJOR, 0), NULL, DEVICE_NAME);
19.
20.     printk(KERN_DEBUG "Key initialized\n");
21.     return 0;
22. }
23.
24. static void __exit key_irq_exit(void){
25.     printk(KERN_DEBUG "Key exit\n");
26.     device_destroy(key_class, MKDEV(KEY_MAJOR, 0));
27.     class_destroy(key_class);
28.     unregister_chrdev(KEY_MAJOR, DEVICE_NAME);
29. }
30.
31. module_init(key_irq_init);
32. module_exit(key_irq_exit);
33. MODULE_LICENSE("GPL");
```

打开“D:\Ubuntu_share\lab4.key_test\app”文件夹中的 key_test.c 文件，添加如程序清

单 7-4 所示的第 12 至 30 行代码。

(1) 第 17 至 21 行代码：打开"/dev/key"设备文件，若打开成功，则会返回一个大于 0 的设备文件描述符，失败则返回－1。

(2) 第 23 至 26 行代码：在 while 循环中，使用 read()函数从设备文件描述符 buttons_fd 所指的设备文件中读取 sizeof(key_val)字节存到 &key_val 数组中。

程序清单 7-4

```
1.  #include <stdio.h>
2.  #include <stdlib.h>
3.  #include <unistd.h>
4.  #include <sys/ioctl.h>
5.  #include <sys/types.h>
6.  #include <sys/stat.h>
7.  #include <fcntl.h>
8.  #include <sys/select.h>
9.  #include <sys/time.h>
10. #include <errno.h>
11.
12. int main(void){
13.     int buttons_fd;
14.     char buttons[2] = {'0', '0'};
15.     char key_val[2];
16.
17.     buttons_fd = open("/dev/key", 0);
18.     if(buttons_fd < 0){
19.         perror("Open device buttons error!");
20.         exit(1);
21.     }
22.
23.     while(1){
24.         read(buttons_fd,&key_val,sizeof(key_val));
25.         printf("key %d press\n", key_val[0]);
26.     }
27.
28.     close(buttons_fd);
29.     return 0;
30. }
```

步骤 3：复制源码包到 Ubuntu

通过 SecureCRT 建立 SFTP 文件传输连接，执行"cd /home/user/work/"命令进入"/home/user/work"目录，然后执行"put -r lab4. key_test/"命令，将 lab4. key_test 文件夹传输到"/home/user/work"目录下，如程序清单 7-5 所示。

程序清单 7-5

```
sftp > cd /home/user/work/
sftp > put -r lab4.key_test/
```

步骤 4:编译驱动程序和应用层测试程序

通过 SecureCRT 终端连接 Ubuntu,执行"cd /home/user/work/lab4.key_test/driver"命令进入"/home/user/work/lab4.key_test/driver"目录,然后执行"make"或"make modules"命令对驱动程序进行编译。编译之后,可以通过"ls"命令查看该目录下已经生成了 key.ko 文件,该文件即为 key 驱动。建议在编译之前,先通过执行"make clean"命令清除编译生成的文件,如程序清单 7-6 所示。

程序清单 7-6

```
user@ubuntu:~ $ cd /home/user/work/lab4.key_test/driver
user@ubuntu:~/work/lab4.key_test/driver $ make clean
user@ubuntu:~/work/lab4.key_test/driver $ make
```

执行"cd /home/user/work/lab4.key_test/app"命令进入"/home/user/work/lab4.key_test/app"目录,然后执行"make"或"make key_test"命令对应用层测试程序进行编译。编译之后,可以通过"ls"命令查看该目录下已经生成了 key_test 文件,该文件即为可执行的应用程序。建议在编译之前,通过执行"make clean"命令清除编译生成的文件,如程序清单 7-7 所示。

程序清单 7-7

```
user@ubuntu:~/work/lab4.key_test/driver $ cd /home/user/work/lab4.key_test/app
user@ubuntu:~/work/lab4.key_test/app $ make clean
user@ubuntu:~/work/lab4.key_test/app $ make
```

步骤 5:复制驱动和应用程序

通过 SecureCRT 建立 SFTP 文件传输连接,执行"cd /home/user/work/lab4.key_test/driver"命令进入"/home/user/work/lab4.key_test/driver"目录,然后执行"get key.ko"命令,将 key.ko 文件复制到"D:\Ubuntu_share"目录下,如程序清单 7-8 所示。

程序清单 7-8

```
sftp > cd /home/user/work/lab4.key_test/driver
sftp > get key.ko
```

通过 SecureCRT 建立 SFTP 文件传输连接,通过执行"cd /home/user/work/lab4.key_test/app"命令进入"/home/user/work/lab4.key_test/ app"目录,然后执行"get key_test"命令,将 key_test 文件复制到"D:\Ubuntu_share"目录下,如程序清单 7-9 所示。

程序清单 7-9

```
sftp > cd /home/user/work/lab4.key_test/app
sftp > get key_test
```

步骤 6:更新和下载 RK3288 内核

在 SecureCRT 的 Ubuntu 终端,通过执行"cd /home/user/work/rk3288_android/kernel/arch/arm/boot/dts/"命令进入"/home/user/work/rk3288_android/kernel/arch/arm/boot/dts"目录,然后执行"vim x3288_cv5_bv4. dts"命令,打开 x3288_cv5_bv4. dts 文件,如程序清单 7-10 所示。vim 文本编辑器的用法参考附录 B,除了使用 vim 文本编辑器,还可以使用 gedit 命令打开并编辑该文件。

程序清单 7-10

```
user@ubuntu:~/work/lab4.key_test/app $ cd /home/user/work/rk3288_android/kernel/arch/arm/boot/dts/
/home/user/work/rk3288_android/kernel/arch/arm/boot/dts
user@ubuntu:~/work/rk3288_android/kernel/arch/arm/boot/dts $ vim x3288_cv5_bv4.dts
vim x3288_cv5_bv4.dts
```

本实验需要使用到 RK3288 平台上的两个普通按键(KEY_1 和 KEY_2),但这两个按键在 x3288_cv5_bv4. dts 文件中已被配置为音量加减按键,因此需要将 x3288_cv5_bv4. dts 文件中的第 595 至 607 行代码屏蔽,如程序清单 7-11 所示。

程序清单 7-11

```
/* vol-up-key{
        gpios = <&gpio0 GPIO_B3 GPIO_ACTIVE_LOW> ;
        linux,code = <115> ;
        label = "volume up";
        gpio-key,wakeup;
};

vol-down-key{
        gpios = <&gpio2 GPIO_B4 GPIO_ACTIVE_LOW> ;
        linux,code = <114> ;
        label = "volume down";
        gpio-key,wakeup;
}; */
```

在 SecureCRT 的 Ubuntu 终端,先执行"cd/home/user/work/rk3288_android"命令进入"/home/user/work/rk3288_android"目录,然后执行"./mk -j=8 -k"命令,对 kernal 进行编译,编译之后生成 kernel. img 和 resource. img,均位于"/home/user/work/rk3288_android/out/release"目录下。

通过 SecureCRT 建立 SFTP 文件传输连接,执行"cd/home/user/work/rk3288_android/out/release"命令进入"/home/user/work/rk3288_android/out/release"目录,然后依次执行"get kernel. img"和"get resource. img"命令,将 kernel. img 和 resource. img 复制到"D:\Ubuntu_share"目录下,打开 Android Tool 下载工具的"下载镜像"标签页,只勾选第 5 项(Resource)和第 6 项(Kernel),Resource 的路径选择"D:\Ubuntu_share\resource. img",Kernel 的路径选择"D:\Ubuntu_share\kernel. img"。参考 2.5.3 节,进入到固件升级模式,然后单击"执行"按钮进行固件下载,将 kernel. img 和 resource. img 下载到嵌入式开发系统,

如图 7－2 所示。

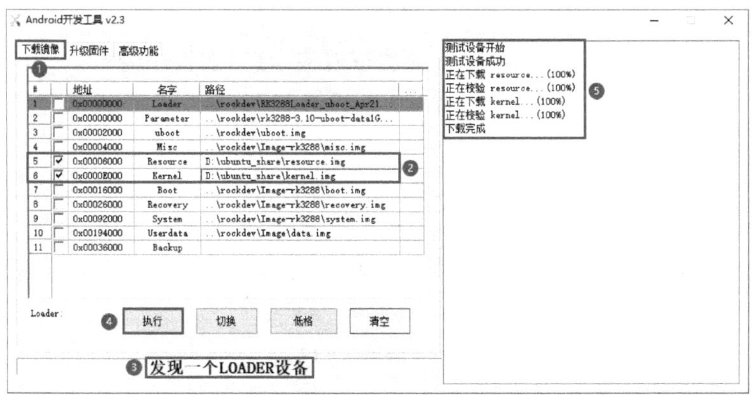

图 7－2　下载 kernel. img 和 resource. img

步骤 7：加载驱动和运行应用程序

在加载驱动和执行驱动应用操作时，还需要同时查看 RK3288 的动态内核信息，因此，需要打开两个 RK3288 的 Linux 终端，为了便于介绍，本书将加载驱动和执行驱动应用的终端命名为 Terminal－A，将查看动态的内核信息的终端命名为 Terminal－B。

首先，通过快捷键“Win＋R”打开“运行”对话框，输入“CMD”命令后回车，打开命令提示符窗口，该窗口为 Terminal－B。在命令提示符窗口中执行“adb shell”命令登录到 RK3288 的 Linux 终端，然后执行“cat /proc/kmsg”命令查看 RK3288 的动态内核信息，如程序清单 7－12 所示。

程序清单 7－12

```
C:\Users\hp > adb shell
root@rk3288:/ # cat /proc/kmsg
```

其次，再打开一个命令提示符窗口，该窗口为 Terminal－A。依次执行“adb push D:\Ubuntu_share\key. ko /data/local/tmp”和“adb push D:\Ubuntu_share\key_test /data/local/tmp”命令，将 key. ko 和 key_test 文件复制到 RK3288 平台的“/data/local/tmp”目录下，如程序清单 7－13 所示。

程序清单 7－13

```
C:\Users\hp > adb push D:\Ubuntu_share\key.ko /data/local/tmp
C:\Users\hp > adb push D:\Ubuntu_share\key_test /data/local/tmp
```

在 Terminal－A 中执行“adb shell”命令登录到 RK3288 的 Linux 终端，再执行“cd /data/local/tmp”命令进入 RK3288 平台的“/data/local/tmp”目录，如程序清单 7－14 所示。

程序清单 7－14

```
C:\Users\hp > adb shell
root@rk3288:/ # cd /data/local/tmp
```

在 Terminal－A 中执行“insmod key. ko”命令，加载 key. ko 驱动，如程序清单 7－15 所示。

程序清单 7-15

```
root@rk3288:/data/local/tmp # insmod key.ko
```

可以在 Terminal-B 中查看 RK3288 的动态内核信息，如程序清单 7-16 所示。

程序清单 7-16

```
Key init
Register key driver OK! Major = 240
Key initialized
```

在 Terminal-A 中执行“lsmod”命令，查看 led 驱动是否加载成功，如程序清单 7-17 所示。

程序清单 7-17

```
root@rk3288:/data/local/tmp # lsmod
key 3321 0 - Live 0x00000000 (O)
mali_kbase 240797 13 - Live 0x00000000
```

在 Terminal-A 中执行“chmod 777 key_test”命令，更改 key_test 的权限，改为任何用户对 key_test 都有可读可写可执行的权限。更改完权限之后，就可以通过执行“./key_test”命令来执行 key_test，如程序清单 7-18 所示。

程序清单 7-18

```
root@rk3288:/data/local/tmp # chmod 777 key_test
root@rk3288:/data/local/tmp # ./key_test
```

可以在 Terminal-B 中查看 RK3288 的动态内核信息，如程序清单 7-19 所示。

程序清单 7-19

```
1.    key1 gpio to irq:199
2.    key2 gpio to irq:200
3.    Key open
4.    Key read
```

按下嵌入式开发系统上的普通按键 KEY_1 或 KEY_2，可以在 Terminal-A 中查看对应按键按下的状态信息，KEY_1 按下弹出 key1 press，KEY_2 按下弹出 key2 press，如程序清单 7-20 所示。

程序清单 7-20

```
key1 press
key2 press
```

完成实验之后，可以在 Terminal-A 中通过快捷键“Ctrl+C”退出程序，然后执行“rmmod key”命令卸载 key 驱动，如程序清单 7-21 所示。

程序清单 7-21

```
root@rk3288:/data/local/tmp # rmmod key
```

可以在 Terminal-B 中查看 RK3288 的动态内核信息，如程序清单 7-22 所示。

程序清单 7-22

```
Key exit
```

步骤 8:运行结果

Terminal - A 和 Terminal - B 的运行结果如图 7 - 3 所示。

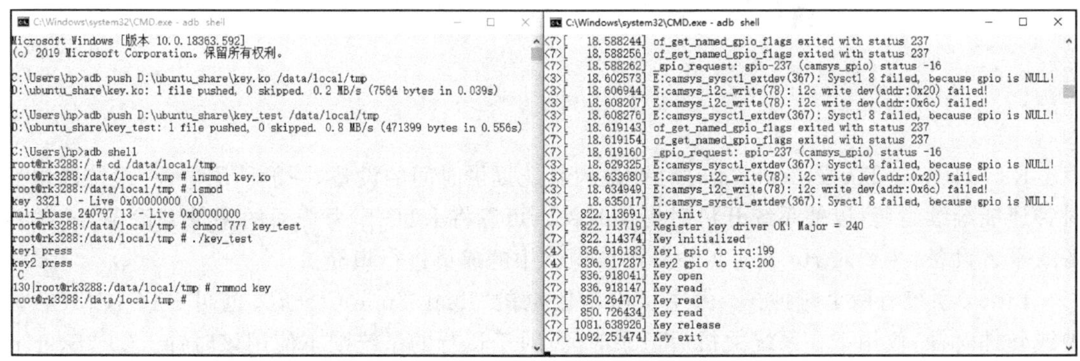

图 7 - 3　本章实验运行结果

完成按键实验之后,如果需要将嵌入式开发系统上的两个普通按键(KEY1 和 KEY2)恢复为音量增减按键,可在"/home/user/work/rk3288_android/kernel/arch/arm/boot/dts"目录的 x3288_cv5_bv4.dts 文件中,取消第 595 至 607 行代码的屏蔽,然后编译并升级固件即可。

本章任务

完成本章的学习后,掌握中断及中断处理的相关知识。结合上一章 LED 控制实验,编写驱动程序,实现通过按键来控制 LED 灯点亮和熄灭,例如按下 KEY1 使 LED1 点亮,再次按下 KEY1 使 LED1 熄灭。

本章习题

1. 简述中断的定义。
2. 简述 CPU 处理中断的基本流程。
3. 中断的上半部和下半部有哪些区别?
4. 简述在驱动程序中如何申请中断。
5. 系统中的哪些场景需要使用中断?

第 8 章　RTC 应用实验

RTC(Real - Time Clock)实时时钟是为系统提供时间的设备，一般使用电池，系统断电后时钟还能继续运行，以便系统开机时提供时钟。可以将 RTC 作为普通的字符型设备、misc 设备或平台设备，主要对 rtc_ops 文件操作结构体中的成员进行填充。

Linux 系统有两个时钟：① 由主板电池驱动的“Real Time Clock”，也叫 RTC、CMOS 时钟或硬件时钟，仅用于在系统关机后记录时间，对于运行的系统则不使用该时钟。② “System clock”时钟，也叫内核时钟或软件时钟，由软件根据时间中断来进行计数，内核时钟在系统关机后无法运行。因此，当系统启动时，内核时钟要读取 RTC 时钟来进行时间同步，并且在系统关机时将系统时间写回 RTC。即 Linux 内核与 RTC 进行交互一般有两种情况：① 内核在启动时从 RTC 读取启动时的时间与日期；② 内核在系统关机时将时间与日期写回到 RTC。

8.1　实验内容

在一个嵌入式系统中，由于 RTC 的功耗较低，通常采用 RTC 来提供可靠的系统时间，包括秒、分、时、日、月和年，并且要求在系统处于关机状态下 RTC 也能正常工作(通常使用电池供电)。本章通过 RTC 实验，掌握 RTC 芯片工作原理，学习编写 RTC 读写方法，实现读取和设置 Linux 系统时间。

8.2　实验原理

8.2.1　RTC 应用实验电路

RTC 应用实验电路如图 8 - 1 所示，PCF8563 是多功能时钟/日历芯片，RK3288 芯片通过 I^2C 总线与该芯片进行通信，其中，时钟线为 I2C0_SCL_PMIC，数据线为 I2C0_SDA_PMIC。RK3288 核心板通过 VCC33_RTC 和 VCC_RTC 为 PCF8563 芯片供电，该芯片的时钟引脚 OSCI 和 OSCO 与晶振 X_1 相连，中断引脚 $\overline{INT}$ 与 RK3288 的 L22 引脚相连。PCF8563 芯片的 CLKO 引脚通过 100 kΩ 电阻与 Wi - Fi 和蓝牙一体化芯片 AP6255 的 LPO 引脚相连，为其提供外部的 36.768 kHz 时钟输入。

8.2.2　PCF8563 芯片介绍

PCF8563 芯片的 16 个寄存器为可寻址的 8 位并行寄存器，内存地址为 00H 和 01H 的寄存器为控制寄存器和状态寄存器，内存地址为 02H～08H 的寄存器用于时钟计数(秒～年计

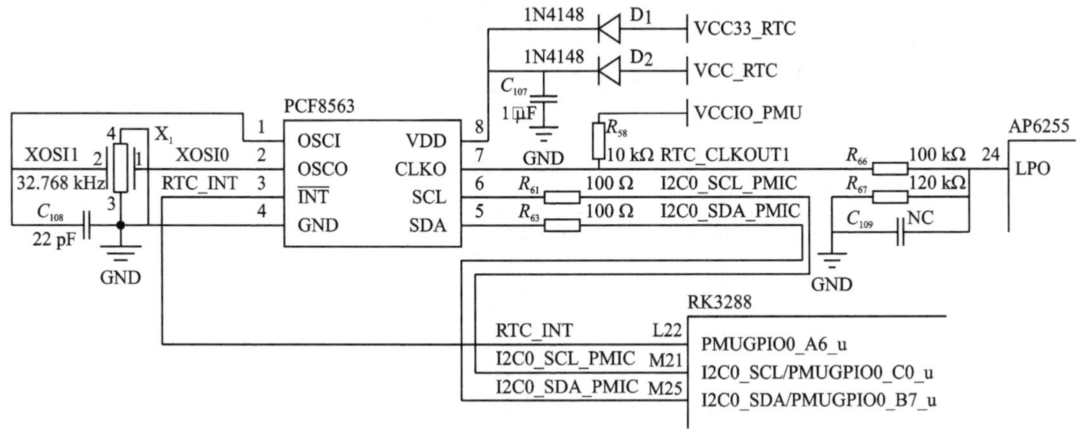

图 8-1　RTC 应用实验电路

数器)，内存地址为 09H～0CH 的寄存器为报警寄存器(定义报警条件)，内存地址为 0DH 的寄存器控制 CLKO 引脚的输出频率，内存地址为 0EH、0FH 的寄存器分别用于定时器控制寄存器和定时器寄存器。不同寄存器的编码格式稍有差异，秒、分钟、小时、日、月、年、分钟报警、小时报警、日报警寄存器的编码格式为 BCD，而星期、星期报警寄存器不以 BCD 格式编码。当读取 PCF8563 寄存器时，所有计数器的内容将会锁定，以保证 PCF8563 芯片读取的准确率。

PCF8563 芯片拥有多种报警功能、定时器功能、时钟输出功能及中断输出功能，能够完成各种复杂的定时服务，其引脚图和引脚功能说明如图 8-2 和表 8-1 所示。

PCF8563

1 OSCI	VDD 8
2 OSCO	CLKO 7
3 INT	SCL 6
4 GND	SDA 5

图 8-2　PCF8563 芯片引脚图

表 8-1　PCF8563 芯片引脚功能说明

引　脚	引脚名称	引脚说明
1	OSCI	振荡器输入
2	OSCO	振荡器输出
3	INT	中断输出
4	GND	地
5	SDA	串行数据 I/O
6	SCL	串行时钟输入
7	CLKO	时钟输出
8	VDD	正电源

8.2.3　Linux 的 RTC 子系统架构

目前 Linux 系统的 RTC 驱动有两种接口：一种为旧接口，专用于 PC 机；另一种为新接口，基于 Linux 设备驱动程序开发。新的 RTC 接口创建了一个高效的 RTC 驱动模型，实现了 RTC 的大部分基础功能，并降低了程序开发的难度。RTC 底层驱动程序无须考虑功能的具体实现方式，只需将驱动注册到 RTC 核心中，其他工作将由 RTC 核心完成。新的 RTC 驱动模型架构如图 8-3 所示，与 RTC 核心相关的文件及功能如表 8-2 所列。

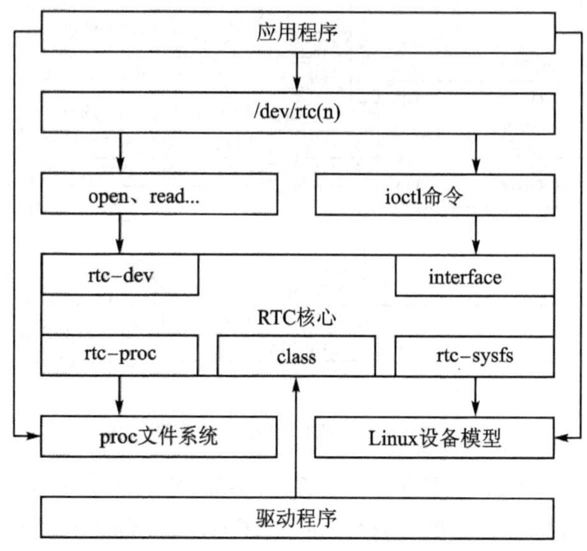

图 8-3　RTC 驱动模型架构

表 8-2　RTC 相关文件及功能

文件名	功　能
/drivers/rtc/class. c	向 Linux 设备模型核心注册 RTC 类，并向驱动程序提供注册/注销接口
/drivers/rtc/rtc-dev. c	定义 RTC 设备的基本操作函数，如 open()、read()等
/drivers/rtc/interface. c	提供了用户程序与 RTC 驱动的接口函数，用户程序通过 ioctl()调试函数与 RTC 驱动交互，并定义 ioctl 命令所调用的函数
/drivers/rtc/rtc-sysfs. c	与虚拟文件系统 sysfs 有关
/drivers/rtc/rtc-proc. c	与基于内存的伪文件系统 proc 有关
/include/linux/rtc. h	定义 RTC 相关的数据结构

8.2.4　RTC 应用基本数据结构

1. struct rtc_device 结构体

该结构体为 RTC 驱动程序的基本数据结构，驱动程序以该结构体为参数，调用注册函数注册到 RTC 核心，如程序清单 8-1 所示。

程序清单 8-1

```
struct rtc_device
{
    struct device dev;
    struct module * owner;
    int id;
```

```
    char name[RTC_DEVICE_NAME_SIZE];
    const struct rtc_class_ops * ops;
    struct mutex ops_lock;
    struct cdev char_dev;
    unsigned long flags;
    unsigned long irq_data;
    spinlock_t irq_lock;
    wait_queue_head_t irq_queue;
    struct fasync_struct * async_queue;
    struct rtc_task * irq_task;
    spinlock_t irq_task_lock;
    int irq_freq;
    int max_user_freq;
#ifdef CONFIG_RTC_INTF_DEV_UIE_EMUL
    struct work_struct uie_task;
    struct timer_list uie_timer;
    /* Those fields are protected by rtc->irq_lock */
    unsigned int oldsecs;
    unsigned int uie_irq_active:1;
    unsigned int stop_uie_polling:1;
    unsigned int uie_task_active:1;
    unsigned int uie_timer_active:1;
#endif
};
```

2. struct rtc_class_ops 结构体

RTC 驱动程序若要实现基本操作函数,需要初始化该结构体,将自身的函数与 RTC 核心相联系。该结构体内的大部分函数都需要驱动程序来实现,并且直接操作底层硬件,属于最底层的函数,如程序清单 8－2 所示。

程序清单 8－2

```
struct rtc_class_ops {
    int (*open)(struct device *);
    void (*release)(struct device *);
    int (*ioctl)(struct device *, unsigned int, unsigned long);
    int (*read_time)(struct device *, struct rtc_time *);
    int (*set_time)(struct device *, struct rtc_time *);
    int (*read_alarm)(struct device *, struct rtc_wkalrm *);
    int (*set_alarm)(struct device *, struct rtc_wkalrm *);
    int (*proc)(struct device *, struct seq_file *);
    int (*set_mmss)(struct device *, unsigned long secs);
    int (*irq_set_state)(struct device *, int enabled);
    int (*irq_set_freq)(struct device *, int freq);
    int (*read_callback)(struct device *, int data);
```

```
    int (*alarm_irq_enable)(struct device *, unsigned int enabled);
    int (*update_irq_enable)(struct device *, unsigned int enabled);
};
```

3. struct rtc_time 结构体

使用该结构体从 RTC 设备读取时间和日期，是应用程序主要调用的数据结构，如程序清单 8-3 所示。

程序清单 8-3

```
    struct rtc_time {
    int tm_sec; /* 秒,0～60(60 是闰秒的需要) */
    int tm_min; /* 分钟,0～59 */
    int tm_hour; /* 小时,0～23 */
    int tm_mday; /* 本月中的第几天,1～31 */
    int tm_mon; /* 自一月以来的第几个月,0～11 */
    int tm_year; /* 自 1900 年以来的年数 */
    int tm_wday; /* 本周的第几天,0～6,星期天是 0 */
    int tm_yday; /* 一年当中的第几天,0～365 */
    int tm_isdst; /* 夏令时标志 */
};
```

8.3 实验步骤

步骤 1：复制文件夹到 Ubuntu_share 目录

将本书配套资料包"04.例程资料\Material"目录下的 lab5.rtc_test 文件夹复制到"D:\Ubuntu_share"目录下。

步骤 2：完善 lab5.rtc_test 文件夹下的源码文件

打开"D:\Ubuntu_share\lab5.rtc_test\app"文件夹中的 rtc_test.c 文件，添加如程序清单 8-4 所示的第 12 至 67 行代码。

(1) 第 18 至 22 行代码：打开 RTC 文件节点 rtc0，后续的读写都是基于 rtc0 操作的。

(2) 第 26 至 34 行代码：读取 rtc0 当前的时间，调用 ioctl() 函数，参数为 RTC_RD_TIME，并把读取到的时间信息保存到 rtc_tm 结构体中。

(3) 第 36 至 53 行代码：设置 rtc0 时间为预设的值，调用 ioctl() 函数，参数为 RTC_SET_TIME，把 rtc_tm 结构体中预设的值写进 rtc0，注意 rtc_tm 结构体中的 tm_year 和 tm_mon，赋值时为自 1900 年来的第几年和自一月来的第几月。

(4) 第 55 至 63 行代码：再次读取 rtc0 当前的时间，并与预设值进行对比，若二者数据一致，则说明写入 rtc0 文件操作成功。

(5) 第 65 行代码：关闭 rtc0 时钟文件节点，每次打开文件节点进行操作，需要在使用完毕后关闭该文件节点。

程序清单 8-4

```c
#include <stdio.h>
#include <stdlib.h>
#include <linux/rtc.h>
#include <unistd.h>
#include <sys/types.h>
#include <sys/stat.h>
#include <sys/ioctl.h>
#include <fcntl.h>
#include <string.h>
#include <errno.h>

int main(int argc, char **argv){
    int fd;
    int ret = 0;
    struct rtc_time rtc_tm;
    char buf[15];

    fd = open("/dev/rtc0", O_RDWR);
    if (fd < 0){
        error("open /dev/rtc0 error, exit\n");
        exit(1);
    }
    printf("open /dev/rtc0 success\n");
    memset(buf, '0', sizeof(buf));

    ret = ioctl(fd, RTC_RD_TIME, &rtc_tm);
    if(ret == -1){
        printf("read /dev/rtc0 error\n");
    }
    else{
        printf("read /dev/rtc0 success: Current RTC date time is %d-%d-%d, %02d:%02d:%02d.\n",
            rtc_tm.tm_year + 1900, rtc_tm.tm_mon + 1, rtc_tm.tm_mday,
            rtc_tm.tm_hour, rtc_tm.tm_min, rtc_tm.tm_sec);
    }

    rtc_tm.tm_year = 2019 - 1900;
    rtc_tm.tm_mon = 1 - 1;
    rtc_tm.tm_mday = 1;
    rtc_tm.tm_hour = 8;
    rtc_tm.tm_min = 0;
    rtc_tm.tm_sec = 0;

    if (rtc_tm.tm_hour == 24){
```

```
            rtc_tm.tm_hour = 0;
        }

        ret = ioctl(fd, RTC_SET_TIME, &rtc_tm);
        if(ret == -1){
            printf("write /dev/rtc0 error\n");
        }
        else{
            printf("write /dev/rtc0 success\n");
        }

        ret = ioctl(fd, RTC_RD_TIME, &rtc_tm);
        if(ret == -1){
            printf("read /dev/rtc0 error\n");
        }
        else{
            printf("read /dev/rtc0 success: Current RTC date time is %d-%d-%d, %02d:%02d:%02d.\n",
                rtc_tm.tm_year + 1900, rtc_tm.tm_mon + 1, rtc_tm.tm_mday,
                rtc_tm.tm_hour, rtc_tm.tm_min, rtc_tm.tm_sec);
        }

        close(fd);
        return 0;
}
```

步骤 3:复制源码包到 Ubuntu

通过 SecureCRT 建立 SFTP 文件传输连接，执行“cd /home/user/work/”命令进入“/home/user/work”目录，然后执行“put -r lab5.rtc_test/”命令，将 lab5.rtc_test 文件夹传输到“/home/user/work”目录下，如程序清单 8-5 所示。

程序清单 8-5

```
sftp > cd /home/user/work/
sftp > put -r lab5.rtc_test/
```

步骤 4:编译应用层测试程序

通过 SecureCRT 终端连接 Ubuntu，执行“cd /home/user/work/lab5.rtc_test/app”命令进入“/home/user/work/lab5.rtc_test/app”目录，然后执行“make”或“make rtc_test”命令对应用层测试程序进行编译。编译之后，可以通过“ls”命令查看该目录下已经生成了 rtc_test 文件，该文件即为可执行的应用程序。建议在编译之前，先通过执行“make clean”命令清除编译生成的文件，如程序清单 8-6 所示。

程序清单 8-6

```
user@ubuntu:~ $ cd /home/user/work/lab5.rtc_test/app
user@ubuntu:~/work/lab5.rtc_test/app $ make clean
user@ubuntu:~/work/lab5.rtc_test/app $ make
```

步骤 5:复制应用程序

通过 SecureCRT 建立 SFTP 文件传输连接,执行“cd /home/user/work/lab5.rtc_test/app”命令进入“/home/user/work/lab5.rtc_test/ app”目录,然后执行“get rtc_test”命令,将 rtc_test 文件复制到“D:\Ubuntu_share”目录下,如程序清单 8-7 所示。

程序清单 8-7

```
sftp > cd /home/user/work/lab5.rtc_test/app
sftp > get rtc_test
```

步骤 6:运行应用程序

首先,通过快捷键“Win+R”打开“运行”对话框,输入“CMD”命令后回车,打开命令提示符窗口,将该窗口命名为 Terminal-A。在 Terminal-A 中执行“adb push D:\Ubuntu_share\rtc_test /data/local/tmp”命令,将 rtc_test 文件复制到 RK3288 平台的“/data/local/tmp”目录下,如程序清单 8-8 所示。

程序清单 8-8

```
C:\Users\hp > adb push D:\Ubuntu_share\rtc_test /data/local/tmp
```

其次,在 Terminal-A 中执行“adb shell”命令登录到 RK3288 的 Linux 终端,再执行“cd /data/local/tmp”命令进入 RK3288 平台的“/data/local/tmp”目录,如程序清单 8-9 所示。

程序清单 8-9

```
C:\Users\hp > adb shell
root@rk3288:/ # cd /data/local/tmp
```

最后,在 Terminal-A 中执行“chmod 777 rtc_test”命令,更改 rtc_test 的权限,改为任何用户对 rtc_test 都有可读可写可执行的权限。更改完权限之后,就可以通过执行“./rtc_test”命令来执行 rtc_test,如程序清单 8-10 所示。

程序清单 8-10

```
root@rk3288:/data/local/tmp # chmod 777 rtc_test
root@rk3288:/data/local/tmp # ./rtc_test
./rtc_test
open /dev/rtc0 success
read /dev/rtc0 success: Current RTC date time is 2011-1-3, 02:44:28..
write /dev/rtc0 success
read /dev/rtc0 success: Current RTC date time is 2019-1-1, 08:00:00.
```

步骤 7:运行结果

Terminal-A 的运行结果如图 8-4 所示。

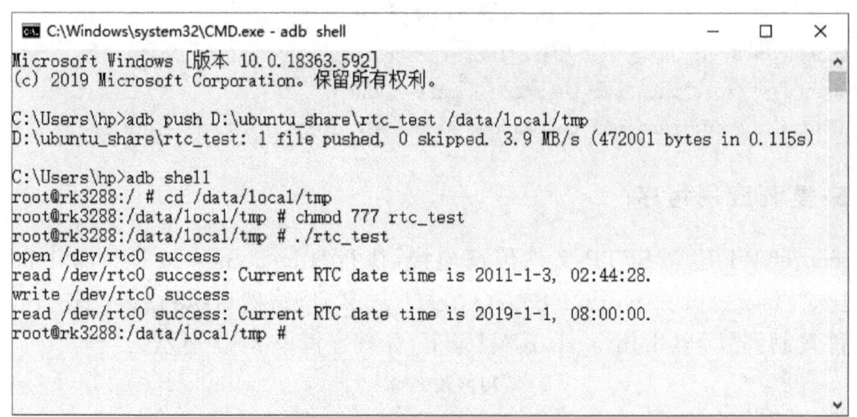

图 8-4　本章实验运行结果

本章任务

基于嵌入式开发系统，编写程序实现闹钟功能，例如当前的日期和时间是 2021 年 3 月 16 日 16:50:00，将闹钟设置为 2021 年 3 月 16 日 16:55:00，当时钟运行到设定的时间时，通过 printf()函数打印“time expire”字符串。

本章习题

1. 简述 Linux 中两个时钟各自的特点。
2. 简述 rtc_time 结构体有哪些成员变量。
3. Linux 内核在哪些情况下会与 RTC 进行交互？
4. 读取和设置 RTC 时间需要用到哪些接口函数，需要传入哪些命令参数？
5. RK3288 系统使用的 RTC 是哪一颗芯片，通过哪种方式与主控进行通信？

第 9 章　多线程实验

多线程是指从软件或硬件上实现多个线程并发执行的技术。具有多线程能力的处理器因有硬件支持而能够在同一时间内执行多个线程，进而提升整体处理性能。本章通过 Linux 的多线程实验，介绍线程的创建、等待和销毁等接口函数，要求掌握多线程编程的优点及实现方式。

9.1　实验内容

本章实验通过 RK3288 系统运行多线程代码，熟悉 Linux 多线程机制，掌握利用互斥锁和条件变量实现线程间的通信，同时在代码中再调用线程其他常用的 API 函数，如 pthread_self() 和 pthread_join() 等，加深对 Linux 多线程编程的理解。

9.2　实验原理

9.2.1　Linux 多线程简介

进程是程序执行时的一个实例，即当前执行程序的数据结构的汇总。线程是进程的一个执行流，是比进程更小的、能够独立运行的基本单位，也是 CPU 调度和分配的基本单位。

目前 Linux 端最流行的线程机制为 LinuxThreads，该机制采用线程—进程“一对一”模型，支持 Intel、Alpha 和 MIPS 等平台上的多处理器系统。使用时，只需将按照 POSIX 1003.1c 标准编写的 Linux C 程序与 Linuxthread 库相链接即可获取 Linux 平台的多线程支持。程序中包含头文件 pthread. h，在编译 Makefile 文件时加上“－lpthread”语句，该语句的功能是链接库目录下的 libpthread. a 或 libpthread. so 文件。

Linux 下的多线程机制是一种非常“节俭”的多任务操作方式，在同一进程下的线程之间共享数据空间，适合处理图形化界面和多路通信数据。

9.2.2　线程常用 API 函数

Linux 系统 pthread 线程接口的常用 API 函数如图 9－1 所示，下面对 RK3288 多线程实验所涉及的 API 函数进行详细介绍。

1. 与线程 ID 相关的函数：pthread_self()、pthread_equal()

pthread_self() 函数用于获取当前线程的 ID 值，函数原型如下。

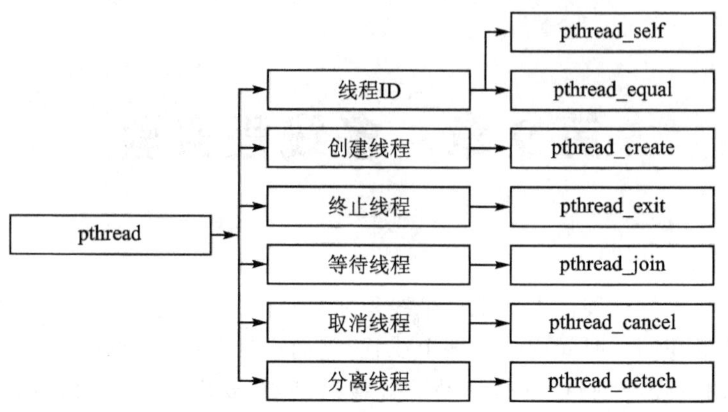

图 9-1 pthread 常用 API 函数

```
extern pthread_t pthread_self (void);
```

pthread_equal()函数用于比较两个线程的 ID 值是否相同，输入参数为两个线程各自的线程标识符__thread1 和__thread2，函数原型如下。

```
extern int pthread_equal (pthread_t __thread1, pthread_t __thread2);
```

2. 线程创建函数 pthread_create()

pthread_create()函数用于创建一个线程，函数原型如下。

```
extern int pthread_create (pthread_t * __newthread, const pthread_attr_t * __attr, void * ( * __start_routine) (void * ), void * __arg);
```

第一个参数为指向线程标识符的指针，第二个参数用来设置线程属性，第三个参数是线程运行函数的起始地址，最后一个参数是线程运行函数的输入参数。若线程运行函数 thread()不需要参数，则最后一个参数设为空指针 NULL，第二个参数设为空指针将生成默认属性的线程，对线程属性的设定和修改将在下一节介绍。当线程创建成功时，返回值为 0，若不为 0 则表示创建失败。常见的错误返回代码为 EAGAIN 和 EINVAL，EAGAIN 表示系统限制新线程的创建，例如线程数目过多；EINVAL 表示第二个参数所代表的线程属性值非法。创建线程成功后，新创建的线程则运行参数三和参数四确定的函数，原来的线程则继续运行下一行代码。

3. 终止线程的函数：pthread_exit()和 pthread_cancel()

pthread_exit()函数用于终止运行中的线程，函数原型如下。

```
extern void pthread_exit (void * __retval)
```

该函数必须在线程运行函数中调用，输入参数 retval 为指定的返回值，其他线程可通过 pthread_join()函数获取该线程的返回值，从而判断工作状态。

pthread_cancel()函数用于取消同一进程中的其他线程，函数原型如下。

```
extern int pthread_cancel (pthread_t __th);
```

在线程中调用该函数，相当于调用了参数为 PTHREAD_CANCELED 的 pthread_exit()

函数。

4. 等待线程函数 pthread_join()

pthread_join()函数用于等待一个线程结束，函数原型如下。

```
extern int pthread_join(pthread_t __th, void **__thread_return);
```

第一个参数为被等待线程的标识符，第二个参数为一个用户定义的指针，可以用来存储被等待线程的返回值。该函数是一个线程阻塞的函数，调用它的函数将一直等待直到被等待的线程结束为止（调用 pthread_exit()终止线程），当函数返回时，被等待线程的资源被收回，调用该函数的线程解除阻塞，并继续执行。

5. 分离线程函数 pthread_detach()

pthread_detach()函数用于将指定线程变为分离状态，函数原型如下。

```
extern int pthread_detach (pthread_t __th);
```

输入参数为需要进入分离状态的进程标识符，成功返回 0，否则返回一个正数。线程的分离状态可以类比于进程脱离终端变为后台进程，该状态下主线程与子线程分离，子线程结束后，资源自动回收。

9.2.3　线程间通信

线程间通信和同步机制相关的 API 函数较多，可分为 4 大类应用：互斥量、读写锁、条件变量和信号量，如图 9-2 所示。

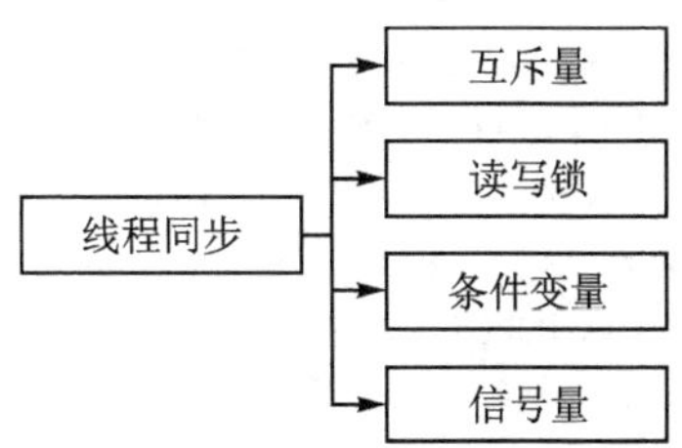

图 9-2　线程间通信、同步机制

1. 互斥量

互斥量又称为互斥锁，线程在访问共享资源前对互斥量加锁，在访问完成后解锁，释放互斥量。互斥量加锁时，访问该互斥量的其他线程都会被阻塞，直到当前线程解锁。如果解锁时有多个线程阻塞，那么所有阻塞线程都会变成可运行状态，开始相互竞争。仅有第一个变为运行状态的线程可以对互斥量加锁，其他线程只能再次阻塞等待该互斥量重新变为可用。与互斥量相关的函数如程序清单 9-1 所示，下面对部分函数进行介绍。

pthread_mutex_lock()函数和 pthread_mutex_unlock()函数分别用于对互斥量 mutex 进行加锁和解锁。当线程成功锁定互斥量时，线程会执行这两个函数之间的代码。

程序清单 9-1

```
int pthread_mutex_init(pthread_mutex_t * mutex, const pthread_mutexattr_t * mutexattr); //互斥初始化
int pthread_mutex_destroy(pthread_mutex_t * mutex);    //销毁互斥
int pthread_mutex_lock(pthread_mutex_t * mutex);       //锁定互斥
int pthread_mutex_unlock(pthread_mutex_t * mutex);     //解锁互斥
int pthread_mutex_trylock(pthread_mutex_t * mutex);    //销毁互斥
eg.pthread_t mutex;
pthread_mutex_init(&mutex, NULL);
pthread_mutex_lock(&mutex);
...
pthread_mutex_unlock(&mutex);
pthread_mutex_detroy(&mutex);
```

2. 读写锁

读写锁与互斥量类似，但拥有较强的并行性。与互斥量不同的是，读写锁有 3 种状态：读模式下加锁状态、写模式下加锁状态、不加锁状态。在写模式下对代码加锁后，一次仅有一个线程可以对该段代码进行写操作，而在读模式下对代码加锁后，可以有多个线程同时对该段代码进行读操作。与读写锁相关的函数如程序清单 9-2 所示。

程序清单 9-2

```
int pthread_rwlock_init(pthread_rwlock_t * rwlock, const pthread_rwlockattr_t * rwlockattr);//初始化读写锁
int pthread_rwlock_destroy(pthread_rwlock_t * rwlock);   //销毁读写锁
int pthread_rwlock_rdlock(pthread_rwlock_t * rwlock);    //读模式锁定读写锁
int pthread_rwlock_wrlock(pthread_rwlock_t * rwlock);    //写模式锁定读写锁
int pthread_rwlock_unlock(pthread_rwlock_t * rwlock);    //解锁读写锁
eg.pthread_rwlock_t q_lock;
pthread_rwlock_init(&q_lock, NULL);
pthread_rwlock_rdlock(&q_lock);
……
pthread_rwlock_unlock(&q_lock);
pthread_rwlock_detroy(&q_lock);
```

3. 条件变量

条件变量是利用线程间的共享全局变量进行同步的一种机制，主要包括两个机制：① 一个线程等待“条件变量的条件成立”而挂起；② 另一个线程使“条件成立”（给出条件成立信号）。为了避免竞争，条件变量常与互斥量联合使用。与条件变量相关的函数如程序清单 9-3 所示，下面对部分函数进行说明。

等待条件有两种方式：无条件等待 pthread_cond_wait()和计时等待 pthread_cond_timedwait()。其中，计时等待方式如果在指定时刻前没有满足条件，则返回 ETIMEOUT，结束等待，abstime 以与 time()系统调用相同意义的绝对时间形式出现，即若 abstime 为 0，则表示格林尼治时间 1970 年 1 月 1 日 0 时 0 分 0 秒。

以上的两种等待方式都必须与一个互斥量配合，以防产生多个线程同时请求 pthread_cond_wait()（或 pthread_cond_timedwait()，下同）的竞争条件（Race Condition）问题。mutex 互斥量必须是普通锁（PTHREAD_MUTEX_TIMED_NP）或适应锁（PTHREAD_MUTEX_ADAPTIVE_NP），且在调用 pthread_cond_wait() 前必须由本线程加锁，且在更新条件等待队列之前，mutex 必须保持锁定状态，并在线程挂起前解锁。当条件满足后，线程离开 pthread_cond_wait() 之前，mutex 将被重新加锁，与进入 pthread_cond_wait() 前的加锁动作对应。

条件的激发方式有两种：① 使用 pthread_cond_signal() 函数激活一个等待该条件的线程，若多个线程等待则按入队顺序激活第一个；② 使用 pthread_cond_broadcast() 函数激活所有等待线程。

程序清单 9-3

```
int pthread_cond_init(pthread_cond_t * cond, const pthread_condattr_t * attr); //初始化条件变量
int pthread_cond_destroy(pthread_cond_t * cond); //销毁条件变量
int pthread_cond_wait(pthread_cond_t * cond, pthread_mutex_t * mutex); //无条件等待条件变量变为真
int pthread_cond_timewait(pthread_cond_t * cond, pthread_mutex_t * mutex, const struct timespec * abstime); //在给定时间内,等待条件变量变为真
eg.pthread_mutex_t mutex;
pthread_cond_t cond;
……
pthread_mutex_lock(&mutex);
pthread_cond_wait(&cond, &mutex);
……
pthread_mutex_unlock(&mutex);
……
```

4. 信号量

线程的信号量与进程类似，主要用于基于线程的资源计数。信号量是一个非负的整数计数器，用于实现对公共资源的控制，其数值与公共资源的量成正比。仅当信号量的值大于 0 时，才能访问信号量所代表的公共资源。与信号量相关的函数如程序清单 9-4 所示。

程序清单 9-4

```
sem_t sem_event;
int sem_init(sem_t * sem, int pshared, unsigned int value);//初始化一个信号量
int sem_destroy(sem_t * sem);                   //销毁信号量
int sem_post(sem_t * sem);                      //信号量增加 1
int sem_wait(sem_t * sem);                      //信号量减少 1
int sem_getvalue(sem_t * sem, int * sval);  //获取当前信号量的值
```

9.3 实验步骤

步骤 1:复制文件夹到 Ubuntu_share 目录

将本书配套资料包“04.例程资料\Material”目录下的 lab6.thread_test 文件夹复制到“D:\Ubuntu_share”目录下。

步骤 2:完善 lab6.thread_test 文件夹下的源码文件

打开“D:\Ubuntu_share\lab6.thread_test\app”文件夹中的 thread_test.c 文件,添加如程序清单 9-5 所示的第 7 至 11 行代码。

(1) 第 7 行代码:定义全局变量 tmp,并赋值为 0。

(2) 第 8 行代码:定义一个互斥量变量 mutex,并初始化为 PTHREAD_MUTEX_INITIALIZER。

(3) 第 9 行代码:定义一个条件变量 cond,并初始化为 PTHREAD_COND_INITIALIZER。

(4) 第 10 至 11 行代码:声明两个函数,用于创建线程。

程序清单 9-5

```
1.  #include <stdio.h>
2.  #include <stdlib.h>
3.  #include <pthread.h>
4.  #include <errno.h>
5.  #include <unistd.h>
6.
7.  int tmp = 0;
8.  static pthread_mutex_t mutex = PTHREAD_MUTEX_INITIALIZER;
9.  static pthread_cond_t cond = PTHREAD_COND_INITIALIZER;
10. void * thread1(void * );
11. void * thread2(void * );
```

在上一步添加的代码后面,添加如程序清单 9-6 所示的 thread1()和 thread2()函数的实现代码。

(1) 第 2 行代码:阻塞等待,直到线程 arg 执行完毕。

(2) 第 3 至 4 行代码:打印 thread1()函数执行时的输出信息。

(3) 第 5 行代码:thread1()函数申请互斥量 mutex。

(4) 第 6 至 8 行代码:判断全局变量 tmp 的值,为 2 则发送 cond 信号。

(5) 第 9 至 10 行代码:将全局变量 tmp 赋值为 1,并通过 pthread_self()函数打印当前线程 id。

(6) 第 11 行代码:thread1()函数解除锁定。

(7) 第 13 行代码:thread1()函数退出。

(8) 第 17 至 18 行代码:打印 thread2()函数执行时输出信息。

(9) 第 19 行代码:thread2()函数中请互斥量 mutex。

(10) 第 20 至 22 行代码:判断全局变量 tmp 的值,为 1 则发送 cond 信号。

(11) 第 23 至 24 行代码:将全局变量 tmp 赋值为 2,并通过 pthread_self()函数打印当前线程 ID。

(12) 第 25 行代码:thread2()函数解除锁定。

程序清单 9－6

```
1.  void* thread1(void* arg){
2.      pthread_join(*(pthread_t*)arg, NULL);
3.      printf("Enter thread1 func\n");
4.      printf("This is thread1, tmp: %d, Thread id is %u\n", tmp, (unsigned int)pthread_self());
5.      pthread_mutex_lock(&mutex);
6.      if(tmp == 2){
7.          pthread_cond_signal(&cond);
8.      }
9.      tmp = 1;
10.     printf("This is thread1, tmp: %d, Thread id is %u\n",tmp, (unsigned int)pthread_self());
11.     pthread_mutex_unlock(&mutex);
12.     printf("Leave thread1 func\n");
13.     pthread_exit(0);
14. }
15.
16. void* thread2(void* arg){
17.     printf("Enter thread2 func\n");
18.     printf("This is thread2, tmp: %d, Thread id is %u\n",tmp, (unsigned int)pthread_self());
19.     pthread_mutex_lock(&mutex);
20.     if(tmp == 1){
21.         pthread_cond_signal(&cond);
22.     }
23.     tmp = 2;
24.     printf("This is thread2, tmp: %d, Thread id is %u\n",tmp, (unsigned int)pthread_self());
25.     pthread_mutex_unlock(&mutex);
26.     printf("Leave thread2 func\n");
27.     pthread_exit(0);
28. }
```

在 thread2()函数后面添加 main()函数的实验代码,如程序清单 9－7 所示。

(1) 第 3 行代码:定义两个线程类型变量 tid1,tid2。

(2) 第 6 至 9 行代码:通过 pthread_create 创建线程 tid2,线程的执行体为 thread2()函数。

(3) 第 11 至 14 行代码:通过 pthread_create 创建线程 tid1,线程的执行体为 thread1()函数,并把 tid2 作为 thread1()函数的形参。

(4) 第 16 行代码:阻塞等待 cond 信号,直到收到 pthread_cond_signal 发出的信号才继续往下执行程序。

程序清单 9-7

```
int main(int argc, char * * argv){
    int ret = 0;
    pthread_t tid1, tid2;
    printf("Enter main func\n");

    ret = pthread_create(&tid2, NULL, thread2, NULL);
    if(ret != 0){
        printf("Thread2 create fail\n");
    }

    ret = pthread_create(&tid1, NULL, thread1, &tid2);
    if(ret != 0){
        printf("Thread1 create fail\n");
    }

    pthread_cond_wait(&cond, &mutex);
    printf("Leave main func\n");
    exit(0);
}
```

步骤 3:复制源码包到 Ubuntu

通过 SecureCRT 建立 SFTP 文件传输连接，执行“cd /home/user/work/”命令进入“/home/user/work”目录，然后执行“put -r lab6.thread_test/”命令，将 lab6.thread_test 文件夹传输到“/home/user/work”目录下，如程序清单 9-8 所示。

程序清单 9-8

```
sftp > cd /home/user/work/
sftp > put -r lab6.thread_test/
```

步骤 4:编译应用层测试程序

通过 SecureCRT 终端连接 Ubuntu，执行“cd /home/user/work/lab6.thread_test/app”命令进入“/home/user/work/lab6.thread_test/app”目录，然后执行“make”或“make thread_test”命令对应用层测试程序进行编译。编译之后，可以通过“ls”命令查看该目录下已经生成了 thread_test 文件，该文件即为可执行的应用程序。建议在编译之前，先通过执行“make clean”命令清除编译生成的文件，如程序清单 9-9 所示。

程序清单 9-9

```
user@ubuntu:~ $ cd /home/user/work/lab6.thread_test/app
user@ubuntu:~/work/lab6.thread_test/app $ make clean
user@ubuntu:~/work/lab6.thread_test/app $ make
```

步骤 5：复制应用程序

通过 SecureCRT 建立 SFTP 文件传输连接，执行“cd /home/user/work/lab6.thread_test/app”命令进入“/home/user/work/lab6.thread_test/app”目录，然后执行“get thread_test”命令，将 thread_test 文件复制到“D:\Ubuntu_share”目录下，如程序清单 9－10 所示。

程序清单 9－10

```
sftp > cd /home/user/work/lab6.thread_test/app
sftp > get thread_test
```

步骤 6：运行应用程序

首先，通过快捷键“Win＋R”打开“运行”对话框，输入“CMD”命令后回车，打开命令提示符窗口，将该窗口命名为 Terminal－A。在 Terminal－A 中执行“adb push D:\Ubuntu_share\thread_test /data/local/tmp”命令，将 thread_test 文件复制到 RK3288 平台的“/data/local/tmp”目录下，如程序清单 9－11 所示。

程序清单 9－11

```
C:\Users\hp > adb push D:\Ubuntu_share\thread_test /data/local/tmp
```

其次，在 Terminal－A 中执行“adb shell”命令登录到 RK3288 的 Linux 终端，再执行“cd /data/local/tmp”命令进入 RK3288 平台的“/data/local/tmp”目录，如程序清单 9－12 所示。

程序清单 9－12

```
C:\Users\hp > adb shell
root@rk3288:/ # cd /data/local/tmp
```

最后，在 Terminal－A 中执行“chmod 777 thread_test”命令，更改 thread_test 的权限，改为任何用户对 thread_test 都有可读、可写、可执行的权限。更改完权限之后，就可以通过执行“./thread_test”命令来执行 thread_test，如程序清单 9－13 所示。

程序清单 9－13

```
root@rk3288:/data/local/tmp # chmod 777 thread_test
root@rk3288:/data/local/tmp # ./thread_test
Enter main func
Enter thread2 func
This is thread2, tmp: 0, Thread id is 3069580032
This is thread2, tmp: 2, Thread id is 3069580032
Leave thread2 func
Enter thread1 func
This is thread1, tmp: 2, Thread id is 3061191424
This is thread1, tmp: 1, Thread id is 3061191424
Leave thread1 func
Leave main func
```

步骤 7：运行结果

Terminal－A 的运行结果如图 9－3 所示。

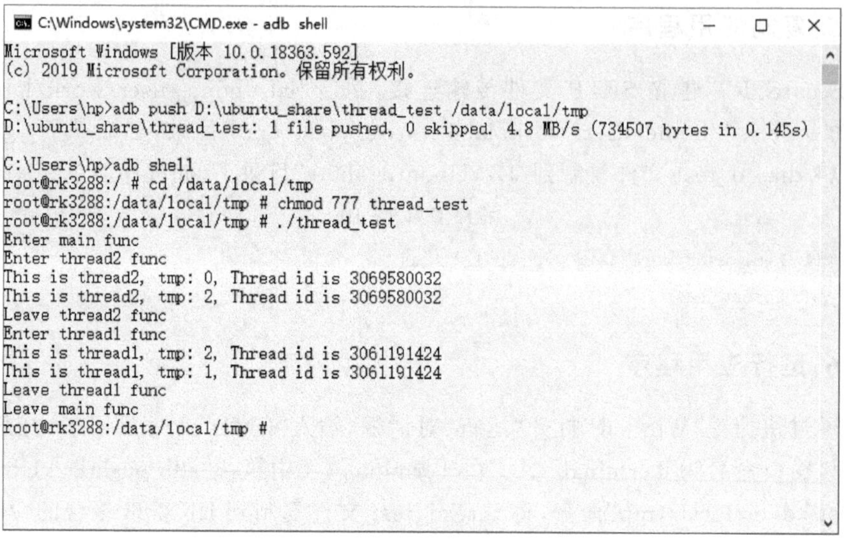

```
C:\Windows\system32\CMD.exe - adb shell
Microsoft Windows [版本 10.0.18363.592]
(c) 2019 Microsoft Corporation。保留所有权利。

C:\Users\hp>adb push D:\ubuntu_share\thread_test /data/local/tmp
D:\ubuntu_share\thread_test: 1 file pushed, 0 skipped. 4.8 MB/s (734507 bytes in 0.145s)

C:\Users\hp>adb shell
root@rk3288:/ # cd /data/local/tmp
root@rk3288:/data/local/tmp # chmod 777 thread_test
root@rk3288:/data/local/tmp # ./thread_test
Enter main func
Enter thread2 func
This is thread2, tmp: 0, Thread id is 3069580032
This is thread2, tmp: 2, Thread id is 3069580032
Leave thread2 func
Enter thread1 func
This is thread1, tmp: 2, Thread id is 3061191424
This is thread1, tmp: 1, Thread id is 3061191424
Leave thread1 func
Leave main func
root@rk3288:/data/local/tmp #
```

图 9-3　本章实验运行结果

本章任务

完成本章的学习后，编写程序实现两个线程对同一个数进行累加，每个线程在累加的过程中，同时打印出该数值。注意，累加时严格按照线程 1、线程 2、线程 1……交替的顺序执行，每次累加的值为 1。

本章习题

1. 简述线程的定义。
2. 线程和进程有哪些区别，为什么需要线程？
3. 简述线程有哪些常用的 API 函数。
4. 线程间通信有哪些方式？
5. 互斥量在使用的过程可能存在哪些问题？

第 10 章　串口通信实验

串行通信接口广泛应用于各种控制设备，是计算机、控制主板与其他设备之间进行数据交互的一种标准接口。学习本章的串口通信实验，要求掌握串口通信的基本原理、工作流程及编程方法，了解 Linux 设备驱动程序结构。

10.1　实验内容

串口通信指串口按位发送和接收数据，虽然比按字节的并行通信慢，但是串口可以在使用一条线发送数据的同时用另一条线接收数据。在串口通信中，常用的协议包括 RS232 和 RS485，本章串口通信实验使用 RS232 协议。

在 Linux 中，串口是一个字设备，访问具体的串行端口的编程与读/写文件的操作类似，只需打开相应的设备文件即可操作。串口编程的特殊点在于串口通信时相关参数与属性的设置，串口通信时的属性设置是串口编程的关键问题，许多串口通信时出现的错误都与串口的设置相关，所以编程时应特别注意这些设置，常见的设置包括波特率、数据位、停止位、奇偶校验和流控制。在 Linux 中，串口被作为终端 I/O，它的参数设置需要使用 struct termios 结构体，该结构体在 termio.h 文件中定义，使用串口时应在程序中包含这个头文件。

10.2　实验原理

10.2.1　RK3288 核心板串口体系

RK3288 核心板的串口体系由 5 路串口组成，如图 10－1 所示。串口 0(UART0/ttyS0)用于与 Wi－Fi 和蓝牙一体化芯片 AP6255 通信。串口 1(UART1/ttyS1)用于与 STM32 从机通信，接收来自 STM32 从机模块的电位器 ADC、飞梭、矩阵键盘和拨动开关的数据，发送 LED 灯的控制命令。串口 2(UART2/ttyS2)连接至跳线帽选择电路，可以通过两个跳线帽选择连接 CH340 芯片或 RS232 芯片进行通信；串口 2 若连接至 CH340，则连接 USB 转串口电路，通过 USB 调试接口与 PC 端相连，若连接至 RS232，则连接串口电平转换电路，通过 DB9 调试接口进行调试。串口 3(UART3/ttyS3)与 NL668 通信电路相连，其功能是向 NL668 通信电路发送 AT 命令，并接收 NL668 通信电路的反馈信息。串口 4(UART4/ttyS4)与参数板通信接口相连，用于传输参数板上发的人体生理参数数据和 RK3288 核心板发送的控制命令包。

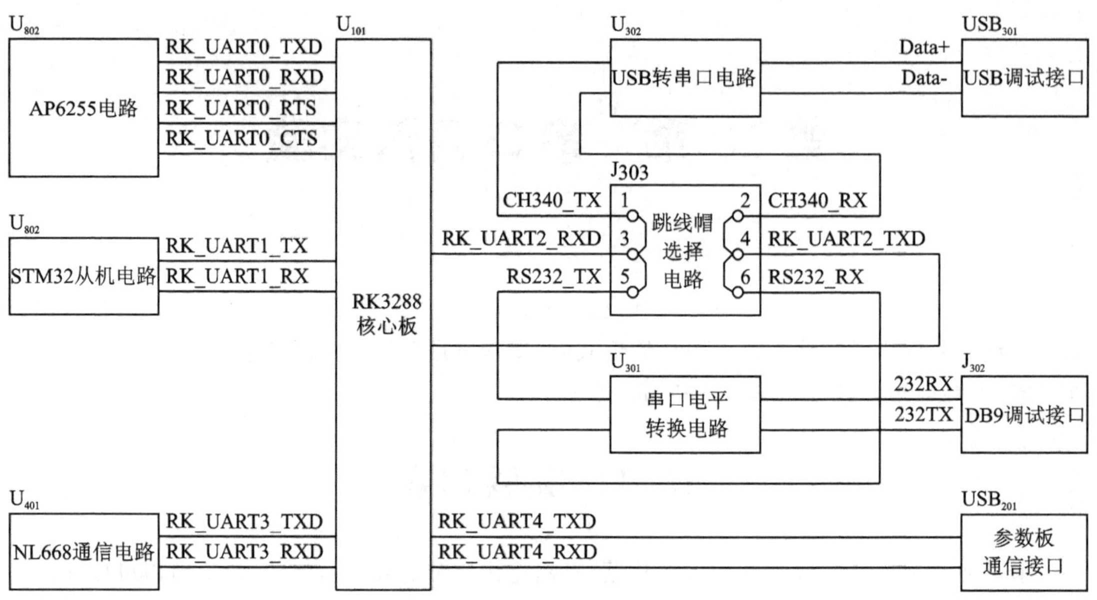

图 10－1　RK3288 核心板串口体系

10.2.2　Linux 设备分类

Linux 系统的设备分为字符设备（char device）、块设备（block device）和网络设备（network device）。

1. 字符设备

字符设备是能够像字节流（类似文件）一样被访问的设备，由字符设备驱动程序来实现这种特性。一个最基础的字符设备驱动程序至少要能够实现 open()、close()、read()和 write()函数的系统调用。字符设备可以通过文件系统节点来访问，字符设备文件和普通文件的唯一差别在于普通文件可以随机访问文件内的任意位置，而大多数字符设备只能按字节顺序访问而不能随机访问。另外，字符设备没有请求缓冲区，所有的访问请求都按顺序执行。

2. 块设备

块设备也可通过设备节点来访问，并能够容纳完整的文件系统。在大多数的 unix 系统中，块设备在进行 I/O 操作时每次仅能传输一个或多个完整的块，每块固定为 512 字节（或 2 的更高次幂字节的数据）。Linux 可以使应用程序像读写字符设备一样读写块设备，允许一次传递任意字节的数据。块设备和字符设备的区别仅在于内核内部管理数据的方式不同，即内核与驱动程序之间的软件接口存在差异，这些差异对用户而言是透明的。在内核中，相比于字符驱动程序，块驱动程序具有完全不同的接口，块设备设有请求缓冲区，并支持随机访问。Linux 下的存储设备如磁盘、硬盘等都是块设备，应用程序一般通过文件系统及高速缓存来访问块设备，而不是直接通过设备节点进行读写。

3. 网络设备

网络设备不同于字符设备和块设备，它是面向报文的而不是面向流的设备，因此不支持随机访问，也没有请求缓冲区。由于该设备不面向数据流，将网络接口映射到文件系统中的节点较为困难。内核和网络设备驱动程序间的通信完全不同于内核和其他两类设备之间的通信，内核调用一套与数据包传输相关的函数而不是 read()和 write()。网络接口没有像字符设备和块设备一样的设备号，只有唯一的名字，如 eth0 或 eth1 等，这些名称并不需要与设备文件节点相对应。

10.2.3 Linux 驱动程序的模块化

Linux 中的大部分驱动程序都以模块的形式编写，驱动程序源码可以直接添加到内核中，也可以编译为模块形式，在需要的时候动态加载。常用的模块管理命令有：① lsmod，查看当前挂载的模块信息；② insmod，挂载一个模块；③ rmmod，移除已挂载模块。

10.2.4 Linux 设备驱动程序结构

Linux 设备驱动程序及用户程序、操作系统内容之间的关系如图 10－2 所示。其中，Linux 的设备驱动程序可以分为 7 部分：驱动程序注册、设备打开、设备读/写、设备控制、设备中断或轮询、设备释放和驱动程序注销。

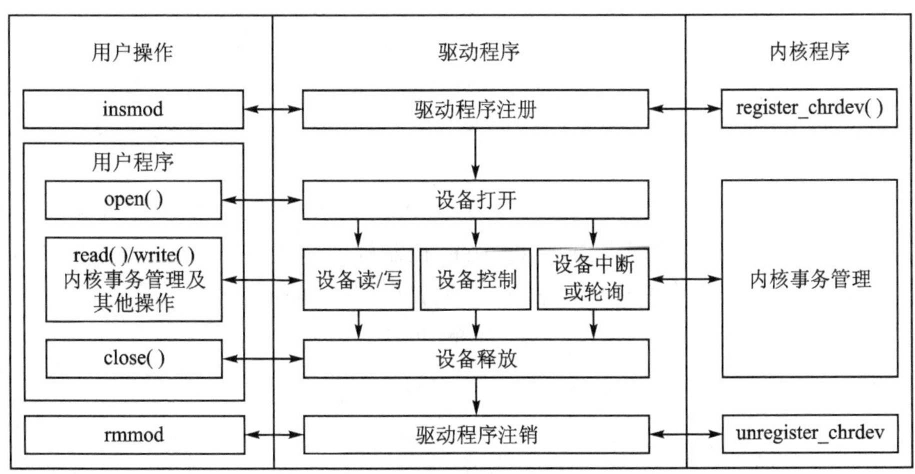

图 10－2 Linux 设备驱动程序结构

1. 驱动程序注册。向系统增加一个驱动程序则需要赋予它一个主设备号，可以通过在驱动程序的初始化过程中调用 register_chrdev()函数来完成。

2. 设备打开。设备打开是通过调用 file_operations 结构体中的 open()函数来完成的，它是用来驱动程序，为后续的操作完成初始化准备工作。在大部分驱动程序中，open()函数通常需要完成以下工作：① 检查设备相关错误，如设备未准备就绪等；② 如果是第一次打开，则初始化硬件设备；③ 识别设备号，如果有必要则更新读/写操作的当前位置指针 f_ops；④ 分配和填写要放在 file→private_data 里的数据结构；⑤ 使用计数器增加所打开文件的文件标识符(也称句柄,file descriptor,fd)。

3. 设备读/写。字符设备的读/写操作相对比较简单,直接使用 read()和 write()函数即可。但如果是块设备,则需要调用 block_read()和 block_write()函数来读/写数据,这两个函数将向设备请求表中增加读/写请求,以便 Linux 内核可以对请求顺序进行优化处理,由于内核操作是针对内存缓冲区而不是直接针对设备本身,因此可以在很大程度上加快读/写速度。如果内存缓冲区中没有需要读出的数据,或者需要将数据写入设备,那么就要进行数据传输,通过调用数据结构 blk_dev_struct 中的 reques_fn()函数来完成。

4. 设备控制。除了读/写操作外,应用程序有时还需要对设备进行控制,这时可以通过设备驱动程序中的 ioctl()函数来完成,ioctl()的用法与具体设备密切关联,因此需要视设备的实际情况而定。

5. 设备中断或轮询。对于不支持中断的硬件设备,读/写时需要轮流查询设备状态,以便决定是否继续进行数据传输。如果设备支持中断,则可以按中断的方式进行操作。

6. 设备释放。释放设备是通过调用 file_operations 结构体中的 release()函数来完成的,该函数有时也被称为 close(),作用与 open()相反。

7. 驱动程序注销。向系统增加一个驱动程序则需要赋予它一个主设备号,可以通过在驱动程序的初始化过程中调用 register_chrdev()函数来完成。在关闭字符设备或块设备时,需要通过调用 unregister_chrdev()函数从内核中注销设备,同时释放占用的主设备号。

10.2.5 termios 结构体

termios 结构体是在 POSIX 规范中定义的标准接口,用于控制非同步通信端口,类似于系统中的 termios 接口。只需设置 termios 结构体中的值并调用相关接口函数,便可以对终端接口进行控制。termios 结构体成员如程序清单 10-1 所示,下面对结构体成员的功能进行介绍。

c_iflag,输入模式标志,控制终端输入方式;c_oflag,输出模式标志,控制终端输出方式;c_lflag,本地模式标志,控制终端编辑功能;c_cflag,控制模式标志,指定终端硬件控制信息;c_cc[NCCS],控制字符,用于保存终端驱动程序中的特殊字符,如输入结束符等。

程序清单 10-1

```
struct termios
{
    tcflag_t c_iflag;
    tcflag_t c_oflag;
    tcflag_t c_cflag; //最重要,可设置波特率、数据位、校验位、停止位
    tcflag_t c_lflag;
    cc_t   c_cc[NCCS];
};
```

10.3　实验步骤

步骤 1:复制文件夹到 Ubuntu_share 目录

将本书配套资料包“04. 例程资料\Material”目录下的 lab7. serial_test 文件夹复制到“D:\Ubuntu_share”目录下。

步骤 2:完善 lab7. serial_test 文件夹下的源码文件

打开“D:\Ubuntu_share\lab7. serial_test\app”文件夹中的 serial_test. c 文件,添加如程序清单 10 - 2 所示的第 11 到 98 行代码。

(1) 第 22 至 31 行代码:设置串口数据位。

(2) 第 33 至 49 行代码:设置串口奇偶校验位。

(3) 第 51 至 77 行代码:设置串口波特率。

(4) 第 79 至 84 行代码:设置串口停止位。

程序清单 10 - 2

```
1.  #include <stdio.h>
2.  #include <stdlib.h>
3.  #include <string.h>
4.  #include <sys/types.h>
5.  #include <sys/stat.h>
6.  #include <fcntl.h>
7.  #include <unistd.h>
8.  #include <termios.h>
9.  #include <string.h>
10.
11. int set_opt(int fd, int nSpeed, int nBits, char nEvent, int nStop){
12.     struct termios newtio, oldtio;
13.     if(tcgetattr(fd, &oldtio) != 0){
14.         perror("SetupSerial 1");
15.         return -1;
16.     }
17.
18.     bzero(&newtio, sizeof(newtio));
19.     newtio.c_cflag |= CLOCAL | CREAD;
20.     newtio.c_cflag &= ~CSIZE;
21.
22.     switch(nBits){
23.     case 7:
24.       newtio.c_cflag |= CS7;
25.       break;
26.     case 8:
27.       newtio.c_cflag |= CS8;
```

```
        break;
    default:
        break;
    }

    switch(nEvent){
    case 'O':
        newtio.c_cflag |= PARENB;
        newtio.c_cflag |= PARODD;
        newtio.c_iflag |= (INPCK | ISTRIP);
        break;
    case 'E':
        newtio.c_iflag |= (INPCK | ISTRIP);
        newtio.c_cflag |= PARENB;
        newtio.c_cflag &= ~PARODD;
        break;
    case 'N':
        newtio.c_cflag &= ~PARENB;
        break;
    default:
        break;
    }

    switch(nSpeed)
    {
    case 2400:
        cfsetispeed(&newtio, B2400);
        cfsetospeed(&newtio, B2400);
        break;
    case 4800:
        cfsetispeed(&newtio, B4800);
        cfsetospeed(&newtio, B4800);
        break;
    case 9600:
        cfsetispeed(&newtio, B9600);
        cfsetospeed(&newtio, B9600);
        break;
    case 115200:
        cfsetispeed(&newtio, B115200);
        cfsetospeed(&newtio, B115200);
        break;
    case 460800:
        cfsetispeed(&newtio, B460800);
        cfsetospeed(&newtio, B460800);
        break;
```

```
    default:
      cfsetispeed(&newtio, B9600);
      cfsetospeed(&newtio, B9600);
      break;
    }

    if(nStop == 1){
        newtio.c_cflag &= ~CSTOPB;
    }
    else if(nStop == 2){
      newtio.c_cflag |= CSTOPB;
    }

    newtio.c_cc[VTIME] = 0;
    newtio.c_cc[VMIN] = 0;

    tcflush(fd,TCIFLUSH);

    if((tcsetattr(fd, TCSANOW, &newtio)) != 0){
      perror("Serial set error");
      return -1;
    }

    printf("Set done! \n\r");
    return 0;
}
```

在 set_opt()函数后面添加 main()函数的实现代码,如程序清单 10-3 所示。

(1) 第 6 至 7 行代码:定义 LED 灯控制命令数组,LED 协议详见 11.2.3 节。

(2) 第 14 至 18 行代码:打开串口。

(3) 第 20 至 23 行代码:设置串口波特率,数据位等。

(4) 第 31 至 48 行代码:往串口写数据控制 LED 灯。

(5) 第 50 至 58 行代码:读串口数据。

(6) 第 62 行代码:关闭串口。

程序清单 10-3

```
1.  int main(void){
2.      int fd1, nset, nread, ret;
3.
4.      //21 81 80 80 81 80 80 80 80 A3 , LED1 灭,LED2 亮
5.      //21 81 80 81 80 80 80 80 80 A3 , LED1 亮,LED2 灭
6.      char write_buf1[] = {0x21, 0x81, 0x80, 0x80, 0x81, 0x80, 0x80, 0x80, 0x80, 0xA3};
7.      char write_buf2[] = {0x21, 0x81, 0x80, 0x81, 0x80, 0x80, 0x80, 0x80, 0x80, 0xA3};
8.
9.      int write_cnt = 0;
```

```

    char read_buf[10];
    int i;

    fd1 = open( "/dev/ttyS1", O_RDWR | O_NOCTTY | O_NDELAY);
    if (fd1 == -1){
        exit(1);
    }
    printf("Open ttyS1 success!!\n");

    nset = set_opt(fd1, 115200, 8, 'N', 1);
    if(nset == -1){
      exit(1);
    }

    printf("Set ttyS1 success!!\n");
    printf("Enter the loop!!\n");

    while (1){
        memset(read_buf, 0, sizeof(read_buf));

        if(write_cnt == 0){
            ret = write(fd1, write_buf1, sizeof(write_buf1));

            if(ret > 0){
                printf("Write success! wait data receive\n");
            }

            write_cnt++;
        }
        else{
            ret = write(fd1, write_buf2, sizeof(write_buf2));

            if(ret > 0){
                printf("Write success! wait data receive\n");
            }

            write_cnt = 0;
        }

        nread = read(fd1, read_buf, sizeof(read_buf));
        if(nread > 0){
            printf("Readdata:");

            for(i = 0; i < nread; i++){
```

```
                printf(" %x ", read_buf[i]);
            }
                printf("\n");
        }
        sleep(1);
    }

    close(fd1);

    return 0;
}
```

步骤 3:复制源码包到 Ubuntu

通过 SecureCRT 建立 SFTP 文件传输连接,执行"cd /home/user/work/"命令进入"/home/user/work"目录,然后执行"put -r lab7. serial_test/"命令,将 lab7. serial_test 文件夹传输到"/home/user/work"目录下,如程序清单 10-4 所示。

程序清单 10-4

```
sftp > cd /home/user/work/
sftp > put -r lab7.serial_test/
```

步骤 4:编译应用层测试程序

通过 SecureCRT 终端连接 Ubuntu,执行"cd /home/user/work/lab7. serial_test/app"命令进入"/home/user/work/lab7. serial_test/app"目录,然后执行"make"或"make serial_test"命令对应用层测试程序进行编译。编译之后,可以通过"ls"命令查看该目录下已经生成了 serial_test 文件,该文件即为可执行的应用程序。建议在编译之前,先通过执行"make clean"命令清除编译生成的文件,如程序清单 10-5 所示。

程序清单 10-5

```
user@ubuntu:~ $ cd /home/user/work/lab7.serial_test/app
user@ubuntu:~/work/lab7.serial_test/app $ make clean
user@ubuntu:~/work/lab7.serial_test/app $ make
```

步骤 5:复制应用程序

通过 SecureCRT 建立 SFTP 文件传输连接,执行"cd /home/user/work/lab7. serial_test/app"命令进入"/home/user/work/lab7. serial_test/app"目录,然后执行"get serial_test"命令,将 serial_test 文件复制到"D:\Ubuntu_share"目录下,如程序清单 10-6 所示。

程序清单 10-6

```
sftp > cd /home/user/work/lab4.serial_test/app
sftp > get serial_test
```

步骤 6:运行应用程序

首先,通过快捷键"Win+R"打开"运行"对话框,输入"CMD"命令后回车,打开命令提示符窗口，将该窗口命名为 Terminal－A。在 Terminal－A 中执行“adb push D:\Ubuntu_share\serial_test /data/local/tmp”命令，将 serial_test 文件复制到 RK3288 平台的“/data/local/tmp”目录下，如程序清单 10－7 所示。

程序清单 10－7

```
C:\Users\hp > adb push D:\Ubuntu_share\serial_test /data/local/tmp
```

其次，在 Terminal－A 中执行“adb shell”命令登录到 RK3288 的 Linux 终端，再执行“cd /data/local/tmp”命令进入 RK3288 平台的“/data/local/tmp”目录，如程序清单 10－8 所示。

程序清单 10－8

```
C:\Users\hp > adb shell
root@rk3288:/ # cd /data/local/tmp
```

最后，在 Terminal－A 中执行“chmod 777 serial_test”命令，更改 serial_test 的权限，改为任何用户对 serial_test 都有可读可写可执行的权限。更改完权限之后，就可以通过执行“./serial_test”命令来执行 serial_test，如程序清单 10－9 所示。

程序清单 10－9

```
root@rk3288:/data/local/tmp # chmod 777 serial_test
root@rk3288:/data/local/tmp #./serial_test
Open ttyS1 success!!
Set done!
Set ttyS1 success!!
Enter the loop!!
Write success! wait data receive
```

步骤 7:运行结果

Terminal－A 的运行结果如图 10－3 所示。

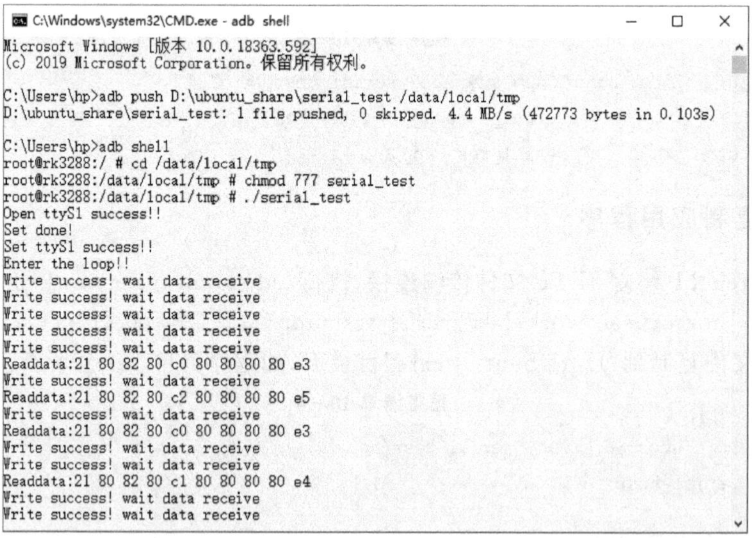

```
C:\Windows\system32\CMD.exe - adb shell
Microsoft Windows [版本 10.0.18363.592]
(c) 2019 Microsoft Corporation。保留所有权利。

C:\Users\hp>adb push D:\ubuntu_share\serial_test /data/local/tmp
D:\ubuntu_share\serial_test: 1 file pushed, 0 skipped. 4.4 MB/s (472773 bytes in 0.103s)

C:\Users\hp>adb shell
root@rk3288:/ # cd /data/local/tmp
root@rk3288:/data/local/tmp # chmod 777 serial_test
root@rk3288:/data/local/tmp # ./serial_test
Open ttyS1 success!!
Set done!
Set ttyS1 success!!
Enter the loop!!
Write success! wait data receive
Write success! wait data receive
Write success! wait data receive
Write success! wait data receive
Write success! wait data receive
Readdata:21 80 82 80 c0 80 80 80 80 e3
Write success! wait data receive
Readdata:21 80 82 80 c2 80 80 80 80 e5
Write success! wait data receive
Readdata:21 80 82 80 c0 80 80 80 80 e3
Write success! wait data receive
Write success! wait data receive
Readdata:21 80 82 80 c1 80 80 80 80 e4
Write success! wait data receive
Write success! wait data receive
```

图 10－3　本章实验运行结果

本章任务

完成本章的学习后，了解 RK3288 核心板的串口体系，掌握 Linux 设备驱动程序结构。查阅资料，了解串口通信的数据格式及每个数据位的含义，并列表格一一说明，最后再比较串口的 3 种通信方式（单工、半双工和全双工），说明每种通信方式的实现过程。

本章习题

1. 简述 RK3288 系统的每路串口功能。
2. Linux 的设备驱动程序分为哪几个部分？
3. 如何加载和卸载 Linux 驱动？
4. 简述 Linux 设备驱动的程序结构。
5. 简述 termios 结构体的成员变量。

第 11 章　STM32 从机通信实验

STM32F103 从机相当于一个微型的计算机，拥有丰富的外设接口，其中串口是 STM32F103 与外设的主要通信方式。本章通过 RK3288 核心板与 STM32F103 从机的串口通信实验，熟悉 STM32F103 从机的工作模式，并了解数据交互 PCT 通信协议的基本原理，熟练掌握 PCT 通信协议打包/解包的应用方法。本章为第 10 章串口通信实验的拓展实验。

11.1　实验内容

本章实验通过 RK3288 核心板上的串口 1(ttyS1)读取 STM32F103 从机发送的数据，并对接收到的数据进行解包，根据数据包的模块 ID、二级 ID 和数据值判断 STM32F103 从机当前的响应事件，并将其进行打印输出。STM32F103 从机发送的数据事件包括：① 多功能旋钮的 ADC 值；② 飞梭的当前工作状态；③ 拨动开关的开关状态；④ 矩阵键盘的按键数值。

11.2　实验原理

11.2.1　RK3288 与 STM32 主从通信电路

RK3288 与 STM32 主从通信电路如图 11－1 所示。RK3288 芯片通过串口 1 与 STM32 芯片的串口 2 进行通信，STM32 接收来自电位器、飞梭、矩阵键盘和拨动开关的数据，并将数据发送至 RK3288，RK3288 向 STM32 发送 LED 控制命令包，STM32 接收命令后控制 LED 的状态，下面对各个模块的工作状态进行介绍。

电位器模块的工作原理与滑动变阻器类似，通过旋动多功能旋钮改变电阻的分压值，再将模拟电压值输入 STM32 的 ADC1 端口(PA1，15 号引脚)进行模/数转换。

飞梭模块有 3 个输出引脚，分别表示左旋(EC_LEFT)、右旋(EC_RIGHT)和按下(EC_ENTER)，并与 STM32 的 PB14(35 号引脚)、PB15(36 号引脚)和 PC6(37 号引脚)相连。当飞梭状态改变时，相应引脚的输入电平会发生变化。

矩阵键盘模块的输出引脚分为行引脚(ROW)和列引脚(COL)，分别与 STM32 的 PA8(41 号引脚)、PC9(40 号引脚)、PC8(39 号引脚)、PC1(9 号引脚)、PC2(10 号引脚)和 PC0(8 号引脚)相连。当矩阵键盘的按键按下时，对应行、列的引脚输入电平发生改变。

拨动开关模块有 4 个开关，共 4 个输出引脚，分别连接至 STM32 的 PC10(51 号引脚)、PC11(52 号引脚)、PC12(53 号引脚)和 PD2(54 号引脚)，当拨动开关的状态改变时，对应引脚的输入电平发生变化。

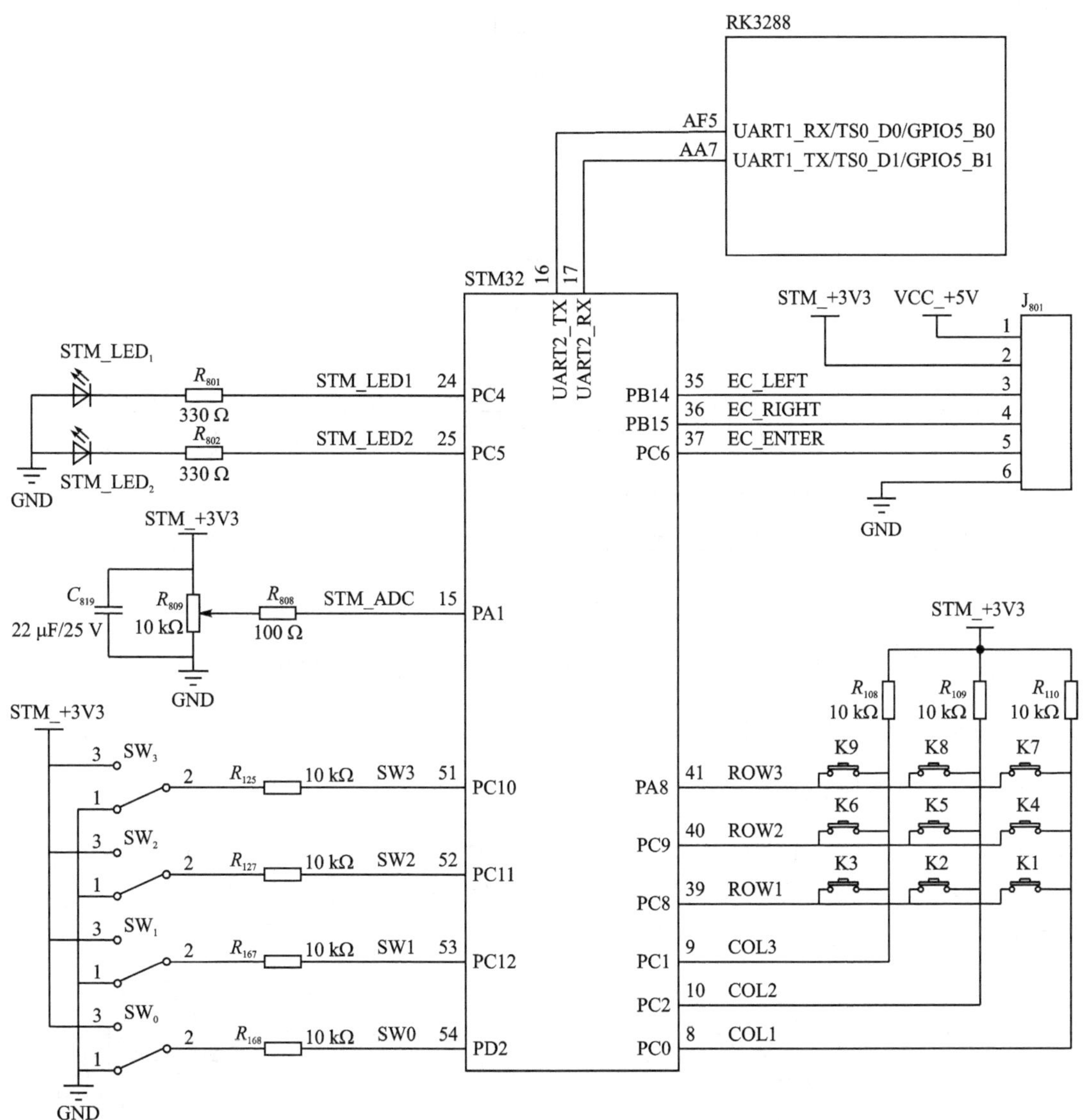

图 11 - 1　RK3288 与 STM32 主从通信电路

11.2.2　PCT 通信协议

PCT 通中的从机常常被用作执行单元，处理一些具体的事务；主机（如 Windows、Linux、Android 和 emWin 平台等）则用于与从机进行交互，向从机发送命令，或处理来自从机的数据，如图 11 - 2 所示。

主机与从机之间的通信过程如图 11 - 3 所示。主机向从机发送命令的具体过程是：① 主机对待发命令进行打包；② 主机通过通信设备（串口、蓝牙、Wi - Fi 等）将打包好的命令发送出去；③ 从机在接收到命令之后，对命令进行解包；④ 从机按照相应的命令执行任务。

从机向主机发送数据的具体过程是：① 从机对待发数据进行打包；② 从机通过通信设备（串口、蓝牙、Wi - Fi 等）将打包好的数据发送出去；③ 主机在接收到数据之后，对数据进行解

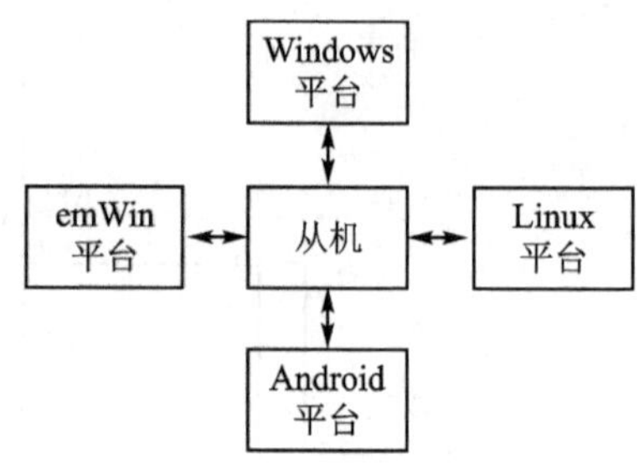

图 11-2　主机与从机的交互

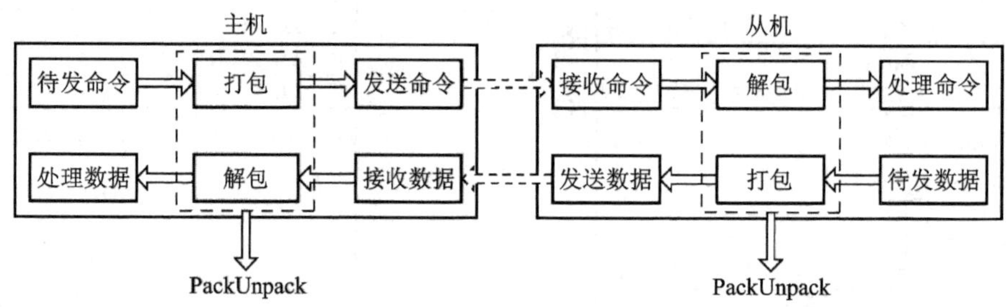

图 11-3　主机与从机之间的通信过程(打包/解包框架图)

包;④ 主机对接收到的数据进行处理,如进行计算、显示等。

1. PCT 通信协议格式

在主机与从机的通信过程中,主机和从机有一个共同的模块,即打包/解包模块(PackUnpack),该模块遵循某种通信协议。通信协议有很多种,本实验采用的 PCT 通信协议由本书作者设计。打包后的 PCT 通信协议的数据包格式如图 11-4 所示。

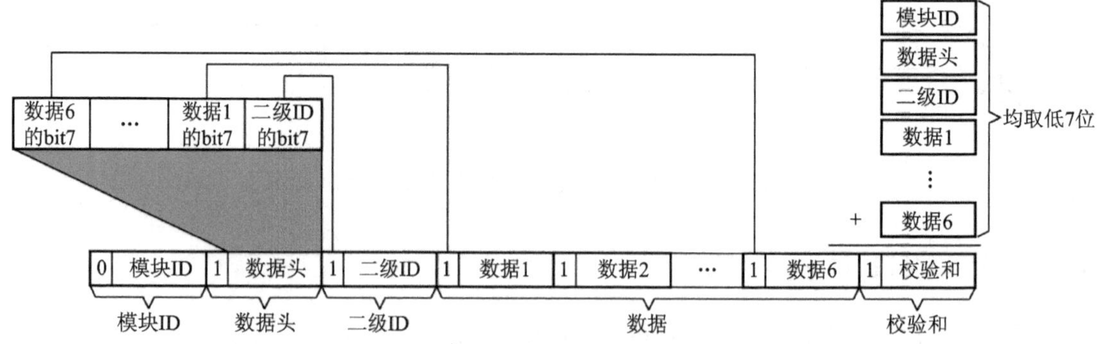

图 11-4　打包后的 PCT 通信协议的数据包格式

PCT 通信协议规定:

(1) 数据包由“1 字节模块 ID”+“1 字节数据头”+“1 字节二级 ID”+“6 字节数据”+“1 字节校验和”构成,共计 10 字节;

(2) 数据包中有 6 个数据,每个数据为 1 字节;

(3) 模块 ID 的最高位 bit7 固定为 0;

(4) 模块 ID 的取值范围为 0x00～0x7F，最多有 128 种类型；

(5) 数据头的最高位 bit7 固定为 1，数据头的低 7 位按照从低位到高位的顺序，依次存放二级 ID 的最高位 bit7、数据 1 的最高位 bit7、数据 2 的最高位 bit7、数据 3 的最高位 bit7、数据 4 的最高位 bit7、数据 5 的最高位 bit7 和数据 6 的最高位 bit7；

(6) 校验和的低 7 位为"模块 ID"＋"数据头"＋"二级 ID"＋"数据 1"＋"数据 2"＋…＋"数据 6"的结果（取低 7 位）；

(7) 二级 ID、数据 1～数据 6 和校验和的最高位 bit7 固定为 1。注意，并不是说二级 ID、数据 1～数据 6 和校验和只有 7 位，而是在打包后，它们的低 7 位位置不变，最高位均位于数据头中，因此，依然还是 8 位。

2. PCT 通信协议打包过程

PCT 通信协议的打包过程分为 4 步。

第 1 步，准备原始数据，原始数据由模块 ID(0x00～0x7F)、二级 ID、数据 1～数据 6 组成，如图 11－5 所示。其中，模块 ID 的取值范围为 0x00～0x7F，二级 ID 和数据的取值范围为 0x00～0xFF。

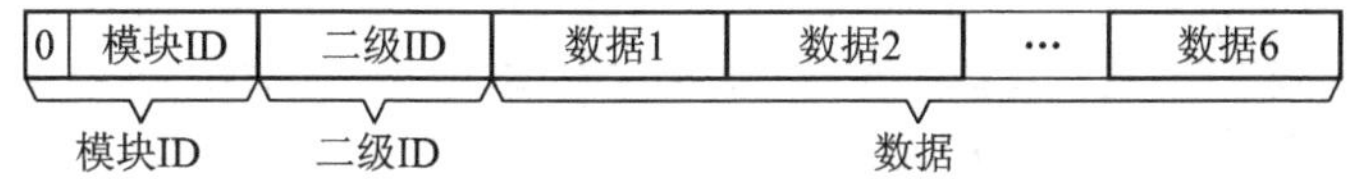

图 11－5　PCT 通信协议打包第 1 步

第 2 步，依次取出二级 ID、数据 1～数据 6 的最高位 bit7，将其存放于数据头的低 7 位，按照从低位到高位的顺序依次存放二级 ID、数据 1～数据 6 的最高位 bit7，如图 11－6 所示。

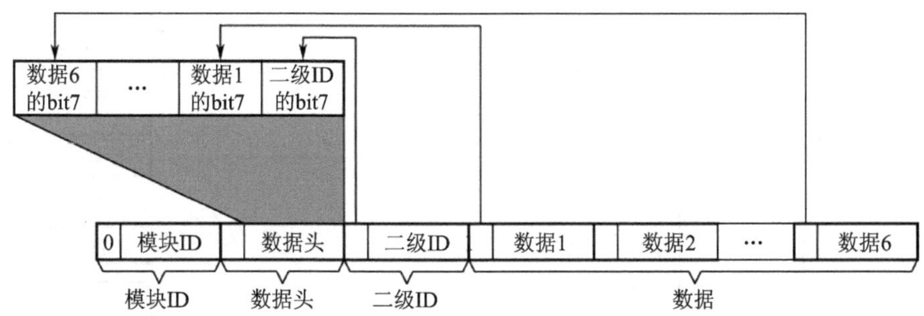

图 11－6　PCT 通信协议打包第 2 步

第 3 步，对模块 ID、数据头、二级 ID、数据 1～数据 6 的低 7 位求和，取求和结果的低 7 位，将其存放于校验和的低 7 位，如图 11－7 所示。

第 4 步，将数据头、二级 ID、数据 1～数据 6 和校验和的最高位置 1，如图 11－8 所示。

3. PCT 通信协议解包过程

PCT 通信协议的解包过程也分为 4 步。

第 1 步，准备解包前的数据包，原始数据包由模块 ID、数据头、二级 ID、数据 1～数据 6、校验和组成，如图 11－9 所示。其中，模块 ID 的最高位为 0，其余字节的最高位均为 1。

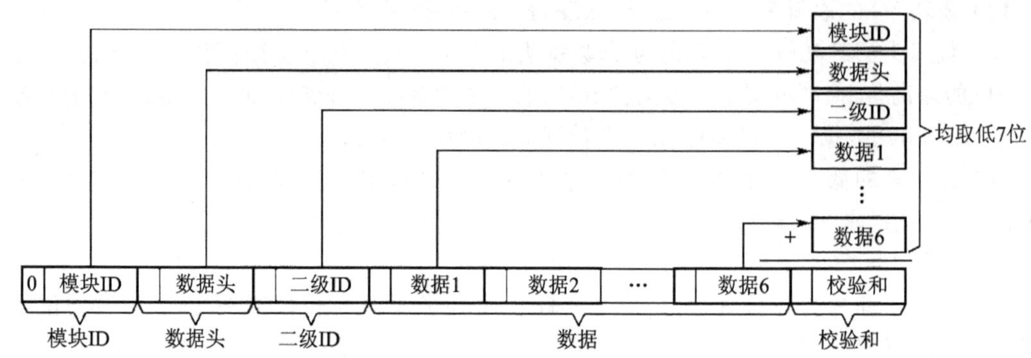

图 11-7　PCT 通信协议打包第 3 步

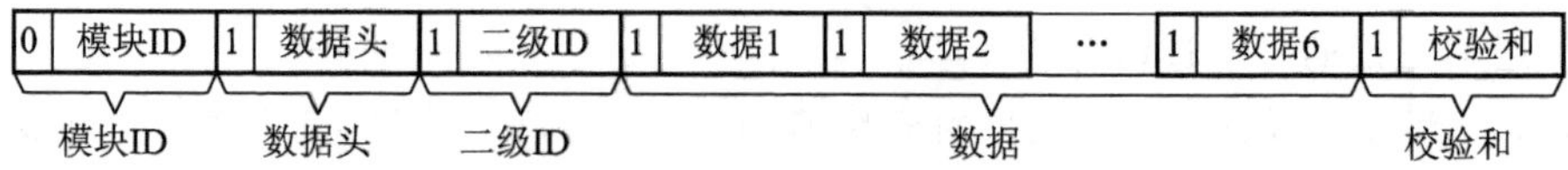

图 11-8　PCT 通信协议打包第 4 步

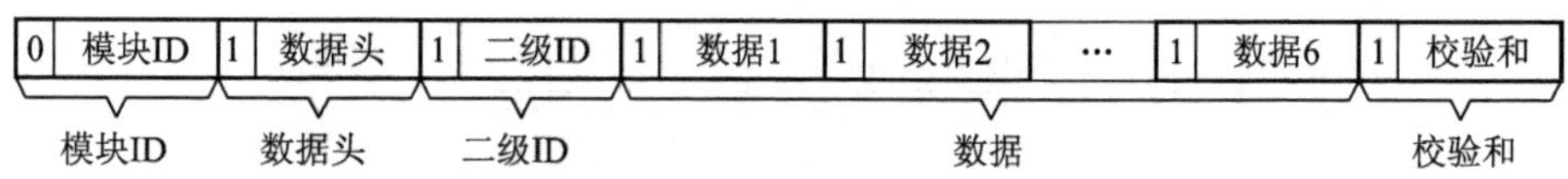

图 11-9　PCT 通信协议解包第 1 步

第 2 步，对模块 ID、数据头、二级 ID、数据 1～数据 6 的低 7 位求和，如图 11-10 所示，取求和结果的低 7 位与数据包的校验和低 7 位对比，如果两个值的结果相等，则说明校验正确。

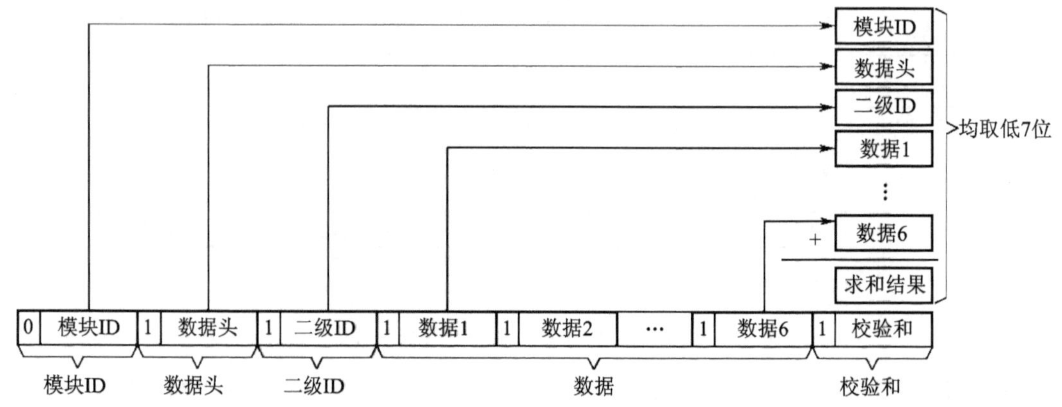

图 11-10　PCT 通信协议解包第 2 步

第 3 步，数据头的最低位 bit0 与二级 ID 的低 7 位拼接之后作为最终的二级 ID，数据头的 bit1 与数据 1 的低 7 位拼接之后作为最终的数据 1，数据头的 bit2 与数据 2 的低 7 位拼接之后作为最终的数据 2，以此类推，如图 11-11 所示。

第 4 步，图 11-12 所示即为解包后的结果，由模块 ID、二级 ID、数据 1～数据 6 组成。其中，模块 ID 的取值范围为 0x00～0x7F，二级 ID 和数据的取值范围为 0x00～0xFF。

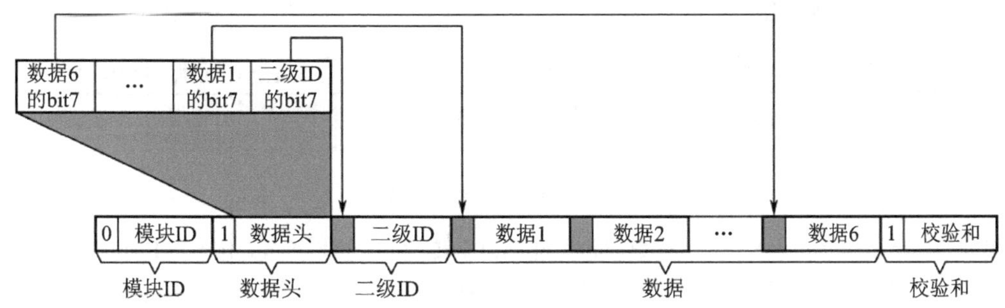

图 11-11　PCT 通信协议解包第 3 步

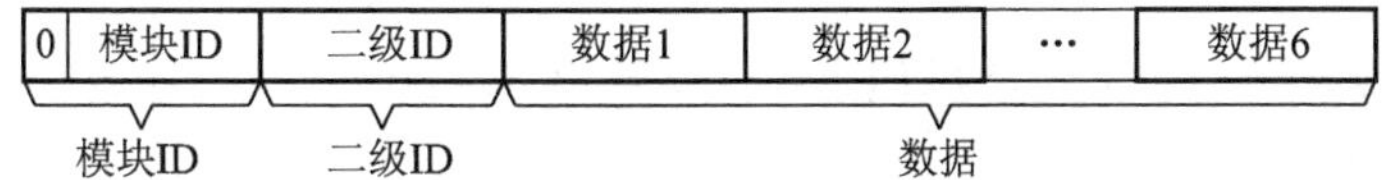

图 11-12　PCT 通信协议解包第 4 步

11.2.3　PCT 通信协议在 STM32 从机上的应用说明

1. 模块 ID 定义

嵌入式开发系统上的 STM32 从机包含两个模块：系统模块和 STM32 从机模块，因此模块 ID 也有两个，定义如表 11-1 所列。

表 11-1　模块 ID 定义

序　号	模块名称	ID 号	模块宏定义
1	系统模块	0x01	MODULE_SYS
2	STM32 从机模块	0x21	MODULE_STM32_SLAVE

2. 从机发送给主机的数据包类型

从机发送给主机的数据包的模块 ID、二级 ID 定义和说明如表 11-2 所列。

表 11-2　从机发送给主机的数据包的模块 ID、二级 ID 定义和说明

序　号	模块 ID	二级 ID 宏定义	二级 ID	发送帧率	说　明
1	0x21	DAT_VR	0x02	旋转后发送	电位器
2		DAT_ROLL_KEY	0x03	旋转后发送	飞梭
3		DAT_KEYBOARD	0x04	按下按键后发送	矩阵键盘
4		DAT_SWITCH	0x05	拨动开关后发送	拨动开关

下面按照顺序对从机发送给主机的数据包进行详细介绍。

(1) 电位器数据包(DAT_VR)

电位器数据包包含由 STM32 从机向 RK3288 主机发送的电位器分压值，电位器数据包

的定义如图 11－13 所列。

模块ID	HEAD	二级ID	DAT1	DAT2	DAT3	DAT4	DAT5	DAT6	CHECK
21H	数据头	02H	ADC 高字节	ADC 低字节	保留	保留	保留	保留	校验和

图 11－13 电位器数据包

电位器分压值为 16 位无符号数，即经过 ADC 转换后的数字量，由于 STM32 的 ADC 为 12 位，因此电位器分压值对应的数字量的有效范围为 0～4095。电位器数据包在电位器上的分压值发生变化时(即旋转电位器旋钮)发送。

(2) 飞梭数据包(DAT_ROLL_KEY)

飞梭数据包包含由 STM32 从机向 RK3288 主机发送的飞梭状态信息，飞梭数据包的定义如图 11－14 所示。

模块ID	HEAD	二级ID	DAT1	DAT2	DAT3	DAT4	DAT5	DAT6	CHECK
21H	数据头	03H	状态信息	保留	保留	保留	保留	保留	校验和

图 11－14 飞梭数据包

飞梭状态信息的定义如表 11－3 所列。飞梭数据包在飞梭触发(旋钮左旋、右旋或按下)时发送。

表 11－3 飞梭状态信息的定义

位	解释说明
7:0	飞梭状态信息:0—左旋;1—按下;2—右旋

(3) 矩阵键盘数据包(DAT_KEYBOARD)

矩阵键盘数据包包含由 STM32 从机向 RK3288 主机发送的矩阵键盘键值信息，矩阵键盘数据包的定义如图 11－15 所示。

模块ID	HEAD	二级ID	DAT1	DAT2	DAT3	DAT4	DAT5	DAT6	CHECK
21H	数据头	04H	键值	保留	保留	保留	保留	保留	校验和

图 11－15 矩阵键盘数据包

键值信息的定义如表 11－4 所列。矩阵键盘数据包在任意一个按键按下时发送。

表 11－4 键值信息的定义

位	解释说明
7:0	键值:1～9(对应 K9～K1)

(4) 拨动开关数据(DAT_SWITCH)

拨动开关数据包包含由 STM32 从机向 RK3288 主机发送的拨动开关状态信息，拨动开关数据包的定义如图 11－16 所示。

模块ID	HEAD	二级ID	DAT1	DAT2	DAT3	DAT4	DAT5	DAT6	CHECK
21H	数据头	05H	状态信息	保留	保留	保留	保留	保留	校验和

图 11-16 拨位开关数据包

拨动开关状态信息的定义如表 11-5 所列。拨动开关数据包在任意一个拨动开关状态变化时发送。

表 11-5 拨动开关状态信息的定义

位	解释说明
7:4	保留
3	拨动开关 SW_3 状态:1—开;0—关
2	拨动开关 SW_2 状态:1—开;0—关
1	拨动开关 SW_1 状态:1—开;0—关
0	拨动开关 SW_0 状态:1—开;0—关

3. 主机发送给从机数据包类型 ID

主机发送给从机的数据包只有一种,即 LED 开关数据包,其模块 ID、二级 ID 定义和说明如表 11-6 所列。

表 11-6 主机发送给从机的数据包的模块 ID、二级 ID 定义和说明

序 号	模块 ID	二级 ID 宏定义	二级 ID	发送帧率	说明
1	0x21	CMD_LED	0x80	间隔 1s 发送	LED 灯开关命令

LED 开关数据包包含由 RK3288 主机向 STM32 从机发送的 LED 开关命令,LED 开关数据包的定义如图 11-17 所示。

模块ID	HEAD	二级ID	DAT1	DAT2	DAT3	DAT4	DAT5	DAT6	CHECK
21H	数据头	80H	LED1开关	LED2开关	保留	保留	保留	保留	校验和

图 11-17 LED 开关数据包

数据包的数据位 1 和数据位 2 分别为 LED1 和 LED2 的开关数据。当值为 0x00 时,表示 LED 熄灭;当值为 0x01 时,表示 LED 点亮。

11.2.4 PackUnpack 模块函数

STM32 从机通信实验使用到 PackUnpack 模块,该模块有 4 个 API 函数,分别为 InitPackUnpack()、PackData()、UnpackData()和 GetUnpackRslt(),下面分别对这 4 个函数进行说明。

1. InitPackUnpack()

InitPackUnpack()函数用于初始化 PackUnpack 模块,具体描述如表 11-7 所列。该函数

主要用于初始化静态结构体变量 s_ptPack，将其中的成员全部初始化为 0。s_ptPack 为 StructPackType 类型的结构体变量，StructCirQue 结构体定义在 PackUnpack.h 文件中，内容如下。

```
//包类型结构体
typedef struct
{
  unsigned char packModuleId;      //模块 ID
  unsigned char packHead;          //数据头
  unsigned char packSecondId;      //二级 ID
  unsigned char arrData[6];        //数据
  unsigned char checkSum;          //校验和
}StructPackType;
```

表 11-7　InitPackUnpack()函数的描述

函数名	InitPackUnpack
函数原型	void InitPackUnpack(void)
功能描述	初始化 PackUnpack
输入参数	void
输出参数	void
返回值	void

2. PackData()

PackData()函数用于对数据进行打包，具体描述如表 11-8 所列。

表 11-8　PackData()函数的描述

函数名	PackData
函数原型	unsigned char PackData(StructPackType * pPT)
功能描述	对数据进行打包
输入参数	pPT，待打包的数据首地址
输出参数	pPT，打包好的数据首地址
返回值	valid，1—打包成功，0—打包失败

3. UnpackData()

UnpackData()函数用于数据进行解包，返回 1 表示解析到一个有效包，此时通过调用 GetUnpackRslt()函数将数据包取走，否则新数据会覆盖解析好的数据包，具体描述如表 11-9 所列。

表 11 - 9　UnpackData()函数的描述

函数名	UnpackData
函数原型	unsigned char UnpackData(unsigned char data)
功能描述	对数据进行解包
输入参数	data,待解包的数据
输出参数	void
返回值	1—解包成功,0—解包失败

4. GetUnpackRslt()

GetUnpackRslt()函数用于获取解包结果,具体描述如表 11 - 10 所列。

表 11 - 10　GetUnpackRslt()函数的描述

函数名	GetUnpackRslt
函数原型	StructPackType GetUnpackRslt(void)
功能描述	获取解包结果
输入参数	void
输出参数	void
返回值	解包后的结果: packModuleId+packHead+packSecondId+arrData[0]-[5]+checkSum

11.2.5　serial 模块函数

STM32 从机通信实验使用到了 serial 模块,该模块有 6 个 API 函数,分别为 open_port()、close_port()、clear_port()、set_speed()、send_stream()和 recv_stream(),下面对这 6 个 API 函数进行说明。

1. open_port()

open_port()函数用于开启指定的串口设备,并设置波特率,具体描述如表 11 - 11 所列。

表 11 - 11　open_port()函数的描述

函数名	open_port
函数原型	int open_port(const char * dev_name, int baud_rate)
功能描述	开启串口,设置波特率
输入参数	dev_name:串口设备;baud_rate:波特率
输出参数	void
返回值	int 型设备标识符

2. close_port()

close_port()函数用于关闭指定的串口设备,具体描述如表 11-12 所列。

表 11-12　close_port()函数的描述

函数名	close_port
函数原型	void close_port(int fd)
功能描述	关闭指定的串口设备
输入参数	fd:串口设备标识符
输出参数	void
返回值	void

3. clear_port()

clear_port()函数用于清空串口输入、输出缓冲区,具体描述如表 11-13 所列。

表 11-13　clear_port()函数的描述

函数名	clear_port
函数原型	void clear_port(int fd)
功能描述	清空串口输入、输出缓冲区
输入参数	fd:串口设备标识符
输出参数	void
返回值	void

4. set_speed()

set_speed()函数用于设置串口读/写速度,具体描述如表 11-14 所列。

表 11-14　set_speed()函数的描述

函数名	set_speed
函数原型	int set_speed(int fd, unsigned speed)
功能描述	设置串口读/写速度
输入参数	fd:串口设备标识符;speed:读写速度
输出参数	void
返回值	int

5. send_stream()

send_stream()函数用于在输出流中发送指定长度的数据,具体描述如表 11-15 所列。

表 11-15　send_stream()函数的描述

函数名	send_stream
函数原型	int send_stream(int fd, const unsigned char * buf, int len)
功能描述	在输出流中发送指定长度的数据
输入参数	fd:串口设备标识符;buf:指向发送数据缓冲区的指针;len:发送数据的长度
输出参数	void
返回值	int

6. recv_stream()

recv_stream()函数用于在输入流中读取指定长度的数据,具体描述如表 11-16 所列。

表 11-16　recv_stream()函数的描述

函数名	recv_stream
函数原型	int recv_stream(int fd, unsigned char * buf, int len, int to_ms, bool once);
功能描述	在输入流中读取指定长度的数据
输入参数	fd:串口设备标识符;buf:指向接收数据缓冲区的指针;len:发送数据的长度;to_ms:等待时间(<0 无限阻塞,>0 为以 ms 为单位的等待时间);once:一次性接收开关
输出参数	void
返回值	int

11.3　实验步骤

步骤 1:复制文件夹到 Ubuntu_share 目录

将本书配套资料包"04.例程资料\Material"目录下的 lab8.stm32_test 文件夹复制到"D:\Ubuntu_share"目录下。

步骤 2:完善 lab8.stm32_test 文件夹下的源码文件

打开"D:\Ubuntu_share\lab8.stm32_test\app"文件夹中的 stm32_test.c 文件,添加如程序清单 11-1 所示的第 13 至 14 行代码。

程序清单 11-1

```
1.    #include <stdio.h>
2.    #include <stdlib.h>
3.    #include <string.h>
```

```
#include <sys/types.h>
#include <stdlib.h>
#include <unistd.h>
#include <termios.h>
#include <getopt.h>

#include "serial.h"
#include "PackUnpack.h"

int read_n_bytes(int fd, unsigned char* buf, int n);
void proc_stm32_data(unsigned char recData);
```

在上一步添加的代码后面，添加 read_n_bytes()函数的实现代码，如程序清单 11－2 所示。该函数的主要功能是从串口中读取 *n* 字节数据，并将数据保存到 buf 数组中。

程序清单 11－2

```
int read_n_bytes(int fd, unsigned char* buf, int n){
  int read_len = 0;
  int len = 0;
  unsigned char* read_buf = buf;

  while (len < n){
    if ((read_len = read(fd, read_buf, n)) > 0){
      len += read_len;
      read_buf += read_len;
      read_len = 0;
    }

    usleep(5);
  }

  return n;
}
```

在 read_n_bytes()函数后面添加 proc_stm32_data()函数的实现代码，如程序清单 11－3 所示。该函数用于处理 STM32 从机上发的串口数据，并根据数据包的模块 ID 和二级 ID 进行相应的处理。

（1）第 2 行代码：建立一个包结构体变量 pack，用于接收解包后的数据。

（2）第 4 行代码：每当从串口接收 1 字节数据，便将其输入 UnpackData()函数，当接收到完整数据包时会返回 1。

（3）第 5 行代码：当解包完成时，获取解包的结果，存入包结构体变量 pack 中。

（4）第 7 行代码：接收数据包的模块 ID 为 MODULE_STM32_SLAVE(0x21)。

（5）第 13 至 24 行代码：二级 ID 为 DAT_ROLL_KEY(0x03)，处理飞梭信息，数据 1 为 0 表示左旋，为 1 表示按下，为 2 表示右旋。

（6）第 26 至 43 行代码：二级 ID 为 DAT_SWITCH(0x04)，处理拨动开关信息，数据 1 存放一个十进制数，将其转为 4 位二进制数则表示 4 个拨动开关各自的状态(1 -开，0 -关)。

(7) 第 45 至 48 行代码：二级 ID 为 DAT_KEYBOARD(0x05)，处理矩阵键盘信息，数据 1 存放一个十进制数，表示对应的矩阵键盘按键序号。

程序清单 11 - 3

```
1.  void proc_stm32_data(unsigned char recData){
2.    StructPackType pack; //定义包结构体变量
3.
4.    if (UnpackData(recData) == 1){ //解包成功，获取到完整数据包
5.        pack = GetUnpackRslt(); //获取解包结果
6.
7.      if (pack.packModuleId == MODULE_STM32_SLAVE){
8.        //电位器
9.        if (pack.packSecondId == DAT_VR){
10.         //该模块作为本章任务
11.       }
12.
13.       //飞梭
14.       if (pack.packSecondId == DAT_ROLL_KEY){
15.         if (pack.arrData[0] == 0){
16.           printf("Roll left \n");
17.         }
18.         else if (pack.arrData[0] == 1){
19.           printf("Enter \n");
20.         }
21.         else if (pack.arrData[0] == 2){
22.           printf("Roll Right \n");
23.         }
24.       }
25.
26.       //拨动开关
27.       if (pack.packSecondId == DAT_SWITCH){
28.         int num = pack.arrData[0];
29.         int result[4];
30.
31.         //十进制数转为二进制数，并放入 result 数组中
32.         int i = 0;
33.         for (i = 0; i < 4; i++){
34.           result[i] = num % 2;
35.           num = num / 2;
36.         }
37.
38.         //打印状态
39.         for (i = 3; i >= 0; i--){
40.           printf("SW%d: %d ", i, result[i]);  //0 表示关，1 表示开
```

```
          }
          printf("\n");
        }

        //矩阵键盘
        if (pack.packSecondId == DAT_KEYBOARD){
          printf("Keyboard: %d \n", pack.arrData[0]);
        }
      }
    }
}
```

在 proc_stm32_data()函数后面添加 main()函数的实现代码，如程序清单 11-4 所示。

(1) 第 5 行代码：初始化打包/解包模块。

(2) 第 7 至 15 行代码：打开串口 1 设备(ttyS1)，波特率为 115 200，open_port()函数来源于 serial 模块。

(3) 第 17 至 23 行代码：循环读取串口数据，每读取到 1 字节数据便输入到 stm32_cmd_proc()函数中进行处理。

程序清单 11-4

```
1.  int main(int argc, char * * argv){
2.    int cnt = 0;
3.    unsigned char recdata;
4.
5.    InitPackUnpack(); //初始化打包/解包模块
6.
7.    //打开串口
8.    int fd = open_port("/dev/ttyS1", 115 200);
9.    if (fd < 0){
10.     fprintf(stderr, "Open /dev/ttyS1 failed \n");
11.     return;
12.   }
13.   else{
14.     printf("Open successfully \n");
15.   }
16.
17.   //读取串口数据
18.   while (1){
19.     cnt = read_n_bytes(fd, &recdata, 1); //读取 1 字节数据
20.     if (cnt > 0){
21.       proc_stm32_data(recdata); //处理 STM32 从机数据
22.     }
23.   }
24.
25.   close(fd);
```

```

    return 0;
}
```

步骤 3:复制源码包到 Ubuntu

通过 SecureCRT 建立 SFTP 文件传输连接,执行"cd /home/user/work/"命令进入"/home/user/work"目录,然后执行"put -r lab8. stm32_test/"命令,将 lab8. stm32_test 文件夹传输到"/home/user/work"目录下,如程序清单 11-5 所示。

程序清单 11-5

```
sftp > cd /home/user/work/
sftp > put -r lab8.stm32_test/
```

步骤 4:编译应用层测试程序

通过 SecureCRT 终端连接 Ubuntu,执行"cd /home/user/work/lab8. stm32_test/app"命令进入"/home/user/work/lab8. stm32_test/app"目录,然后执行"make"或"make stm32_test"命令对应用层测试程序进行编译。编译之后,可以通过"ls"命令查看该目录下已经生成了 stm32_test 文件,该文件即为可执行的应用程序。建议在编译之前,先通过执行"make clean"命令清除编译生成的文件,如程序清单 11-6 所示。

程序清单 11-6

```
user@ubuntu:~ $ cd /home/user/work/lab8.stm32_test/app
user@ubuntu:~/work/lab8.stm32_test/app $ make clean
user@ubuntu:~/work/lab8.stm32_test/app $ make
```

步骤 5:复制应用程序

通过 SecureCRT 建立 SFTP 文件传输连接,执行"cd /home/user/work/lab8. stm32_test/app"命令进入"/home/user/work/lab8. stm32_test/app"目录,然后执行"get stm32_test"命令,将 stm32_test 文件复制到"D:\Ubuntu_share"目录下,如程序清单 11-7 所示。

程序清单 11-7

```
sftp > cd /home/user/work/lab8.stm32_test/app
sftp > get stm32_test
```

步骤 6:运行应用程序

首先,通过快捷键"Win+R"打开"运行"对话框,输入"CMD"命令后回车,打开命令提示符窗口,将该窗口命名为 Terminal-A。在 Terminal-A 中执行"adb push D:\Ubuntu_share\stm32_test /data/local/tmp"命令,将 stm32_test 文件复制到 RK3288 平台的"/data/local/tmp"目录,如程序清单 11-8 所示。

程序清单 11-8

```
C:\Users\hp > adb push D:\Ubuntu_share\stm32_test /data/local/tmp
```

其次,在 Terminal-A 中执行"adb shell"命令登录到 RK3288 的 Linux 终端,再执行"cd /

data/local/tmp"命令进入 RK3288 平台的"/data/local/tmp"目录，如程序清单 11－9 所示。

程序清单 11－9

```
C:\Users\hp > adb shell
root@rk3288:/ # cd /data/local/tmp
```

最后，在 Terminal－A 中执行"chmod 777 stm32_test"命令，更改 stm32_test 的权限，改为任何用户对 stm32_test 都有可读、可写、可执行的权限。更改完权限之后，就可以通过执行"./stm32_test"命令来执行 stm32_test，如程序清单 11－10 所示。

程序清单 11－10

```
root@rk3288:/data/local/tmp # chmod 777 stm32_test
root@rk3288:/data/local/tmp #./stm32_test
Open Successfully!
```

步骤 7：运行结果

改变任意一个拨动开关的状态，或按下矩阵键盘的按键，在 Terminal－A 窗口中，可以看到 4 个拨动开关的状态，以及对应按下的按键（K9～K1 分别对应 1～9，如按下 K7，显示 Keyboard:3），如图 11－18 所示，即能正确解析 STM32F103 从机发送的数据，表明实验成功。

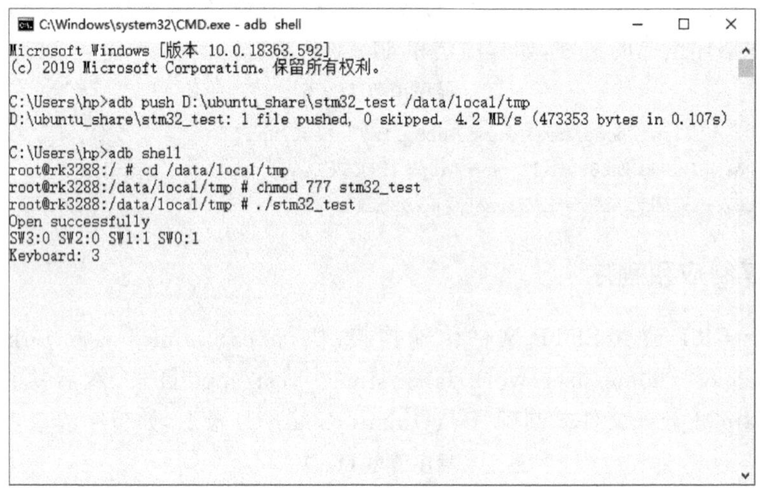

图 11－18　本章实验运行结果

本章任务

完成本章的学习后，了解 PCT 通信协议的打包/解包流程及数据包格式，掌握 PCT 通信协议在 STM32 从机上的应用方法，以及各个模块的数据包类型定义。参考本章实验及电位器数据包的定义，实现读取 STM32 从机的多功能旋钮的 ADC 值，并将其打印出来。

本章习题

1. 简述 STM32F103 从机发送数据包的格式。
2. 简述 Linux 下的串口通信流程。
3. 简述 PCT 通信协议的数据打包过程。
4. 简述 PCT 通信协议中数据解包过程。
5. 简述 PCT 通信协议中模块 ID 的取值规则。

第 12 章　MicroSD 卡读写实验

在嵌入式系统开发中，常需要进行大容量的数据存储，常见的解决方案有 Flash 存储芯片、SD 卡和移动硬盘。由于 SD 卡具有存储容量大、携带方便和插拔便捷等特点，因此更为常用，熟悉 SD 卡的读写操作也是嵌入式系统开发的一项必备技能。本章实验通过 Linux 文件指针读写 MicroSD 卡的文件，让读者了解 Linux 系统块设备的基本原理，熟练掌握块设备的读写操作。

12.1　实验内容

本章实验通过 Linux 文件指针 FILE * 和文件夹指针 DIR * 读写 MicroSD 卡中的文件数据，并打印 SD 卡文件层级目录。实验共分为 3 个步骤：① 向 wrtest.txt 文件写入指定字符串(若该文件不存在则自动创建)；② 读取 wrtest.txt 文件，并将读取到的内容进行输出；③ 打印 MicroSD 卡中的文件层级目录。完成本章实验后，要求熟练掌握 Linux 块设备的读写，并且了解 Linux 块设备的挂载流程。

12.2　实验原理

12.2.1　MicroSD 卡电路

MicroSD 卡电路如图 12-1 所示。J_{401} 为放置 MicroSD 卡的 SD 卡座，并引出 SD 卡对应的功能引脚。SD 卡的功能引脚分为数据传输引脚(DAT0～DAT3)、指令控制引脚(CMD)、时钟引脚(CLK)、供电引脚(VDD、GND)和插拔状态监测引脚(DET)。这些引脚分别连接 RK3288 核心板的 SDMMC0_Dx(AG7、AH6、AD8 和 AB9)、SDMMC0_CMD(AC8)、SDMMC0_CLK(AG6)和 SDMMC0_DET(AH5)引脚。

MicroSD 卡槽由 3.3 V 电源供电。当 MicroSD 卡成功插入卡槽时，拔插状态监测引脚 DET 会与卡槽外壳(GND)相连；时钟引脚用于为 SD 卡数据的传输提供时钟信号；指令引脚用于向 SD 卡发送控制命令，如读卡和写卡命令等；4 个数据引脚可以与 RK3288 进行数据传输。

12.2.2　Linux 块设备

块设备是应用程序可以随机访问数据的设备，复杂性远高于字符设备。在块设备中，程序

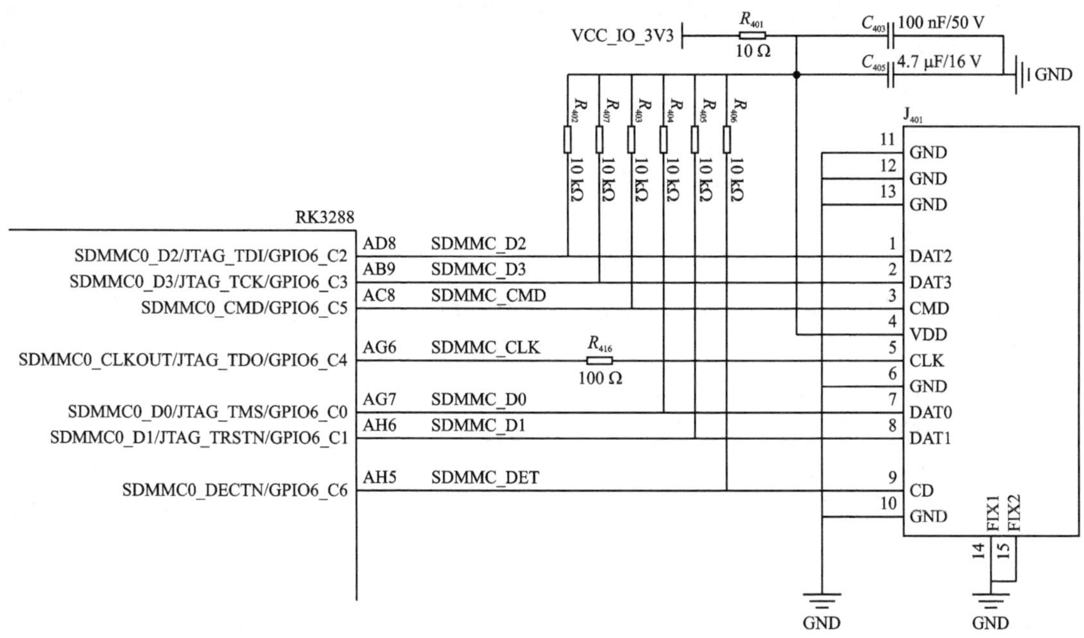

图 12－1　MicroSD 卡电路

可自行确定读取数据的位置，而不用像字符设备那样串行读取数据。典型的块设备如硬盘、软盘、CD－ROM 驱动器和闪存等，应用程序可以在它们的任何位置上寻址，并由此读取数据。另外，数据的读写只能以块（通常是 512B）的倍数进行，且不支持基于字符的寻址。Linux 块设备架构如图 12－2 所示。

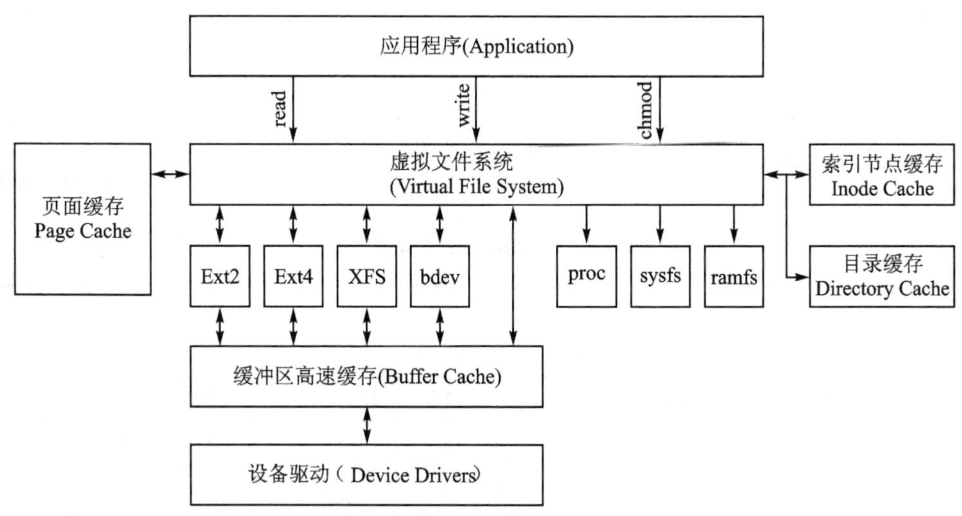

图 12－2　Linux 块设备架构

下面介绍 3 种常用的块设备，并分析工作原理。

1. 硬　盘

硬盘（Hard Disk Drive，HDD）是计算机最主要的存储设备，是以坚硬的旋转盘片为基础的非易失性存储器，结构包括一至数片高速转动的盘片，以及放在执行器悬臂上的磁头。写数据时，磁头在平整的磁性盘片表面存储和检索数字数据，通过改变电磁流极性的方式将数据写入到磁盘中。读数据时，磁头经过盘片的上方，盘片本身的磁场变化导致读取线圈中的磁通量发生改变，从而导致线圈中的感应电流发生改变。硬盘的读写采用半随机存取方式，可以按任意顺序读取硬盘中的资料，但读取速度略有差异。

2. 闪存盘

闪存盘(USB Flash Drive)又称为 U 盘，是一种通过 USB 接口连接计算机、利用闪存来存储数据的小型便携式存储设备。U 盘凭借体积小、易携带和可重复写入的特点，在问世后迅速普及并取代传统的软盘及软盘驱动器。

U 盘的一端为 Type - A USB 接口，在塑胶壳内有一张印刷电路板，电路板上除了简单的电源电路外，还有一些其他的集成电路(IC)。通常情况下，U 盘上至少存在两个 IC，其中较大的、离 USB 口较远的为闪存芯片，通常采用 TSOP48 或 BGA 封装；另一个 IC 为主控，个别主控 IC 内部还会集成供电电路和晶振。

3. MicroSD 卡

MicroSD 卡是一种体积极小的闪存卡，广泛应用于 GPS 设备、便携式音乐播放器等移动设备。

12.2.3 MicroSD 卡

MicroSD 卡标准由 SD 协会在 2005 年参照 T - Flash 的相关标准制定而成，与 T - Flash 卡相互兼容。与 MiniSD 卡相比，MicroSD 卡的体积更小巧，尺寸为 11×15×1.4mm，其仅为标准 SD 卡的四分之一，是目前市场上体积最小的存储卡。MicroSD 卡的引脚图和引脚功能说明分别如图 12 - 3 和表 12 - 1 所示。

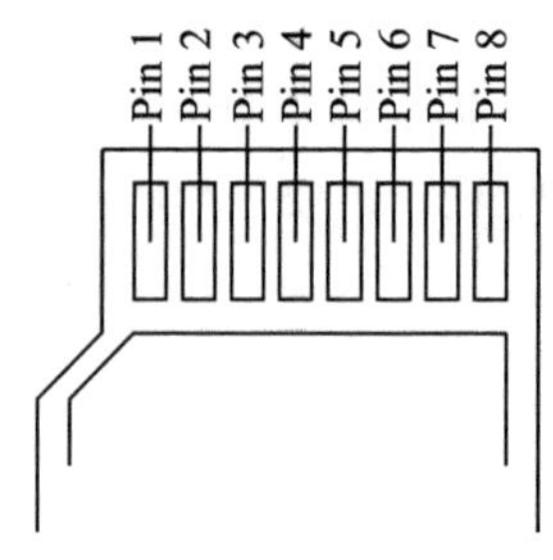

图 12 - 3 MicroSD 卡引脚图

表 12 - 1 MicroSD 卡引脚功能

SD 模式			SPI 模式		
引 脚	引脚名称	引脚说明	引 脚	引脚名称	引脚说明
1	Data2	数据 2	1	RSV	保留
2	Data3	数据 3	2	CS	选定引脚
3	CMD	指令引脚	3	DI	数据输入引脚
4	VDD	电源引脚	4	VDD	电源引脚
5	CLK	时钟引脚	5	SCLK	SPI 时钟
6	VSS/GND	电源地	6	VSS/GND	电源地
7	Data0	数据 0	7	DO	数据输出引脚
8	Data1	数据 1	8	RSV	保留

1. CLK：时钟信号脚。控制器在每个时钟周期传输一个命令位或数据位，在 SD 总线的默认速度模式下，频率可在 0～25 MHz 之间变化，SD 卡的总线管理器可以无限制地自由产生 0～25 MHz 的频率，在 UHS－I 速度模式下，时钟频率最高可达 208 MHz。

2. CMD：命令和响应复用引脚。命令由控制器发送给 SD 卡，路径可以为从控制器到单个 SD 卡，也可以到 SD 总线上的所有卡；响应为存储卡对控制器发送的命令应答，应答可以来自单个 SD 卡或所有卡。

3. DAT0～DAT3：数据线。数据可以在 SD 卡和控制器之间双向传输。

12.2.4　文件操作

文件指针在 C 语言中表示用一个指针变量指向一个文件，则该指针称为文件指针，标识符为 FILE＊，通过该指针就可对它所指向的文件进行读写操作。FILE 结构体是由系统定义的数据结构，该结构中含有文件名、文件状态和文件当前位置等信息，常用库函数如表 12－2 所列。

表 12－2　常用库函数

函　数	功　能
fopen()	打开文件
fclose()	关闭文件
fwrite()	写入文件
fread()	读取文件
fseek()	查找并移动指针到文件的对应位置

12.2.5　文件夹操作

DIR＊为文件夹指针，属性与 FILE＊类似，用于打开对应文件夹并遍历文件夹内的所有文件，获取文件信息，用法如下。

```
DIR * dir = opendir("path");  //打开指定目录
struct dirent * ptr;     // struct dirent 结构体指针指向文件目录中的文件

//在 while 循环中调用 readdir()函数，每次调用 readdir()函数，ptr 的指针都会递增
//当 ptr 为 NULL 时表示当前目录文件遍历完毕
while(ptr! = NULL) {
ptr = readdir(dir)
}

closedir(dir);     //关闭文件夹
```

在循环中通过 ptr→type 可判断文件类型，如表 12－3 所列；通过 ptr→d_name 获取文件名。

表 12-3 ptr→type 值与文件类型对应表

ptr→type 值	文件类型
ptr→d_type == 4	文件夹
ptr→d_type == 8	文件
ptr→d_type == 10	链接文件

12.3 实验步骤

步骤 1:复制文件夹到 Ubuntu_share 目录

将本书配套资料包"04.例程资料\Material"目录下的 lab9.sd_test 文件夹复制到"D:\Ubuntu_share"目录下。

步骤 2:完善 lab9.sd_test 文件夹下的源码文件

打开"D:\Ubuntu_share\lab9.sd_test\app"文件夹中的 sd_test.c 文件,添加如程序清单 12-1 所示的第 11 行代码。

程序清单 12-1

```
1.  #include <stdio.h>
2.  #include <stdlib.h>
3.  #include <unistd.h>
4.  #include <sys/types.h>
5.  #include <sys/stat.h>
6.  #include <sys/ioctl.h>
7.  #include <fcntl.h>
8.  #include <string.h>
9.  #include <dirent.h>
10.
11. int file_list_read(char *basePath);
```

在上一步添加的代码后面,添加如程序清单 12-2 所示的 file_list_read()函数的实现代码。

(1) 第 4 至 9 行代码:创建一个文件夹指针 dir,使用 opendir()函数打开路径为 basePath 的文件夹。

(2) 第 11 至 29 行代码:创建文件信息指针 ptr,该指针可以理解为文件夹内指向文件的指针(与 FILE * 不同)。ptr 指向当前目录下的首文件,每调用一次 readdir()函数,ptr 便会在当前目录递增,遍历每个文件,根据文件的 d_type 判断文件类型。若文件为普通文件或链接文件(d_type=8 or 10),则打印文件名称。若为文件夹(d_type=4),则将该文件夹的名称添加到原路径之后,将新组成的路径 base 重新输入 file_list_read()函数进行递归调用。仅当 ptr 指针为空才会停止遍历。

程序清单 12-2

```
int file_list_read(char * basePath){
  char base[1024];

  DIR * dir; //文件夹指针
  dir = opendir(basePath);
  if (dir == NULL){
    printf("Open dir error! \n");
    return;
  }

  struct dirent * ptr;
  while ((ptr = readdir(dir)) != NULL){
    if (strcmp(ptr->d_name, ".") == 0 || strcmp(ptr->d_name, "..") == 0){
      continue;
    }
    else if (ptr->d_type == 8){
      printf("d_name: % s/ % s\n", basePath, ptr->d_name);
    }
    else if (ptr->d_type == 10){
      printf("d_name: % s/ % s\n", basePath, ptr->d_name);
    }
    else if (ptr->d_type == 4){
      memset(base, '\0', sizeof(base));
      strcpy(base, basePath);
      strcat(base, "/");
      strcat(base, ptr->d_name);
      file_list_read(base);
    }
  }

  closedir(dir);
}
```

在 file_list_read()函数后面添加如程序清单 12-3 所示的 main()函数的实现代码。

（1）第 7 至 15 行代码：创建一个文件指针 writefp，并使用 fopen()函数打开名为 wrtest.txt 的二进制文件，允许读写（若文件不存在则新建）。

（2）第 17 至 26 行代码：将写入缓冲区 writebuf 中的内容写入指针 writefp 指向的文件，写入的最小单元为 1 字节，需要写入与 writebuf 相同数量长度的字节数。写入完成后关闭文件。

（3）第 28 至 40 行代码：创建一个文件指针 readfp，使用 fopen()函数以只读的方式打开 wrtest.txt 文件。

（4）第 42 行代码：查找并定位至文件指针的头部。

（5）第 44 至 51 行代码：通过 fread()函数将文件内容读取到接收缓冲区 recbuf，并将读取到的内容打印出来。

(6) 第 54 至 55 行代码：将 SD 卡根目录的地址输入到 file_list_read()函数进行处理。

程序清单 12-3

```
1.  int main(int argc, char **argv){
2.    int cnt = 0;
3.
4.    //写 SD 卡
5.    char writebuf[] = { "HelloWorld, SD card...... \n 123456789" }; //写入数据
6.
7.    FILE * writefp;
8.    writefp = fopen("/mnt/external_sd/wrtest.txt", "wb+"); //打开或建立一个二进制文件，允许读和写
9.    if (writefp == NULL){
10.     printf("Open failed \n");
11.     return;
12.   }
13.   else{
14.     printf("Open successfully \n");
15.   }
16.
17.   cnt = fwrite(writebuf, 1, sizeof(writebuf), writefp); //将 writebuf 写入文件
18.   if (cnt > 0){
19.     printf("Write %d chars \n", cnt);
20.   }
21.   else{
22.     printf("Write failed \n");
23.     return;
24.   }
25.
26.   fclose(writefp);
27.
28.   //读 SD 卡
29.   char recbuf[1024];
30.   memset(recbuf, 0, sizeof(recbuf));
31.
32.   FILE * readfp;
33.   readfp = fopen("/mnt/external_sd/wrtest.txt", "r"); //以只读方式打开文件
34.   if (readfp == NULL){
35.     printf("Open failed \n");
36.     return;
37.   }
38.   else{
39.     printf("Open successfully \n");
40.   }
```

```
    fseek(readfp, 0, SEEK_SET); //查找文件指针的头部

    cnt = fread(recbuf, 1, sizeof(recbuf), readfp); //读取文件内容到缓冲区
    if (cnt > 0){
      printf("Read Successfully! \n");
    }

    printf("recbuf:\n[\n%s\n] ,total %d chars \n\n", recbuf, cnt); //打印读取内容

    fclose(readfp);

    //显示文件夹层级目录
    char *basePath = "/mnt/external_sd/";
    file_list_read(basePath);

    return 0;
}
```

步骤 3:复制源码包到 Ubuntu

通过 SecureCRT 建立 SFTP 文件传输连接,执行"cd /home/user/work/"命令进入"/home/user/work"目录,然后执行"put -r lab6.sd_test/"命令,将 lab9.sd_test 文件夹传输到"/home/user/work"目录下,如程序清单 12-4 所示。

程序清单 12-4

```
sftp > cd /home/user/work/
sftp > put -r lab6.sd_test/
```

步骤 4:编译应用层测试程序

通过 SecureCRT 终端连接 Ubuntu,执行"cd /home/user/work/lab9.sd_test/app"命令进入"/home/user/work/lab9.sd_test/app"目录,然后执行"make"或"make sd_test"命令对应用层测试程序进行编译。编译之后,可以通过"ls"命令查看该目录下已经生成了 sd_test 文件,该文件即为可执行的应用程序。建议在编译之前,先通过执行"make clean"命令清除编译生成的文件,如程序清单 12-5 所示。

程序清单 12-5

```
user@ubuntu:~ $ cd /home/user/work/lab9.sd_test/app
user@ubuntu:~/work/lab9.sd_test/app $ make clean
user@ubuntu:~/work/lab9.sd_test/app $ make
```

步骤 5:复制应用程序

通过 SecureCRT 建立 SFTP 文件传输连接,执行"cd /home/user/work/lab9.sd_test/app"命令进入"/home/user/work/lab9.sd_test/app"目录,然后执行"get sd_test"命令,将 sd_ test 文件复制到“D:\Ubuntu_share”目录下，如程序清单 12－6 所示。

程序清单 12－6

```
sftp > cd /home/user/work/lab9.sd_test/app
sftp > get sd_test
```

步骤 6：运行应用程序

运行应用程序前，要先将 SD 卡插入嵌入式开发系统的 SD 卡槽。注意，不可热插拔。

然后，通过快捷键“Win＋R”打开“运行”对话框，输入“CMD”命令后回车，打开命令提示符窗口，将该窗口命名为 Terminal－A。在 Terminal－A 中执行“adb push D:\Ubuntu_share\sd_test /data/local/tmp”命令，将 sd_test 文件复制到 RK3288 平台的“/data/local/tmp”目录下，如程序清单 12－7 所示。

程序清单 12－7

```
C:\Users\hp > adb push D:\Ubuntu_share\sd_test /data/local/tmp
```

其次，在 Terminal－A 中执行“adb shell”命令登录到 RK3288 的 Linux 终端，再执行“cd /data/local/tmp”命令进入 RK3288 平台的“/data/local/tmp”目录，如程序清单 12－8 所示。

程序清单 12－8

```
C:\Users\hp > adb shell
root@rk3288:/ # cd /data/local/tmp
```

最后，在 Terminal－A 中执行“chmod 777 sd_test”命令，更改 sd_test 的权限，改为任何用户对 sd_test 都有可读、可写、可执行的权限。更改完权限之后，就可以通过执行“./sd_test”命令来执行 sd_test，如程序清单 12－9 所示。

程序清单 12－9

```
root@rk3288:/data/local/tmp # chmod 777 sd_test
root@rk3288:/data/local/tmp #./sd_test
Open successfully
Write 38 chars
Open successfully
Read Successfully!
recbuf:
[
HelloWorld, SD card......
123456789
 ],total 38 chars

 d_name:/mnt/external_sd//System Volume Information/WPSettings.dat
.d_name:/mnt/external_sd//System Volume Information/IndexerVolumeGuid
.d_name:/mnt/external_sd//wrtest.txt
```

步骤 7：运行结果

在 Terminal－A 窗口中，可看到如图 12－4 所示的运行结果，表明实验成功。

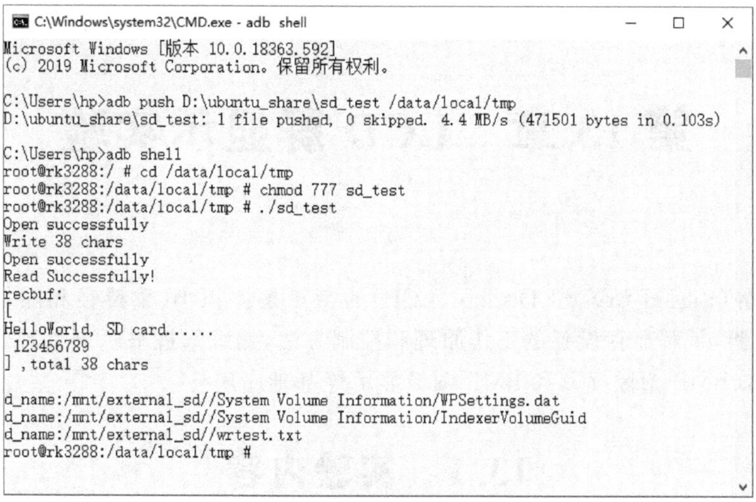

```
C:\Windows\system32\CMD.exe - adb shell
Microsoft Windows [版本 10.0.18363.592]
(c) 2019 Microsoft Corporation。保留所有权利。

C:\Users\hp>adb push D:\ubuntu_share\sd_test /data/local/tmp
D:\ubuntu_share\sd_test: 1 file pushed, 0 skipped. 4.4 MB/s (471501 bytes in 0.103s)

C:\Users\hp>adb shell
root@rk3288:/ # cd /data/local/tmp
root@rk3288:/data/local/tmp # chmod 777 sd_test
root@rk3288:/data/local/tmp # ./sd_test
Open successfully
Write 38 chars
Open successfully
Read Successfully!
recbuf:
[
HelloWorld, SD card.....
 123456789
] ,total 38 chars

d_name:/mnt/external_sd//System Volume Information/WPSettings.dat
d_name:/mnt/external_sd//System Volume Information/IndexerVolumeGuid
d_name:/mnt/external_sd//wrtest.txt
root@rk3288:/data/local/tmp #
```

图 12-4 本章实验运行结果

本章任务

完成本章的学习后，了解常见块设备的工作原理及特点，熟悉 MicroSD 卡的引脚定义和功能，了解文件和文件夹操作的相关函数用法。参考本章实验例程的代码，查阅资料，实现以下功能：复制一个文件到 SD 卡，读取该文件的数据再打印出来。

本章习题

1. 简述 MicroSD 卡的发展历程和特点。
2. 简述 Linux 块设备的系统架构。
3. 简述 Linux 块设备的挂载流程。
4. 简述 FILE * 和 DIR * 的使用方法。
5. 简述 FILE * 和 dirent * 的用法有何不同。

第 13 章　LCD 屏显示实验

液晶显示屏(Liquid Crystal Display,LCD)的特点是体积小、重量轻和能耗低,本章通过 LCD 显示屏实验,了解显存设备的工作原理和控制方法,熟练掌握显示屏参数信息输出、显存修改、地址映射、BMP 图像读取和 BMP 图像显示等基础应用。

13.1　实验内容

本章实验流程如下:① 开启系统显存设备,并打印显示设备的相关信息;② 将显存通过 mmap()函数映射到本地指针;③ 打开 BMP 文件,读取文件头和信息头,再将图像数据写入显存;④ 刷新显存,将指定 BMP 图片显示在显示屏上。完成本章实验后,熟练掌握显存设备 Framebuffer 的控制、读写原理以及 BMP 图像数据的读取流程。

13.2　实验原理

13.2.1　显示屏接口电路

显示屏接口电路如图 13－1 所示。显示屏接口电路引脚包含显示屏引脚(LVDS、LCDC0)和触摸屏(TOUCH、I2C4)引脚。接口 J_{402} 为 FPC 线插座,通过 FPC 线连接屏幕设备。

13.2.2　LVDS 接口简介

低电压差分信号(Low－Voltage Differential Signaling,LVDS)接口,又称 RS－644 总线接口,是 20 世纪 90 年代提出的一种低功耗、低误码率、低串扰和低辐射的差分信号传输技术和接口技术。该技术的核心为采用极低的电压摆幅和高速差动传输数据,可以实现点对点或一点对多点的连接,理论传输速率可达 155 Mbps 以上,常用于液晶电视等对实时性要求较高的显示设备。

LVDS 接口技术最初的设计目的是替代传统的 TTL 接口,TTL 接口数据传输速率低、传输距离较短,且抗电磁干扰(EMI)能力也较差,影响图像显示质量。相比于 TTL,LVDS 具有非常明显的优势,如下所示。

① 高传输能力。在 ANS/EIA/EIA－64 中定义中的 LVDS 标准,理论极限速率为 1.923 Gbps,恒流源模式和低摆幅输出的工作模式决定了 LVDS 具有高速驱动能力。

② 低功耗。采用 CMOS 工艺实现,驱动电流小且功耗固定。

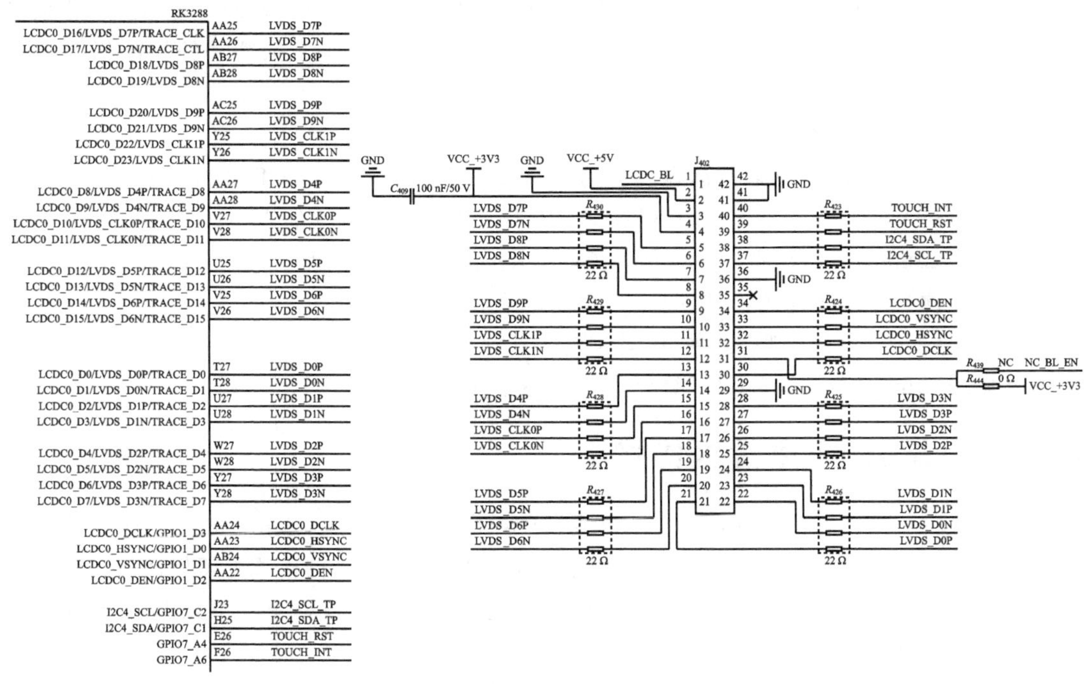

图 13-1　显示屏接口电路

③ 低电压。LVDS 电压摆幅低、集成度高，有效减少了芯片内部的散热压力和功耗。

④ 抗共模噪声能力强。采用差分信号，优点为噪声以共模的方式在一对差分线上耦合出现，并在接收器中相减，从而消除噪声。

⑤ 有效抑制电磁干扰。差分信号极性相反，对外辐射的电磁场可以相互抵消，耦合越紧密，泄漏到外界的电磁能量就越少，即降低了电磁干扰。

⑥ 时序定位精确。差分信号的开关变化位于两个信号的交点，不依靠高低阈值电压进行判断，因而受工艺和温度的影响小，能降低时序上的误差，有利于高速数字信号的有效传输。

LVDS 接口的简化电路如图 13-2 所示。

RK3288 核心板有 1 个 LVDS 接口（支持单路、6 位、8 位和 10 位双路），支持 7 寸以上显示屏显示，显示参数为 1080P、60 Hz，支持 3.3 V/5 V/12 V 供电。

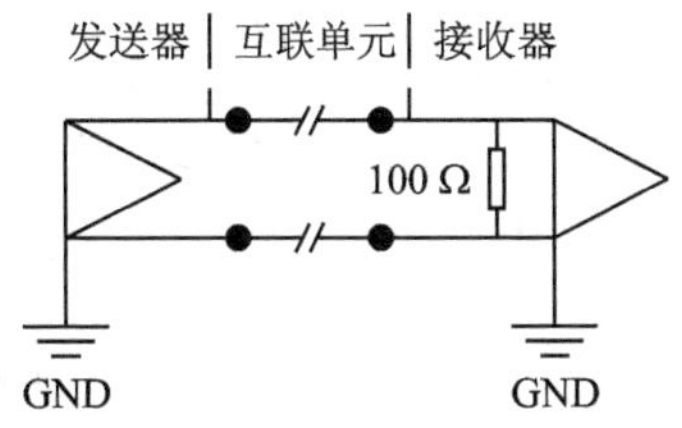

图 13-2　LVDS 接口的简化电路

13.2.3　帧缓冲

帧缓冲（Framebuffer）是 Linux 的一种显示设备接口，实质是将显示硬件抽象映射至内存空间的一块显示缓冲区，允许上层应用程序在图形模式下直接对该缓冲区进行读写操作，并且为用户层提供统一、抽象的接口操作。帧缓冲是 LCD 对应的 HAL 层（硬件抽象层），其内部的操作由帧缓冲设备驱动完成，因此用户不必关心硬件层的具体实现方式，只需对设备节点调用 open()、mmap()、ioctl()、read()和 write()等函数进行应用。

嵌入式开发系统的 LCD 显示屏的帧缓冲，对应的设备文件为/dev/graphics/fb0，若系统存在多个显卡，则系统还可支持多个帧缓冲设备，最多可达 32 个。帧缓冲的标准操作流程如下。

① 调用 open()函数，打开/dev/graphics/fb0 设备节点。

② 调用 ioctl()函数，获取当前显示屏的硬件参数(FBIOGET_FSCREENINFO)和显示属性(FBIOGET_VSCREENINFO)，并根据屏幕参数计算显示缓冲区的大小。

③ 调用 mmap()函数，将显示硬件抽象映射至内存的显示缓冲区。

④ 直接读写显示缓冲区，向缓冲区写入需要显示的图像数据。

⑤ 调用 ioctl()函数，刷新显存、将图像数据显示在屏幕上。

⑥ 调用 munmap()、close()函数释放显存、关闭设备。

13.2.4 BMP 图像数据格式

BMP 文件格式又称为 Bitmap(位图)或 DIB(Device - Independent Device，设备无关位图)，是 Windows 系统中广泛使用的图像文件格式。由于 BMP 文件格式无须作任何变换即可保存图像像素域数据，因此成为原始图像数据的重要来源，Windows 和 Linux 操作系统的图形界面都对 BMP 图像提供了支持。

BMP 图像数据分为文件描述区(文件头、信息头)和数据存储区(调色板、位图数据)两部分。BMP 图像数据结构如图 13 - 3 所示，格式与功能如表 13 - 1 所列。注意，仅有 1、4、8 位图像才需要调色板数据，16、24、32 位图像不需要调色板。

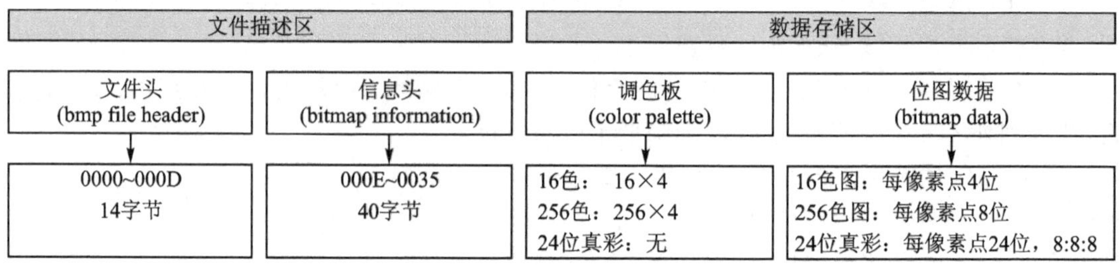

图 13 - 3 BMP 图像数据结构

表 13 - 1 BMP 图像数据格式与功能

BMP 图像数据	功 能
文件头(bmp file header)	文件的格式、大小等信息
信息头(bitmap information)	图像数据的尺寸、位平面数、压缩方式、颜色索引等信息
调色板(color palette)	可选，若使用索引表示图像，则调色板为索引与对应颜色的映射表
位图数据(bitmap data)	图像数据矩阵

BMP 图像数据矩阵的数据是从图片的最后一行开始自下而上存放的，因此在显示图像时，需要从图像的左下角开始，按照从左到右、从下到上的顺序逐行扫描图像。嵌入式开发系统采用 32 色位的显示屏，分辨率为 1 280×800 ppi，示例图片要求为 32 位图像，且图像尺寸不小于显示屏尺寸。

13.2.5　BMP 图像显示流程

利用帧缓冲读取和显示 BMP 图像的操作流程如图 13-4 所示。图中的 fd 变量为显存设备标识符；fb_mem 变量为指向显示缓冲区的指针；screensize 变量是根据显示参数计算得出的；show_bmp()和 fb_update()为自定义函数，分别用于将 BMP 图像写入显示缓冲区和刷新显存。

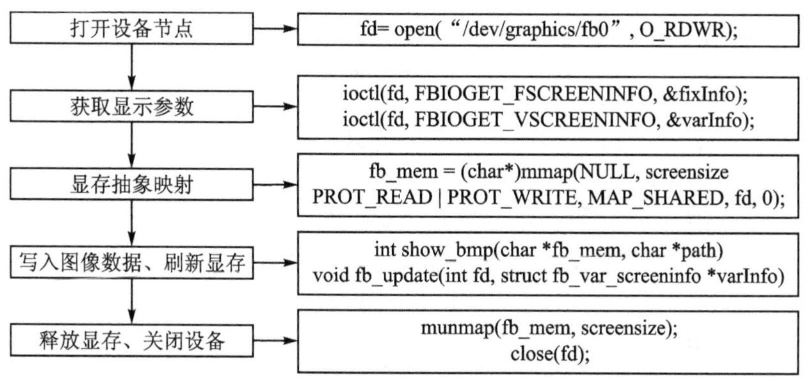

图 13-4　BMP 图像显示流程

13.3　实验步骤

步骤 1：复制文件夹到 Ubuntu_share 目录

将本书配套资料包“04.例程资料\Material”目录下的 lab10.lcd_test 文件夹复制到“D:\Ubuntu_share”目录下。

步骤 2：完善 lab10.lcd_test 文件夹下的源码文件

打开“D:\Ubuntu_share\lab11.lcd_test\app”文件夹中的 lcd_test.c 文件，添加如程序清单 13-1 所示的第 14～19 行代码。

（1）第 14～15 行代码：定义 RK3288 系统显存设备的文件节点/dev/graphics/fb0，并设定演示 BMP 图像 sample.bmp 的文件路径。

（2）第 18～19 行代码：设置图片与显示屏分辨率的偏差值，偏差值的计算为示例图像的长宽减去显示屏长宽（1 280×800 ppi）。

程序清单 13-1

```
1.    #include <stdio.h>
2.    #include <stdlib.h>
3.    #include <sys/types.h>
4.    #include <sys/stat.h>
5.    #include <sys/ioctl.h>
```

```
#include <fcntl.h>
#include <unistd.h>
#include <strings.h>
#include <string.h>
#include "fb.h"
#include "mman.h"
#include "mman-common.h"

#define DEVICE   "/dev/graphics/fb0"
#define BMP_PATH "/mnt/sdcard/Download/sample.bmp"

// LCD 屏分辨率为 1 280×800 ppi,BMP 图片比屏幕大需要设置 OFFSET,OFFSET 是多出来的部分
#define W_OFFSET   0  //sample.bmp 的 width 为 1 280,OFFSET 为 0
#define H_OFFSET   53 //sample.bmp 的 height 为 853,OFFSET 为 53
```

在上一步添加的代码后面,添加如程序清单 13-2 所示的结构体定义和函数声明。

程序清单 13-2

```
//BMP 的结构体定义,图片文件头由 14 字节组成
typedef struct{
  char cfType[2]; //文件类型,"BM"(0x4D42)
  long cfSize; //文件大小(字节)
  long cfReserved; //保留,值为 0
  long cfoffBits; //数据区相对于文件头的偏移量(字节)
}__attribute__((packed)) BITMAPFILEHEADER;

//40 字节信息头
typedef struct{
  char ciSize[4]; //BITMAPFILEHEADER 所占的字节数
  long ciWidth; //宽度
  long ciHeight; //高度
  char ciPlanes[2]; //目标设备的位平面数,值为 1
  int ciBitCount; //每个像素的位数
  char ciCompress[4]; //压缩说明
  char ciSizeImage[4]; //用字节表示图像的大小,该数据必须是 4 的倍数
  char ciXPelsPerMeter[4]; //目标设备的水平像素数/米
  char ciYPelsPerMeter[4]; //目标设备的垂直像素数/米
  char ciClrUsed[4]; //位图使用调色板的颜色数
  char ciClrImportant[4]; //指定重要的颜色数,当该域的值等于颜色数时(或等于 0 时),表示所有颜色都一样重要
}__attribute__((packed)) BITMAPINFOHEADER;

//颜色模式 RGB
typedef struct{
  unsigned short blue;
  unsigned short green;
```

```
    unsigned short red;
    unsigned short reserved;
}__attribute__((packed)) PIXEL;

static int xres = 0;
static int yres = 0;
static int bits_per_pixel = 0;
static int height = 0;
static int width = 0;
static long int screensize = 0;

void fb_update(int fd, struct fb_var_screeninfo * vi);
int cursor_bitmap_format_convert(char * dst, char * src);
int show_bmp(char * fb_mem, char * path);
```

在上一步添加的代码后面,添加如程序清单 13-3 所示的 fb_update()、cursor_bitmap_format_convert()和 show_bmp()函数的实现代码。

(1) 第 1 至 7 行代码:更新图片数据到显存。

(2) 第 43 至 148 行代码:show_bmp()函数先读取 BMP 图片信息,再经过格式转换,最后显示到显存。

程序清单 13-3

```
1.  //将图形缓冲区的内容绘制到设备显示屏中
2.  void fb_update(int fd, struct fb_var_screeninfo * vi){
3.    vi->yoffset = 1;
4.    ioctl(fd, FBIOPUT_VSCREENINFO, vi);
5.    vi->yoffset = 0;
6.    ioctl(fd, FBIOPUT_VSCREENINFO, vi);
7.  }
8.
9.  //BMP 指针格式转换
10. int cursor_bitmap_format_convert(char * dst, char * src){
11.   int i, j;
12.   char * psrc = src;
13.   char * pdst = dst;
14.   char * p = psrc;
15.   int value = 0x00;
16.
17.   //由于 BMP 存储是从后到前,所以需要倒序进行转换
18.   pdst += (width * height * 4);
19.   for (i = 0; i < height; i++ ) {
20.     p = psrc + (i + 1) * width * 3;
21.     for (j = 0; j < width; j++ ) {
22.       pdst -= 4;
23.       p -= 3;
```

```
            pdst[0] = p[2]; //pdst[0,1,2]配置红绿蓝三色
            pdst[1] = p[1];
            pdst[2] = p[0];

            value = *((int*)pdst);
            value = pdst[0];
            if (value == 0x00){
              pdst[3] = 0x00;
            }
            else{
              pdst[3] = 0xff;
            }
        }
    }

    return 0;
}

//显示 BMP 图像
int show_bmp(char * fb_mem, char * path){
    BITMAPFILEHEADER FileHead; //文件头
    BITMAPINFOHEADER InfoHead; //信息头

    FILE * fp; //文件指针
    int rc;
    int line_x, line_y;
    long int location = 0, BytesPerLine = 0;
    char * bmp_buf = NULL;
    char * bmp_buf_dst = NULL;
    char * buf = NULL;
    int flen = 0;
    int ret = -1;
    int total_length = 0;

    //判断文件路径是否存在
    if (path == NULL){
      printf("Path error,return \n");
      return -1;
    }
    else{
      printf("Path = %s \n", path);
    }

    //打开 BMP 图片文件
    fp = fopen(path, "rb");
```

```
    if (fp == NULL){
      printf("Load failed \n");
      return -1;
    }

    //创建图像缓冲区
    fseek(fp, 0, SEEK_SET); //指针移到头部
    fseek(fp, 0, SEEK_END); //指针移到尾部
    flen = ftell(fp);         //获取文件长度
    fseek(fp, 0, SEEK_SET); //指针移回文件头部

    bmp_buf = (char *)calloc(1, flen - 54); //创建 BMP 图像缓冲区
    if (bmp_buf == NULL) {
      printf("Load BMP out of memory! \n");
      return -1;
    }

    //读取文件头 FileHead
    rc = fread(&FileHead, sizeof(BITMAPFILEHEADER), 1, fp);
    if (rc != 1){
      printf("Read header error! \n");
      fclose(fp);
      return(-2);
    }

    if (memcmp(FileHead.cfType, "BM", 2) != 0){ //判断是否为 BMP 图像
      printf("It's not a BMP file\n");
      fclose(fp);
      return(-3);
    }

    //读取信息头 InfoHead
    rc = fread((char *)&InfoHead, sizeof(BITMAPINFOHEADER), 1, fp);
    if (rc != 1){
      printf("Read infoheader error! \n");
      fclose(fp);
      return(-4);
    }

    width = InfoHead.ciWidth - W_OFFSET; //获取图片宽高,并减去偏差,使其能够适应屏幕
    height = InfoHead.ciHeight - H_OFFSET;
    total_length = width * height * 3;
    printf("FileHead.cfSize = %d byte\n", FileHead.cfSize);
    printf("Flen = %d  \n", flen);
    printf("Width = %d, Height = %d  \n", width, height);
```

```
114.   printf("Total_length = %d \n", total_length);
115.
116.   fseek(fp, FileHead.cfoffBits, SEEK_SET); //跳转数据区的头部
117.   printf("FileHead.cfoffBits = %d\n", FileHead.cfoffBits);
118.   printf("InfoHead.ciBitCount = %d\n", InfoHead.ciBitCount);

120.   //每行字节数
121.   buf = bmp_buf;
122.   while ((ret = fread(buf, 1, total_length, fp)) >= 0) {
123.     if (ret == 0) {
124.       usleep(100);
125.       continue;
126.     }
127.     printf("ret = %d  \n", ret);
128.     buf = ((char *)buf) + ret;
129.     total_length = total_length - ret;
130.     if (total_length == 0){
131.       break;
132. }
133.   }
134.
135.   total_length = width * height * 4;
136.   printf("Total_length = %d \n", total_length);
137.   bmp_buf_dst = (char *)calloc(1, total_length);
138.   if (bmp_buf_dst == NULL) {
139.     printf("Load BMP out of memory! \n");
140.     return -1;
141.   }
142.
143.   cursor_bitmap_format_convert(bmp_buf_dst, bmp_buf);
144.   memcpy(fb_mem, bmp_buf_dst, total_length);
145.
146.   printf("Show logo return 0 \n");
147.   return 0;
148. }
```

在 show_bmp()函数后面添加如程序清单 13-4 所示的 main()函数的实现代码。

(1) 第 4 至 12 行代码:用可读写的方式(O_RDWR)打开显存设备 fb0。

(2) 第 14 至 28 行代码:通过 ioctl()函数输入读取屏幕制造参数 fix 的命令 FBIOGET_FSCREENINFO,并将获取到的显示屏的制造信息存入 fixInfo 结构体中,最终打印的内容为厂商 ID 和每行像素空间大小等信息。

(3) 第 30 至 48 行代码:通过 ioctl()函数输入读取屏幕变量参数 var 的命令 FBIOGET_VSCREENINFO,并将获取到的显示屏的变量数据存入 varInfo 结构体中,最终打印的内容为显示屏的宽高、数据位数和色彩偏差等变量数据。

(4) 第 50 至 56 行代码:将一些关键参数赋值给静态变量。

(5) 第 58 至 66 行代码:通过 mmap()函数将显存的帧缓冲内容映射到内存中的指针 fb_mem。

(6) 第 68 至 76 行代码:通过 show_bmp()函数将对应路径下的 BMP 图像读取到映射的内存空间。

(7) 第 78 行代码:更新显存的帧缓冲。

(8) 第 79 至 80 行代码:释放显存,关闭显存设备。

程序清单 13-4

```
int main(int argc, char const * argv[]){
  int rst = 0;

  //开启显存设备
  int fd = open(DEVICE, O_RDWR);
  if (fd < 0){
    perror("Open fb failed");
    return;
  }
  else{
    printf("Open fb successfully \n");
  }

  //获取屏幕 fix 信息并打印
  struct fb_fix_screeninfo fixInfo;

  rst = ioctl(fd, FBIOGET_FSCREENINFO, &fixInfo);
  if (rst < 0){
    perror("Get screeninfo failed");
    close(fd);
    return;
  }
  else{
    printf("Get screeninfo successfully \n");
  }

  printf("Manufacturer ID = %s\n", fixInfo.id); //厂商 ID 信息
  printf("Line Length = %d\n", fixInfo.line_length); //一行像素所需的空间

  //获取屏幕 var 信息并打印
  struct fb_var_screeninfo varInfo;
  rst = ioctl(fd, FBIOGET_VSCREENINFO, &varInfo);
  if (rst < 0){
    perror("Get var screen failed\n");
    close(fd);
```

```
        return;
    }
    else{
        printf("Get var screen successfully \n");
    }

    printf("Height = %d mm, Width = %d mm \n", varInfo.height, varInfo.width);
    printf("Xres = %d, Yres = %d \n", varInfo.xres, varInfo.yres);
    printf("Bits_per_pixel = %d \n", varInfo.bits_per_pixel);
    printf("Red: offset = %d, Length = %d \n", varInfo.red.offset, varInfo.red.length);
    printf("Green: offset = %d, Length = %d \n", varInfo.green.offset, varInfo.green.length);
    printf("Blue: offset = %d, Length = %d \n", varInfo.blue.offset, varInfo.blue.length);
    printf("Transp: offset = %d, Length = %d \n", varInfo.transp.offset, varInfo.transp.length);

    //关键参数赋值
    xres = varInfo.xres;
    yres = varInfo.yres;
    bits_per_pixel = varInfo.bits_per_pixel;
    height = varInfo.height;
    width = varInfo.width;
    screensize = (varInfo.xres * varInfo.yres * varInfo.bits_per_pixel) / 8;

    //通过 mmap 进行地址映射
    char* fb_mem = (char *)mmap(NULL, screensize, PROT_READ | PROT_WRITE, MAP_SHARED, fd, 0);
    if (fb_mem == NULL){
        perror("Map framebuffer device to memory failed ");
        return;
    }
    else{
        printf("Map framebuffer device to memory successfully \n");
    }

    //显示 BMP 图像
    rst = show_bmp(fb_mem, BMP_PATH);
    if (rst < 0){
        printf("Show BMP failed \n");
        return;
    }
    else{
        printf("Show BMP successfully \n");
    }

```

```
    fb_update(fd, &varInfo); //更新显存
    munmap(fb_mem, screensize); //释放显存
    close(fd);
    return 0;
}
```

步骤 3:复制源码包到 Ubuntu

通过 SecureCRT 建立 SFTP 文件传输连接,执行“cd /home/user/work/”命令进入“/home/user/work”目录,然后执行“put -r lab10.lcd_test/”命令,将 lab10.lcd_test 文件夹传输到“/home/user/work”目录下,如程序清单 13-5 所示。

程序清单 13-5

```
sftp > cd /home/user/work/
sftp > put -r lab10.lcd_test/
```

步骤 4:编译应用层测试程序

通过 SecureCRT 终端连接 Ubuntu,执行“cd /home/user/work/lab10.lcd_test/app”命令进入“/home/user/work/lab10.lcd_test/app”目录,然后执行“make”或“make lcd_test”命令对应用层测试程序进行编译。编译之后,可以通过“ls”命令查看该目录下已经生成了 lcd_test 文件,该文件即为可执行的应用程序。建议在编译之前,先通过执行“make clean”命令清除编译生成的文件,如程序清单 13-6 所示。

程序清单 13-6

```
user@ubuntu:~ $ cd /home/user/work/lab10.lcd_test/app
user@ubuntu:~/work/lab10.lcd_test/app $ make clean
user@ubuntu:~/work/lab10.lcd_test/app $ make
```

步骤 5:复制应用程序

通过 SecureCRT 建立 SFTP 文件传输连接,执行“cd /home/user/work/lab10.lcd_test/app”命令进入“/home/user/work/lab10.lcd_test/app”目录,然后执行“get lcd_test”命令,将 lcd_test 文件复制到“D:\Ubuntu_share”目录下,如程序清单 13-7 所示。

程序清单 13-7

```
sftp > cd /home/user/work/lab10.lcd_test/app
sftp > get lcd_test
```

步骤 6:运行应用程序

首先,通过快捷键“Win+R”打开“运行”对话框,输入“CMD”命令后回车,打开命令提示符窗口,将该窗口命名为 Terminal-A。在 Terminal-A 中执行“adb push D:\Ubuntu_share\lab10.lcd_test\app\sample.bmp /mnt/sdcard/Download/”命令,将 sample.bmp 图片复制到 RK3288 的“/mnt/sdcard/Download/”目录下。再执行“adb push D:\Ubuntu_share\lcd_test /data/local/tmp”命令,将 lcd_test 文件复制到 RK3288 的“/data/local/tmp”目录下,如

程序清单 13-8 所示。

程序清单 13-8

```
C:\Users\hp > adb push D:\Ubuntu_share\lab10.lcd_test\app\sample.bmp /mnt/sdcard/Download/
C:\Users\hp > adb push D:\Ubuntu_share\lcd_test /data/local/tmp
```

其次，在 Terminal-A 中执行“adb shell”命令登录到 RK3288 的 Linux 终端，再执行“cd /data/local/tmp”命令进入 RK3288 的“/data/local/tmp”目录，如程序清单 13-9 所示。

程序清单 13-9

```
C:\Users\hp > adb shell
root@rk3288:/ # cd /data/local/tmp
```

最后，在 Terminal-A 中执行“chmod 777 lcd_test”命令，更改 lcd_test 的权限，改为任何用户对 lcd_test 都有可读可写可执行的权限。更改完权限之后，就可以通过执行“./lcd_test”命令来执行 lcd_test，如程序清单 13-10 所示。

程序清单 13-10

```
root@rk3288:/data/local/tmp # chmod 777 lcd_test
root@rk3288:/data/local/tmp # ./lcd_test
Open fb successfully
Get screeninfo successfully
……
```

步骤 7：运行结果

在 Terminal-A 窗口中，可看到如图 13-5 所示的运行结果，并且在嵌入式开发系统的 LCD 屏上成功显示 sample.bmp 图片，表示实验成功。

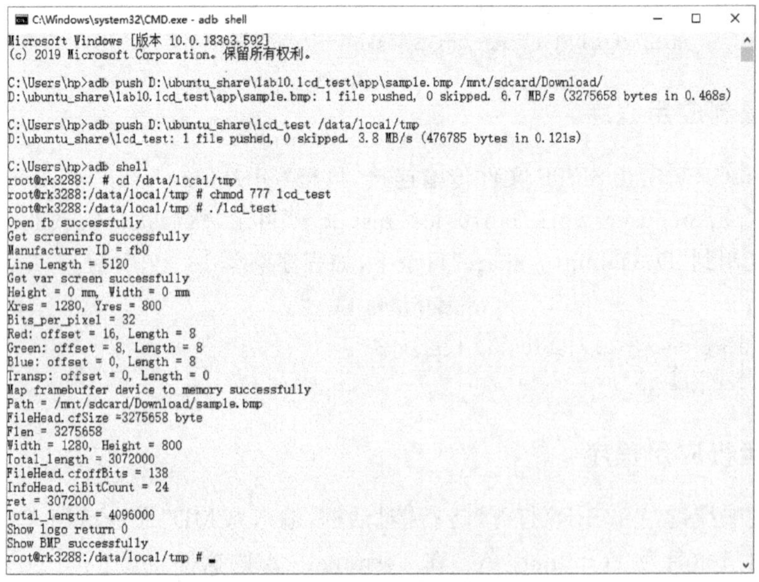

C:\Windows\system32\CMD.exe - adb shell
Microsoft Windows [版本 10.0.18363.592]
(c) 2019 Microsoft Corporation。保留所有权利。
C:\Users\hp>adb push D:\ubuntu_share\lab10.lcd_test\app\sample.bmp /mnt/sdcard/Download/
D:\ubuntu_share\lab10.lcd_test\app\sample.bmp: 1 file pushed, 0 skipped. 6.7 MB/s (3275658 bytes in 0.468s)
C:\Users\hp>adb push D:\ubuntu_share\lcd_test /data/local/tmp
D:\ubuntu_share\lcd_test: 1 file pushed, 0 skipped. 3.8 MB/s (476785 bytes in 0.121s)
C:\Users\hp>adb shell
root@rk3288:/ # cd /data/local/tmp
root@rk3288:/data/local/tmp # chmod 777 lcd_test
root@rk3288:/data/local/tmp # ./lcd_test
Open fb successfully
Get screeninfo successfully
Manufacturer ID = fb0
Line Length = 5120
Get var screen successfully
Height = 0 mm, Width = 0 mm
Xres = 1280, Yres = 800
Bits_per_pixel = 32
Red: offset = 16, Length = 8
Green: offset = 8, Length = 8
Blue: offset = 0, Length = 8
Transp: offset = 0, Length = 0
Map framebuffer device to memory successfully
Path = /mnt/sdcard/Download/sample.bmp
FileHead.cfSize =3275658 byte
Flen = 3275658
Width = 1280, Height = 800
Total_length = 3072000
FileHead.cfoffBits = 138
InfoHead.ciBitCount = 24
ret = 3072000
Total_length = 4096000
Show logo return 0
Show BMP successfully
root@rk3288:/data/local/tmp #

图 13-5　本章实验运行结果

本章任务

完成本章的学习后，了解 LVDS 接口的概念，以及相比于 TTL 接口的优势，了解 BMP 图像的显示流程。准备两张分辨率为 1 280×800 ppi 的图片，在本章实验的基础上修改代码，实现两张图片在屏幕上轮流显示。

本章习题

1. 简述帧缓冲的功能和基本原理。
2. 简述 ioctl()函数参数的意义。
3. 简述 mmap()函数的作用。
4. 简述 BMP 图像的数据格式。
5. 简述 BMP 图像的显示流程。

第 14 章　触摸屏控制实验

触摸屏又称触控屏，具有灵敏的反应速度、易于交互、坚固耐用和节省空间等优点，是目前最便捷、简单且自然的一种人机交互设备。触摸屏又分为电阻式和电容式，嵌入式开发系统上使用的是电容式触摸屏。电容式触摸屏可以实现多点触控、操作灵敏，具有不易误触和耐用度高等特点。电容式触摸屏感应到人体的电流才能进行操作，避免了其他物品触碰，在防尘、防水和耐磨等方面表现较好。电容式触摸屏的使用寿命较长且不需要压力产生信号，通过人体触摸就可以实现交互。

14.1　实验内容

本章实验通过 Linux 系统的 Input 子系统捕获触摸事件，并打开相应设备文件获取触摸屏的触摸坐标信息，最后将解析后的触摸坐标和相对方位进行打印输出。完成本章实验后，将熟练掌握 getevent 命令的使用和 Input 事件的数据处理。

14.2　实验原理

14.2.1　触摸屏电路

触摸屏电路如图 14－1 所示，触摸屏的引脚包含触摸中断引脚（TOUCH_INT）、触摸屏复位引脚（TOUCH_RST）和 I^2C 通信引脚（I2C4_SDA_TP 和 I2C4_SCL_TP），分别连接到 RK3288 核心板的 F26、E26、H25 和 J23 引脚。触摸中断引脚负责传输触摸中断信号，当触碰触摸屏时，产生中断信号向 RK3288 表明发生了触摸事件（input 事件），I^2C 用于传输按压触摸屏的诸多参数数据，如触点数量、大小、按压力度等，当触发触摸中断时即开始传输，复位引脚用于复位触摸屏，返回初始状态。

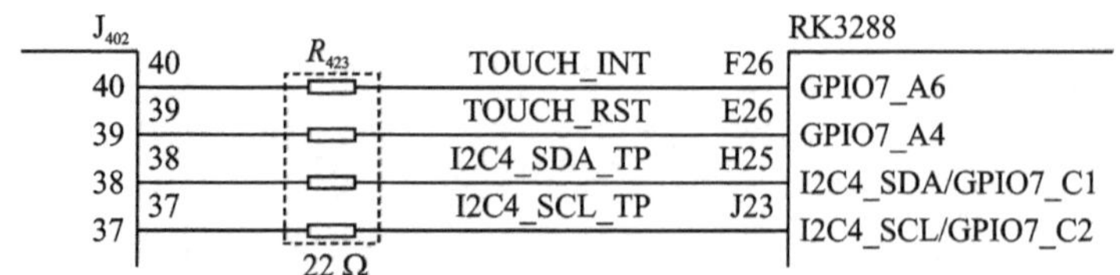

图 14－1　触摸屏电路

14.2.2　GT911 芯片介绍

电容触摸屏控制芯片 GT911 是专为 7～8 寸电容触摸屏设计的，使用了新一代 5 点电容触控方案，拥有 26 个驱动通道和 14 个感应通道，能满足较高触摸精度的需求。GT911 可同时识别 5 个触摸点位的实时准确位置、移动轨迹和触摸面积等数据，并可根据主控系统的需要，读取相应触点的触摸信息。GT911 芯片的引脚图和引脚功能说明如图 14－2 和表 14－1 所示。

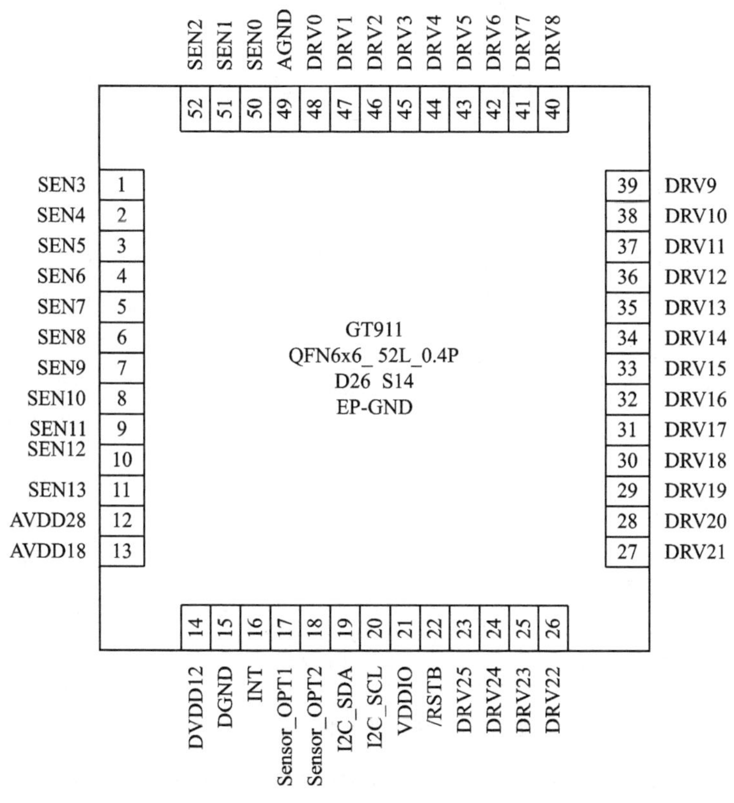

图 14－2　GT911 引脚图

表 14－1　GT911 引脚功能说明

引　脚	引脚名称	引脚说明
1～11	SEN3～SEN13	触摸模拟信号输入
12	AVDD28	模拟电源
13	AVDD18	
14	DVDD12	数字电源
15	DGND	数字信号地
16	INT	中断信号
17	Sensor_OPT1	模组识别口

续表 14-1

引　脚	引脚名称	引脚说明
18	Sensor_OPT2	模组识别口(备用)
19	I2C_SDA	I^2C 数据信号
20	I2C_SCL	I^2C 时钟信号
21	VDDIO	GPIO 电平控制
22	/RSTB	系统复位脚
23～48	DRV25～DRV0	驱动信号输出
49	AGND	模拟信号地
50～52	SEN0～SEN2	触摸模拟信号输入

14.2.3 I^2C 协议

I^2C 总线是 PHLIPS 公司推出的一种串行总线，是具备多主机系统所需的包括总线裁决和高低速器件同步功能在内的高性能串行总线。I^2C 总线只有两根双向信号线：数据线 SDA 和时钟线 SCL。

每个连接到 I^2C 总线上的器件都有唯一的地址。主机与其他器件间的数据传送关系为主机发送数据到其他器件，这时主机为发送器，从总线上接收数据的器件则为接收器。如图 14-3 所示，在多主机系统中，可能同时有几个主机企图启动总线传送数据，为了避免混乱，I^2C 总线要通过总线仲裁决定由哪一台主机控制总线。

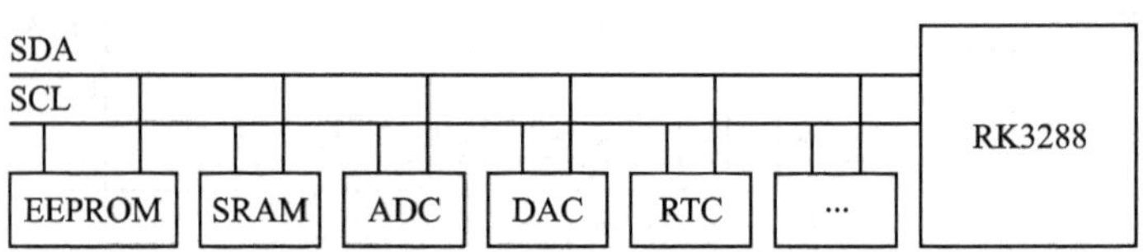

图 14-3　I^2C 总线物理拓扑结构

图 14-4 所示为 I^2C 总线内部结构，I^2C 总线通过上拉电阻接正电源。当总线空闲时，两根信号线均为高电平。连接到总线上的任一器件输出低电平，都将使总线信号变低电平，即各器件的 SDA 及 SCL 都是线“与”关系。

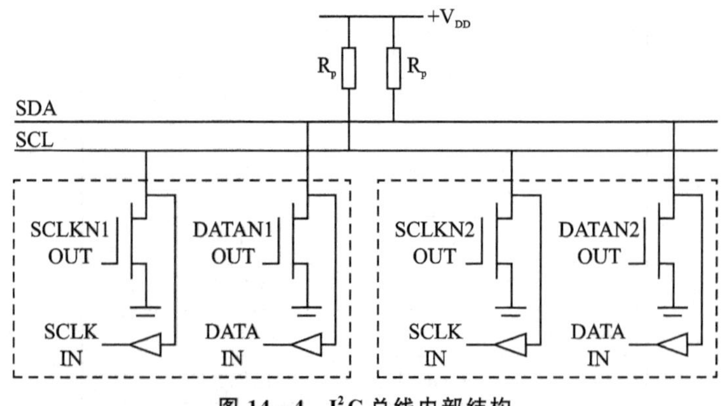

图 14-4　I^2C 总线内部结构

I^2C 时序图如图 14-5 所示，在 SCL 为高电平期间，SDA 由高电平向低电平变化表示起始信号；在 SCL 为高电平期间，SDA 由低电平向高电平变化表示停止信号。在进行数据传输且 SCL 为高电平期间，SDA 上的数据必须保持稳定。只有在 SCL 为低电平期间，SDA 上的数据才允许变化。起始和停止信号都由主机发出，在起始信号产生后，总线处于被占用状态；在停止信号产生后，总线处于空闲状态。

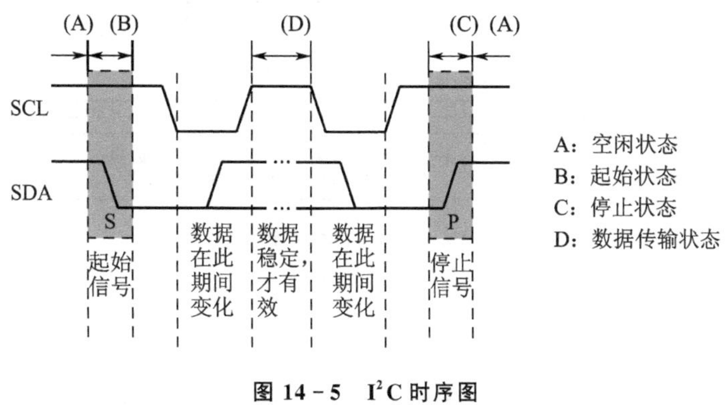

图 14-5　I^2C 时序图

在 SCL 为高电平期间，SDA 保持低电平，表示发送 0 或应答；在 SCL 为高电平期间，SDA 保持高电平，表示发送 1 或非应答，如图 14-6 所示。

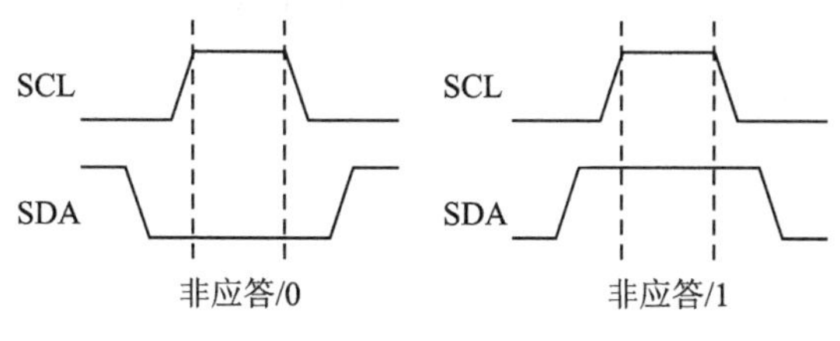

图 14-6　SDA 信号

14.2.4　Input 子系统

Linux 内核通过 Input 子系统管理不同类型的输入设备（触摸屏、鼠标、键盘和操纵杆等），并为驱动层程序提供统一的接口函数。Input 子系统可将不同输入设备的输入信息用统一的数据格式进行描述，大幅度降低了驱动程序的复杂度和用户调用的难度，架构如图 14-7 所示。

Linux 输入子系统架构自下而上分为 3 层：硬件驱动层、子系统核心层和事件处理层，每层仅负责各自的功能。

1. 硬件驱动层（Input Driver）：硬件驱动层因输入设备而异，需要驱动程序的开发者自行编写，或由设备的生产厂家提供。

2. 子系统核心层（Input Core）：子系统核心层负责连接硬件驱动层和事件处理层，向下提供硬件驱动层的接口，向上提供事件处理层的接口。

3. 事件处理层（Event Handler）：事件处理层负责与用户程序进行交互，将硬件驱动层传来的输入事件报告给用户程序。

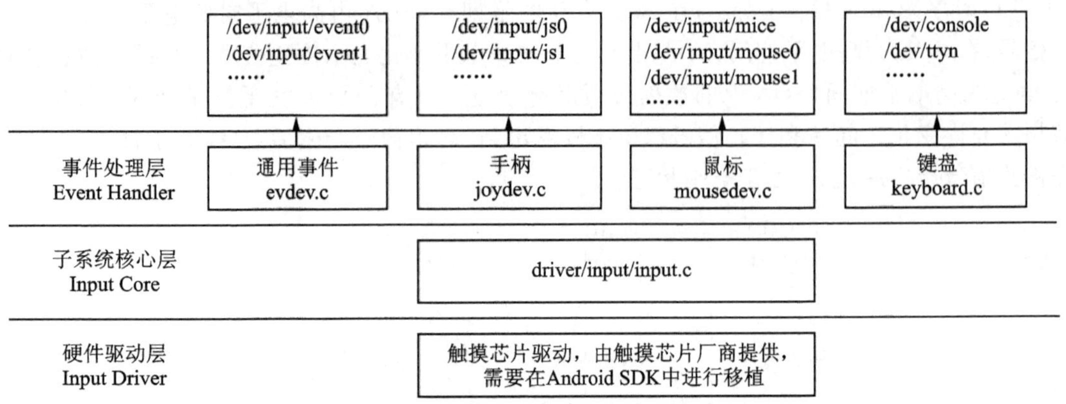

图 14－7　Input 子系统架构

14.2.5　Input 事件捕获

事件处理层接收到硬件驱动层的输入事件后，采用统一的数据格式将事件上报给用户。下面介绍如何动态观察 Input 事件捕获，并判断当前输入设备对应的设备节点名称。首先，打开命令提示符窗口，输入并执行“adb shell”指令进入 RK3288 系统，执行命令“getevent －l”，系统便会显示当前可用输入设备，同时进入事件捕获模式。随后，用手指轻触嵌入式开发系统的触摸屏，这时可见子系统上报了对应的输入事件，如图 14－8 所示。

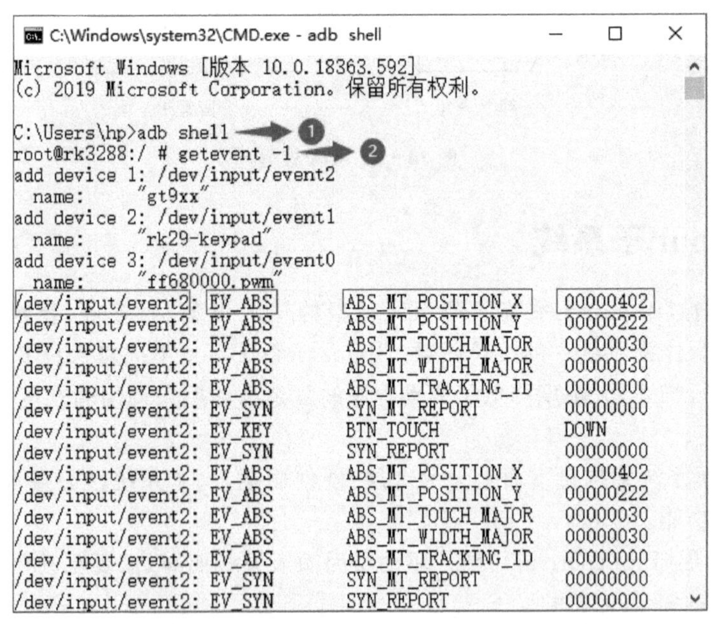

图 14－8　Input 事件捕获

这些事件都来源于设备/dev/input/event2，可以确定该设备为触摸屏设备，并且这些事件都具有特定的数据格式，如下所示。

```
设备名:事件 type    事件 code    事件 value
```

如果仅触摸屏幕，上发的报文设备名一致，而 type、code 和 value 的值有所不同，通过这些参数可以获取触摸的位置、按压情况和触点面积等信息。

本章实验的目的是获取触摸屏幕的坐标，在图 14－8 所示的一系列事件中，触摸屏控制坐标的事件 type 为 EV_ABS，code 为 ABS_MT_POSITION_X 和 ABS_MT_POSITION_Y，value 为 X 和 Y 的具体数值。

14.2.6　触摸屏坐标点分布

触摸屏的坐标轴左上角为坐标原点(0,0)，坐标位置信息如图 14－9 所示。

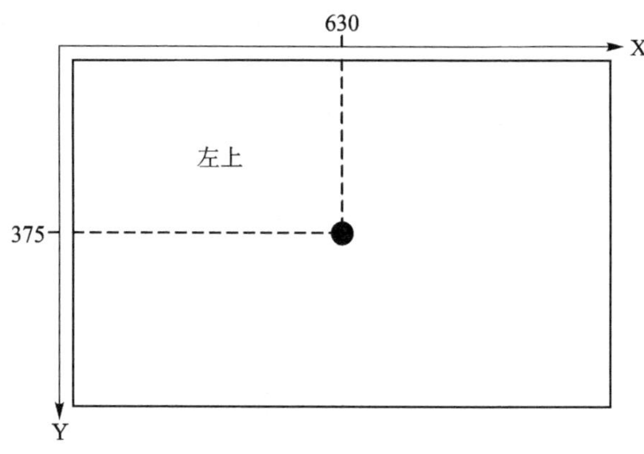

图 14－9　坐标位置信息

14.3　实验步骤

步骤 1：复制文件夹到 Ubuntu_share 目录

将本书配套资料包“04.例程资料\Material”目录下的 lab11.touch_test 文件夹复制到“D:\Ubuntu_share”目录下。

步骤 2：完善 lab11.touch_test 文件夹下的源码文件

打开“D:\Ubuntu_share\lab11.touch_test\app”文件夹中的 touch_test.c 文件，添加如图 14－1 所示的第 10 行代码。

程序清单 14－1

```
1.    #include <stdio.h>
2.    #include <stdlib.h>
3.    #include <sys/types.h>
4.    #include <sys/stat.h>
5.    #include <fcntl.h>
6.    #include <unistd.h>
7.    #include <strings.h>
```

```
#include "input.h"

#define DEVICE  "/dev/input/event2"
```

在上一步添加的代码后面，添加如程序清单 14 - 2 所示的结构体和函数声明。

程序清单 14 - 2

```
struct ts_sample{
  int x;
  int y;
};

void ts_read(char *device, struct ts_sample *ts_sp);
```

在上一步添加的代码后面，添加如程序清单 14 - 3 所示的 ts_read()函数的实现代码，该函数的功能是实现触摸屏坐标读取。

(1) 第 3 行代码：以只读的方式打开触摸屏设备，device 为 ts_read 的形参，外部调用的时候把设备文件节点传进来。

(2) 第 9 至 10 行代码：创建输入事件结构体 buf，并将其清零。

(3) 第 12 至 29 行代码：循环读取触摸屏设备的输入事件，存入事件结构体 buf 中，并根据 buf 的 type 和 code 截取坐标数据包，将对应的 X、Y 坐标存入结构体中。每当接收到完整的 X 和 Y 数据包(count=2)，则跳出循环，退出 ts_read()函数。

程序清单 14 - 3

```
1.  void ts_read(char *device, struct ts_sample *ts_sp){
2.
3.    int ts = open(device, O_RDONLY);
4.    if (ts == -1){
5.      printf("Open %s Failed! \n", device);
6.      return;
7.    }
8.
9.    struct input_event buf; //输入事件结构体
10.   bzero(&buf, sizeof(buf));
11.
12.   int count = 0;
13.   while (1){
14.      read(ts, &buf, sizeof(buf));
15.
16.      if (buf.type == EV_ABS){
17.        if (buf.code == ABS_MT_POSITION_X){ //X 坐标
18.          ts_sp->x = buf.value;
19.          count++;
20.        }
21.        if (buf.code == ABS_MT_POSITION_Y){ //Y 坐标
22.          ts_sp->y = buf.value;
```

```
                count ++ ;
            }
            if (count == 2){
                break; //只有 X 和 Y 都读取到了才会跳出循环
            }
        }
    }

    close(ts);
}
```

在 ts_read()函数后面添加如程序清单 14－4 所示的 main()函数的实现代码。

(1) 第 2 行代码：创建一个结构体指针 ts_s 并动态分配内存空间。

(2) 第 4 至 23 行代码：循环读取并打印 X、Y 的坐标，同时根据触点所处的位置判断出大致的方位。

程序清单 14－4

```
1.  int main(int argc, char const * argv[]){
2.    struct ts_sample * ts_s = malloc(sizeof(struct ts_sample));
3.
4.    while (1){
5.      ts_read(DEVICE, ts_s); //读取 X、Y 坐标
6.
7.      printf("( X: %d , Y: %d ) ---- ", ts_s->x, ts_s->y); //打印坐标
8.
9.      //打印所处方位
10.     if (ts_s->x < 630){
11.       printf("( Left, ");
12.     }
13.     else{
14.       printf("( Right, ");
15.     }
16.
17.     if (ts_s->y < 375){
18.       printf("Up )\n");
19.     }
20.     else{
21.       printf("Down )\n");
22.     }
23.   }
24.
25.   return 0;
26. }
```

步骤 3:复制源码包到 Ubuntu

通过 SecureCRT 建立 SFTP 文件传输连接,执行"cd /home/user/work/"命令进入"/home/user/work"目录,然后执行"put -r lab11. touch_test/"命令,将 lab11. touch_test 文件夹传输到"/home/user/work"目录下,如程序清单 14-5 所示。

程序清单 14-5

```
sftp > cd /home/user/work/
sftp > put -r lab11.touch_test/
```

步骤 4:编译应用层测试程序

通过 SecureCRT 终端连接 Ubuntu,执行"cd /home/user/work/lab11. touch_test/app"命令进入"/home/user/work/lab11. touch_test/app"目录,然后执行"make"或"make touch_test"命令对应用层测试程序进行编译。编译之后,可以通过"ls"命令查看该目录下已经生成了 touch_test 文件,该文件即为可执行的应用程序。建议在编译之前,先通过执行"make clean"命令清除编译生成的文件,如程序清单 14-6 所示。

程序清单 14-6

```
user@ubuntu:~ $ cd /home/user/work/lab11.touch_test/app
user@ubuntu:~/work/lab11.touch_test/app $ make clean
user@ubuntu:~/work/lab11.touch_test/app $ make
```

步骤 5:复制应用程序

通过 SecureCRT 建立 SFTP 文件传输连接,通过执行"cd /home/user/work/lab11. touch_test/app"命令进入"/home/user/work/lab11. touch_test/app"目录,然后执行"get touch_test"命令,将 touch_test 文件复制到"D:\Ubuntu_share"目录下,如程序清单 14-7 所示。

程序清单 14-7

```
sftp > cd /home/user/work/lab11.touch_test/app
sftp > get touch_test
```

步骤 6:运行应用程序

首先,通过快捷键"Win+R"打开"运行"对话框,输入"CMD"命令后回车,打开命令提示符窗口,将该窗口命名为 Terminal-A。在 Terminal-A 中执行"adb push D:\Ubuntu_share\touch_test /data/local/tmp"命令,将 touch_test 文件复制到 RK3288 平台的"/data/local/tmp"目录,如程序清单 14-8 所示。

程序清单 14-8

```
C:\Users\hp > adb push D:\Ubuntu_share\touch_test /data/local/tmp
```

其次,在 Terminal-A 中执行"adb shell"命令登录到 RK3288 的 Linux 终端,再执行"cd /data/local/tmp"命令进入 RK3288 平台的"/data/local/tmp"目录,如程序清单 14-9 所示。

程序清单 14－9

```
C:\Users\hp > adb shell
root@rk3288:/ # cd /data/local/tmp
```

最后，在 Terminal－A 中执行“chmod 777 touch_test”命令，更改 touch_test 的权限，改为任何用户对 touch_test 都有可读可写可执行的权限。更改完权限之后，就可以通过执行“./touch_test”命令来执行 touch_test，如程序清单 14－10 所示。

程序清单 14－10

```
root@rk3288:/data/local/tmp # chmod 777 touch_test
root@rk3288:/data/local/tmp # ./touch_test
```

步骤 7：运行结果

用手指触碰触摸屏，在 Terminal－A 窗口中，可看到打印出触碰处的位置信息，如图 14－10 所示的运行结果，表明实验成功。

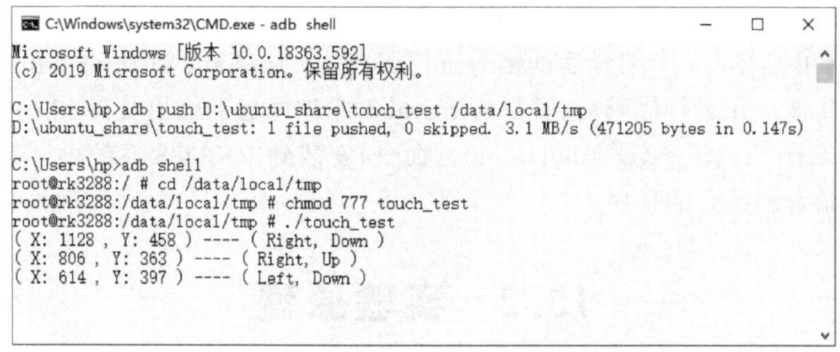

图 14－10　本章实验运行结果

本章任务

完成本章的学习后，了解 I^2C 总线的通信时序图及 Linux 子系统的构成和功能。参考本章实验原理部分的 Input 事件捕获，观察 Input 子系统还上报了哪些信息，修改实验代码，显示触摸点直径、按压力度等信息。

本章习题

1. 简述 Input 子系统的功能。
2. 简述 Input 子系统的分层及各层的功能。
3. 简述 Input 事件上报信息的数据类型。
4. 简述 Linux 的其他子系统及功能特色。
5. 思考 Linux 采用 Input 子系统管理的优劣。

第 15 章　音频综合实验

通过音频实验，学习如何在 Linux C 程序中模拟 adb 终端执行系统命令，从而实现录音和播音的功能。要求在本章实验后熟练掌握动态库的使用和系统命令的添加。

15.1　实验内容

嵌入式开发系统音频使用的是 ALSA（Advanced Linux Sound Architecture）架构，该架构提供了用户空间的 alsa-lib 库来简化应用程序的开发。本章实验选择在 C 程序中通过 execv()函数，直接调用 tinyalsa 库编译后的 tinycap、tinyplay、tinymix 和 tinypcminfo 命令来实现录音和播音等功能。在运行代码前，需要将 tinyalsa 库编译后的输出文件 libtinyalsa.so（动态库）和 tinycap、tinyplay、tinymix、tinypcminfo（命令）安装到 RK3288 系统中，随后便可以通过这些命令执行录音和播音的程序。

15.2　实验原理

15.2.1　音频电路

声卡芯片 ES8323S 与音频功率放大器 FT2011M 的电路如图 15-1 所示。ES8323S 通过 I^2C 和 I^2S 与 RK3288 进行通信和音频数据传输，I^2C（I2C2_SDA_AUDIO 和 I2C2_SCL_AUDIO）为控制信号通道，用于控制 ES8323S 芯片；I^2S（I2S0_CLK、I2S0_SCLK、I2S0_SDO0、I2S0_LRCK_TX、I2S0_LRCK_RX 和 I2S0_SDI）为音频数据传输通道，用于将 RK3288 端的音频数据输出至声卡进行处理。I^2C 信号通道连接至 RK3288 芯片的 AF12 和 AD12 引脚，I^2S 信号通道连接至 RK3288 芯片的 AC12、AD11、AG12、AF11、AG11 和 AE11 引脚。

麦克风咪头 J_{601} 用于实现录音功能，通过 J_{601} 连接至 ES8323S 芯片的左声道输入引脚 LIN(22)。

RK3288 端发送的数字音频信号经 ES8323S 芯片处理之后，转变为模拟音频信号输出，输出引脚为 ROUT 和 LOUT。输出的模拟音频信号经通道 HPO_L 和 HPO_R 传递至放音电路进行放音，音频的输出有两个方向：喇叭输出和耳机输出。模拟音频信号经过音频功率放大芯片 FT2011M 进行功率放大，并将信号经过通道 FT_OUTR＋和 FT_OUTR－传递至喇叭进行放音。FT2011M 的 SHDN＃引脚的功能为控制芯片开关，只有在该引脚为高电平时，芯片才正常工作，可以通过使用跳线帽连接 J_{606} 来为 SHDN＃引脚提供高电平。HP_DET 为耳机插入标志，连接至 RK3288 核心板的 H24 引脚。未插入耳机时，HP_DET 和 SHDN＃皆为

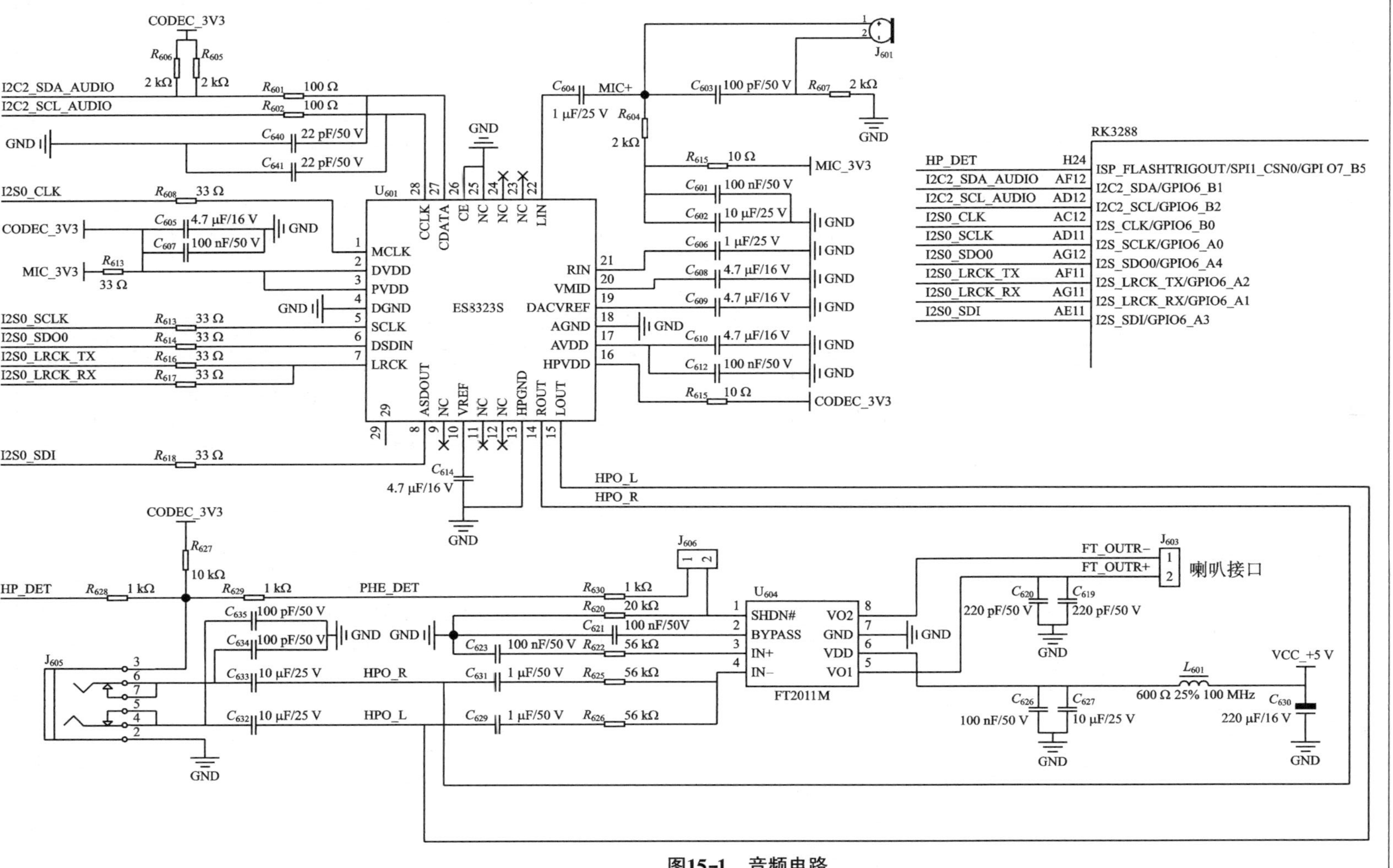
CODEC_3V3
I2C2_SDA_AUDIO
I2C2_SCL_AUDIO
GND
I2S0_CLK
CODEC_3V3
MIC_3V3
I2S0_SCLK
I2S0_SDO0
I2S0_LRCK_TX
I2S0_LRCK_RX
I2S0_SDI
U601
ES8323S
MCLK DVDD PVDD DGND SCLK DSDIN LRCK
CCLK CDATA CE NC NC NC LIN
RIN VMID DACVREF AGND AVDD HPVDD
ASDOUT NC VREF NC NC HPGND ROUT LOUT
MIC+
J601
MIC_3V3
RK3288
HP_DET H24 ISP_FLASHTRIGOUT/SPI1_CSN0/GPI O7_B5
I2C2_SDA_AUDIO AF12 I2C2_SDA/GPIO6_B1
I2C2_SCL_AUDIO AD12 I2C2_SCL/GPIO6_B2
I2S0_CLK AC12 I2S_CLK/GPIO6_B0
I2S0_SCLK AD11 I2S_SCLK/GPIO6_A0
I2S0_SDO0 AG12 I2S_SDO0/GPIO6_A4
I2S0_LRCK_TX AF11 I2S_LRCK_TX/GPIO6_A2
I2S0_LRCK_RX AG11 I2S_LRCK_RX/GPIO6_A1
I2S0_SDI AE11 I2S_SDI/GPIO6_A3
HPO_L
HPO_R
HP_DET
PHE_DET
J605
J606
U604
FT2011M
SHDN# BYPASS IN+ IN−
VO2 GND VDD VO1
FT_OUTR−
FT_OUTR+
J603
喇叭接口
L601 600 Ω 25% 100 MHz
VCC_+5 V
C630 220 μF/16 V

图15-1　音频电路

高电平，FT2011M 正常工作(已使用跳线帽连接 J_{606})，此时使用喇叭放音；插入耳机时，耳机插座 J_{605} 的 3 号引脚拉低，HP_DET 和 SHDN# 变为低电平，FT2011M 停止工作，仅能通过耳机播放音频。

15.2.2 ES8323S 芯片介绍

ES8323S 是顺芯公司研发的一款高性能、低功耗、低成本的音频编码、解码器芯片，包括 2 路 ADC 和 DAC 通道、麦克风功率放大器和耳机功率放大器，能够实现数字音效、模拟混音和模拟信号增益的功能。由于该设备采用先进的多比特 Δ－Σ 音频调制技术进行模/数转换，因此器件因时钟波动而产生的噪声得到有效的降低。ES8323S 芯片的引脚图及引脚功能说明分别如图 15－2 和表 15－1 所示。

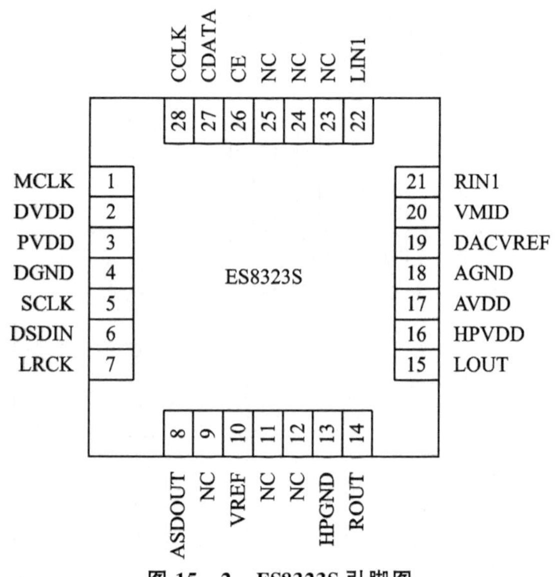

图 15－2 ES8323S 引脚图

表 15－1 ES8323S 引脚功能说明

引 脚	引脚名称	引脚说明	引 脚	引脚名称	引脚说明
1	MCLK	主时钟	15	LOUT	左声道模拟输出
2	DVDD	数字内核电源	16	HPVDD	模拟输出电源
3	PVDD	数字 I/O 电源	17	AVDD	模拟电源
4	DGND	数字地	18	AGND	模拟地
5	SCLK	音频数据时钟	19	DACVREF	外接去耦电容
6	DSDIN	音频 DAC 数据输入	20	VMID	外接去耦电容
7	LRCK	音频左右声道时钟	21	RIN1	右声道输入
8	ASDOUT	音频 ADC 数据输出	22	LIN1	左声道输入
9	NC		23	NC	
10	VREF	外接去耦电容	24	NC	
11	NC		25	NC	
12	NC		26	CE	选择控制端
13	HPGND	模拟输出地	27	CDATA	控制信号输入
14	ROUT	右声道模拟输出	28	CCLK	控制时钟输入

15.2.3　I²S 简介

I²S 总线，又称为集成电路内置音频总线，是 PHLIPS 公司为数字音频设备之间的音频数据传输而制定的一种总线标准，专用于音频设备之间的数据传输，广泛应用于各种多媒体系统。该总线采用沿独立的导线传输时钟与数据信号的设计，通过将数据和时钟信号分离，避免了因时差而引发的失真。

I²S 总线的特点为支持全双工/半双工和主/从模式，其与 PCM 相比，I²S 更适合立体声系统，并且支持多声道。I²S 主要有三大信号，功能如下。

① 串行时钟 SCLK，又称位时钟(BCLK)，即对应数字音频的每位数据，SCLK 都有 1 个脉冲。SCLK 的频率＝2×采样频率×采样位数。

② 帧时钟 LRCK，又称 WS，用于切换左右声道的数据。LRCK 为 1 表示正在传输的是右声道的数据，为 0 则表示正在传输的是左声道的数据。LRCK 的频率等于采样频率。

③ 串行数据 SDATA，用二进制补码表示的音频数据。

注意，为了使系统间能够更好地同步，还需要一路额外的信号 MCLK，称为主时钟，也叫系统时钟(Sys Clock)，时钟频率为采样频率的 256 倍或 384 倍。该路信号往往由音频解码芯片自带，如图 15－2 中的 1 号 MCLK 引脚。典型的 I²S 信号时序图如图 15－3 所示。

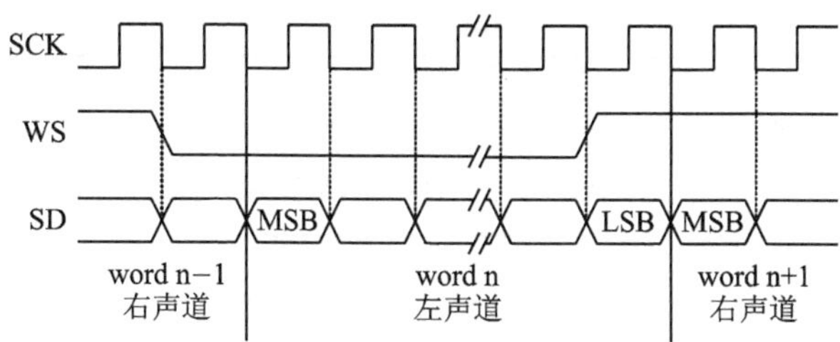

图 15－3　典型 I²S 信号时序图

15.2.4　WAV 音频文件架构

WAV 文件格式(Waveform Audio File Format)是由微软和 IBM 联合开发的用于音频存储的标准格式，常用于保存 PCM 格式的原始音频数据，因此被称为无损音频。所有 WAV 文件都有一个文件头，普通线性 PCM 数据的文件头约为 44 字节，其中包含了音频流的相关编码参数。

WAV 文件格式符合 RIFF(Resource Interchange File Format)规范，文件内容以区块(chunk)为最小单位进行存储。最基础的 WAV 文件由 3 个区块组成：RIFF chunk、Format chunk 和 Data chunk，分别如表 15－2、表 15－3 和表 15－4 所列。

表 15－2　RIFF chunk

名　称	偏移地址	字节数	端　序	内　容
ID	0x00	4Byte	大端	'RIFF'(0x52494646)
Size	0x04	4Byte	小端	fileSize－8
Type	0x08	4Byte	大端	'WAVE'(0x57415645)

表 15-3　Format chunk

名　称	偏移地址	字节数	端　序	内　容
ID	0x00	4Byte	大端	'fmt'(0x666D7420)
Size	0x04	4Byte	小端	16
AudioFormat	0x08	2Byte	小端	音频格式
NumChannels	0x0A	2Byte	小端	声道数
SampleRate	0x0C	4Byte	小端	采样率
ByteRate	0x10	4Byte	小端	每秒数据字节数
BlockAlign	0x14	2Byte	小端	数据块对齐
BitsPerSample	0x16	2Byte	小端	采样位数

表 15-4　Data chunk

名　称	偏移地址	字节数	端　序	内　容
ID	0x00	4Byte	大端	'data'(0x64617461)
Size	0x04	4Byte	小端	N
Data	0x08	NByte	小端	音频数据

PCM 数据在 WAV 文件中的位排列方式如表 15-5 所列。

表 15-5　PCM 数据格式

PCM 数据类型	采　样	采　样
8Bit 单声道	声道 0	声道 0
8Bit 双声道	声道 0	声道 1
16Bit 单声道	声道 0 低位，声道 0 高位	声道 0 低位，声道 0 高位
16Bit 双声道	声道 0 低位，声道 0 高位	声道 1 低位，声道 1 高位

15.2.5　ALSA 声卡驱动架构

ALSA(Advanced Linux Sound Architecture)是当前 Linux 的主流音频架构。ALSA 在内核空间提供 alsa-driver，在用户空间提供 alsa-lib。应用程序只需调用 alsa-lib 提供的 API 接口，即可实现对底层音频硬件的控制，如图 15-4 所示。用户空间的 alsa-lib 对应用程序提供统一的 API 接口，因此隐藏了驱动层的实现细节，降低了应用程序的实现难度。在内核空间中，alsa-soc 是对 alsa-driver 的进一步封装，它针对嵌入式设备提供了一系列增强性的功能。

tinyalsa 是 alsa-lib 的简化版本，适用于安卓系统，二者使用同一套 API 函数。为了便于使用，tinyalsa 库在编译后会生成 1 个动态库和 4 个可执行命令，将它们放入安卓端的指定位置后，便可以直接通过系统命令调用。

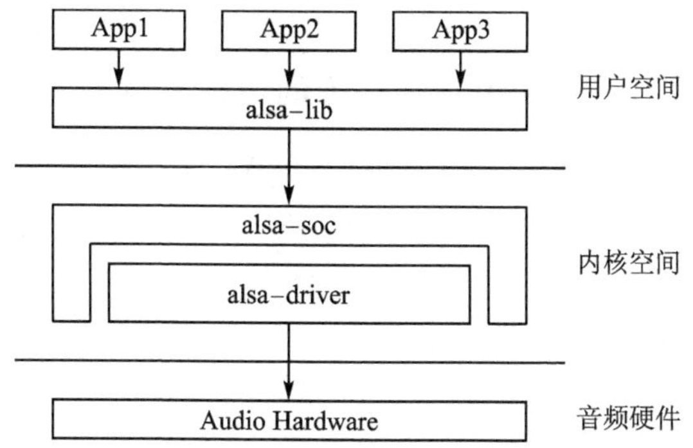

图 15-4　ALSA 声卡驱动架构

15.2.6　tinyalsa 命令

将命令和动态库放入指定位置后，可以直接运行 tinyalsa 的 4 个命令，用法如下。

1. 录音

```
tinycap  /mnt/sdcard/Download/test.wav
```

2. 播音

```
tinyplay  /mnt/sdcard/Download/test.wav
```

15.2.7　execv()函数

本章实验需要在 Linux C 代码中调用系统控制台命令，这涉及 execv()函数的使用。execv()函数属于 Linux 下 exec()函数族中的一员，该族共有 6 位成员，功能如表 15-6 所列。

表 15-6　exec()函数族

函数名称	功　能
execl(path,args...)	执行 path 路径下的文件，传递多个参数
execv(path,argv[])	执行 path 路径下的文件，传递一个参数数组
execlp(file,args...)	在环境变量目录下寻找并执行名称为 file 的文件，传递多个参数
execvp(file,argv[])	在环境变量目录下寻找并执行名称为 file 的文件，传递一个参数数组
execle(path,args...,envp[])	执行 path 路径下的文件，传递多个参数，并指定环境变量
execve(path,argv[],envp[])	执行 path 路径下的文件，传递一个参数数组，并指定环境变量

15.3　实验步骤

步骤 1：复制文件夹到 Ubuntu_share 目录

将本书配套资料包“04.例程资料\Material”目录下的 lab12.audio_test 文件夹复制到“D:

\Ubuntu_share”目录下。

步骤 2：完善 lab12. audio_test 文件夹下的源码文件

打开“D:\Ubuntu_share\lab12. audio_test\app\audio_test_record”文件夹中的 audio_test_record. c 文件，添加如程序清单 15-1 所示的第 14 至 15 行代码。

程序清单 15-1

```
1.  #include <stdio.h>
2.  #include <stdlib.h>
3.  #include <sys/types.h>
4.  #include <sys/stat.h>
5.  #include <sys/ioctl.h>
6.  #include <fcntl.h>
7.  #include <string.h>
8.  #include  <sys/wait.h>
9.  #include  <errno.h>
10. #include  <error.h>
11. #include  <signal.h>
12. #include  <unistd.h>
13.
14. //音频路径
15. #define AUDIO_PATH   "/mnt/sdcard/Download/test.wav"
```

在上一步添加的代码后面，添加如程序清单 15-2 所示的 main()函数的实现代码。

(1) 第 2 至 3 行代码：定义变量，exec_argv 数组用来存放执行命令的参数。

(2) 第 7 至 9 行代码：设置执行命令的参数，使用 tinycap 命令，把录音保存到 AUDIO_PATH 目录下。

(3) 第 11 至 14 行代码：调用 execv()函数进行录音。

程序清单 15-2

```
1.  int main(int argc, char * * argv) {
2.    int rst = 0;
3.    char * exec_argv[3];
4.
5.    //录音，等同于控制台命令：tinycap /mnt/sdcard/Download/test.wav
6.    printf("Start Recording.........\n");
7.    exec_argv[0] = "tinycap";
8.    exec_argv[1] = AUDIO_PATH;
9.    exec_argv[2] = "NULL";
10.
11.   rst = execv("/system/bin/tinycap", exec_argv);
12.   if (rst < 0) {
13.     printf("Run Failed\n");
14.   }
15.
```

```
    return 0;
}
```

打开“D:\Ubuntu_share\lab12. audio_test\app\audio_test_play”文件夹中的 audio_test_play. c 文件，添加如程序清单 15－3 所示的第 14 至 15 行代码。

程序清单 15－3

```
1.  #include <stdio.h>
2.  #include <stdlib.h>
3.  #include <sys/types.h>
4.  #include <sys/stat.h>
5.  #include <sys/ioctl.h>
6.  #include <fcntl.h>
7.  #include <string.h>
8.  #include  <sys/wait.h>
9.  #include  <errno.h>
10. #include  <error.h>
11. #include  <signal.h>
12. #include  <unistd.h>
13.
14. //音频路径
15. #define AUDIO_PATH   "/mnt/sdcard/Download/test.wav"
```

在上一步添加的代码后面，添加如程序清单 15－4 所示的 main()函数的实现代码。

(1) 第 2 至 3 行代码：定义变量，exec_argv 数组用来存放执行命令的参数。

(2) 第 7 至 9 行代码：设置执行命令的参数，使用 tinyplay 命令，把录音保存到 AUDIO_PATH 目录中。

(3) 第 11 至 14 行代码：调用 execv()函数进行播音。

程序清单 15－4

```
1.  int main(int argc, char * * argv) {
2.    int rst = 0;
3.    char * exec_argv[3];
4.
5.    //播音，等同于控制台命令：tinyplay /mnt/sdcard/Download/test.wav
6.    printf("Start Playing.........\n");
7.    exec_argv[0] = "tinyplay";
8.    exec_argv[1] = AUDIO_PATH;
9.    exec_argv[2] = "NULL";
10.
11.   rst = execv("/system/bin/tinyplay", exec_argv);
12.   if (rst < 0){
13.     printf("Run Failed\n");
14.   }
15.
16.   return 0;
17. }
```

步骤 3:复制源码包到 Ubuntu

通过 SecureCRT 建立 SFTP 文件传输连接,执行"cd /home/user/work/"命令进入"/home/user/work"目录,然后执行"put -r lab12.audio_test/"命令,将 lab12.audio_test 文件夹传输到"/home/user/work"目录下,如程序清单 15-5 所示。

程序清单 15-5

```
sftp > cd /home/user/work/
sftp > put -r lab12.audio_test/
```

步骤 4:编译应用层测试程序

通过 SecureCRT 终端连接 Ubuntu,执行"cd /home/user/work/lab12.audio_test/app/audio_test_record"命令进入"/home/user/work/lab12.audio_test/app/audio_test_record"目录,然后执行"make"或"make audio_test_record"命令对应用层测试程序进行编译。编译之后,可以通过"ls"命令查看该目录下已经生成了 audio_test_record 文件,该文件即为可执行的应用程序。建议在编译之前,先通过执行"make clean"命令清除编译生成的文件,如程序清单 15-6 所示。

程序清单 15-6

```
user@ubuntu:~ $ cd /home/user/work/lab12.audio_test/app/audio_test_record
user@ubuntu:~/work/lab12.audio_test/app/audio_test_record $ make clean
user@ubuntu:~/work/lab12.audio_test/app/audio_test_record $ make
```

执行"cd /home/user/work/lab12.audio_test/app/audio_test_play"命令进入"/home/user/work/lab12.audio_test/app/audio_test_play"目录,然后执行"make"或"make audio_test_play"命令对应用层测试程序进行编译。编译之后,可以通过"ls"命令看到该目录下已经生成了 audio_test_play 文件,该文件即为可执行的应用程序。建议在编译之前,先通过执行"make clean"命令清除编译生成的文件,如程序清单 15-7 所示。

程序清单 15-7

```
user@ubuntu:~/work/lab12.audio_test/app/audio_test_record $ cd /home/user/work/lab12.audio
_test/app/audio_test_play
user@ubuntu:~/work/lab12.audio_test/app/audio_test_play $ make clean
user@ubuntu:~/work/lab12.audio_test/app/audio_test_play $ make
```

步骤 5:复制应用程序

通过 SecureCRT 建立 SFTP 文件传输连接,执行"cd /home/user/work/lab12.audio_test/app/audio_test_record"命令进入"/home/user/work/lab12.audio_test/app/audio_test_record"目录,然后执行"get audio_test_record"命令,将 audio_test_record 文件复制到"D:\Ubuntu_share"目录下,如程序清单 15-8 所示。

程序清单 15-8

```
sftp > cd /home/user/work/lab12.audio_test/app/audio_test_record
sftp > get audio_test_record
```

执行"cd /home/user/work/lab12. audio_test/app/audio_test_play"命令进入"/home/user/work/lab12. audio_test/app/audio_test_play"目录，然后执行"get audio_test_play"命令，将 audio_test_play 文件复制到"D:\Ubuntu_share"目录下，如程序清单 15-9 所示。

程序清单 15-9

```
sftp > cd /home/user/work/lab12.audio_test/app/audio_test_play
sftp > get audio_test_play
```

步骤 6:运行应用程序

首先，通过快捷键"Win+R"打开"运行"对话框，输入"CMD"命令后回车，打开命令提示符窗口，将该窗口命名为 Terminal-A。在运行应用程序之前，先将 tinyalsa 库编译后的输出文件 tinycap、tinymix、tinyplay、tinypcminfo 命令和 libtinyalsa. so 动态库安装到 RK3288 系统上:将这 4 个命令复制到"/system/bin"目录下，动态库复制到"system/lib"目录下。注意，RK3288 的 system 文件夹默认属性为只读，因此需要先修改属性为可读可写，通过在 Terminal-A 中执行"adb shell mount -o remount,rw /system"即可。然后依次执行"adb push D:\Ubuntu_share\lab12. audio_test\app\tinyalsa\bin\tinycap /system/bin""adb push D:\Ubuntu_share\lab12. audio_test\app\tinyalsa\bin\tinymix /system/bin""adb push D:\Ubuntu_share\lab12. audio_test\app\tinyalsa\bin\tinyplay /system/bin""adb push D:\Ubuntu_share\lab12. audio_test\app\tinyalsa\bin\tinypcminfo /system/bin"和"adb push D:\Ubuntu_share\lab12. audio_test\app\tinyalsa\lib\libtinyalsa. so /system/lib"命令，如程序清单 15-10 所示。

程序清单 15-10

```
1.  C:\Users\hp > adb shell mount -o remount,rw /system
2.  C:\Users\hp > adb push D:\Ubuntu_share\lab12.audio_test\app\tinyalsa\bin\tinycap /system/bin
3.  C:\Users\hp > adb push D:\Ubuntu_share\lab12.audio_test\app\tinyalsa\bin\tinymix /system/bin
4.  C:\Users\hp > adb push D:\Ubuntu_share\lab12.audio_test\app\tinyalsa\bin\tinyplay /system/bin
5.  C:\Users\hp > adb push D:\Ubuntu_share\lab12.audio_test\app\tinyalsa\bin\tinypcminfo /system/bin
6.  C:\Users\hp > adb push D:\Ubuntu_share\lab12.audio_test\app\tinyalsa\lib\libtinyalsa.so /system/lib
```

再执行"adb push D:\Ubuntu_share\audio_test_record /data/local/tmp"和"adb push D:\Ubuntu_share\audio_test_play /data/local/tmp"命令，将 audio_test_record 和 audio_test_play 文件复制到 RK3288 平台的"/data/local/tmp"目录下，如程序清单 15-11 所示。

程序清单 15-11

```
C:\Users\hp > adb push D:\Ubuntu_share\audio_test_record /data/local/tmp
C:\Users\hp > adb push D:\Ubuntu_share\audio_test_play /data/local/tmp
```

其次，在 Terminal-A 中执行"adb shell"命令登录到 RK3288 的 Linux 终端，再执行"cd /data/local/tmp"命令进入 RK3288 平台的"/data/local/tmp"目录，如程序清单 15-12 所示。

程序清单 15-12

```
C:\Users\hp > adb shell
root@rk3288:/ # cd /data/local/tmp
```

最后，在 Terminal - A 中依次执行"chmod 777 audio_test_record"和"chmod 777 audio_test_play"命令，更改 audio_test_record 和 audio_test_play 的权限，改为任何用户对 audio_test_record 和 audio_test_play 都有可读、可写、可执行的权限。更改完权限之后，就可以通过执行". /audio_test_record"和". /audio_test_play"命令来执行 audio_test_record 和 audio_test_play，如程序清单 15-13 所示。注意，执行 audio_test_record 开始录音后，可通过键盘快捷键"Ctrl + C"停止录音，再执行 audio_test_play 播放录制的音频，播放完毕后自动退出。

程序清单 15-13

```
root@rk3288:/data/local/tmp # chmod 777 audio_test_record
root@rk3288:/data/local/tmp # chmod 777 audio_test_play
root@rk3288:/data/local/tmp #./audio_test_record
Start Recording.........
Capturing sample: 2 ch, 44100 hz, 16 bit
^CCaptured 139264 frames
root@rk3288:/data/local/tmp # ./audio_test_play
Start Playing.........
Playing sample: 2 ch, 44100 hz, 16 bit
```

步骤 7：运行结果

最后，在 Terminal - A 窗口中，可看到如图 15-5 所示运行结果，且嵌入式开发系统可正常录音和播音，表示实验成功。

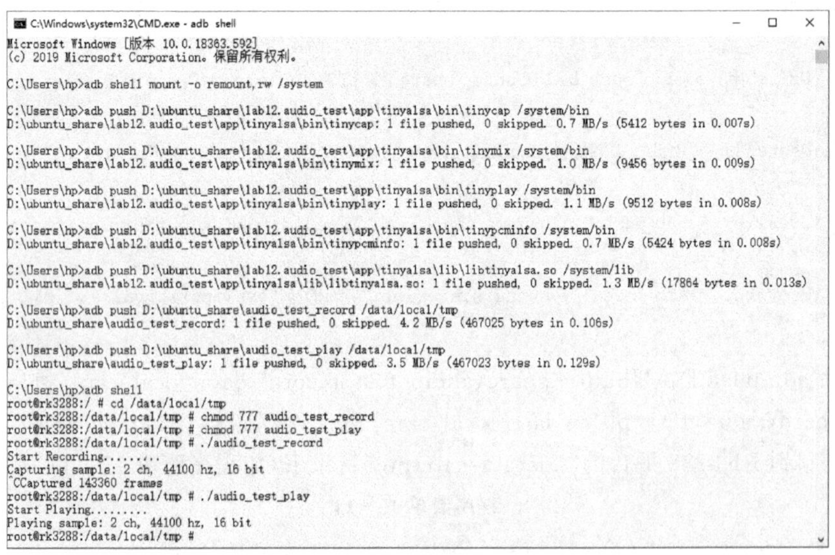

图 15-5　本章实验运行结果

本章任务

完成本章的学习后，熟悉音频电路的工作原理，了解 I^2S 总线的通信时序图，掌握 tinyalsa 的 4 个命令的功能和用法。在本章实验的基础上，修改代码，尝试使用其他的 tinyalsa 命令，修改录音的参数(声道和采样率等)，再进行录音。

本章习题

1. 简述基础 WAV 文件结构。
2. 简述 ALSA 架构。
3. 简述 tinyalsa 和 alsa - lib 的区别。
4. 简述 Linux 下动态库的移植流程。
5. 简述 exec()函数族的种类和功能?

第 16 章　以太网通信实验

嵌入式以太网的应用，可将各个分散的嵌入式设备通过网络互连，突破了传统通信方式的时空限制和地域障碍，使更大范围内的通信变得更简单，有线连接也使得传输更迅速、更高效、更稳定。本章通过以太网通信实验，了解网络传输协议架构和 Socket 通信原理，熟练掌握 Socket 的创建、地址绑定和发送、接收数据等应用。

16.1　实验内容

本实验中，嵌入式开发系统需要用网线连入互联网，作为从机(client)连接指定网站的服务器，并使用创建的 Socket 进行数据发送与接收。完成本章实验后，掌握以太网 Socket 的具体应用。

16.2　实验原理

16.2.1　以太网电路

以太网电路如图 16－1 所示。网络通信的路径通常可总结为：网络数据→RJ45 接口→网络变压器→网络接收 PHY 芯片→MAC→CPU，其中，网络变压器到网络接收 PHY 芯片之间传输的接口一般为 MDI，而网络接收 PHY 芯片到 MAC 之间的传输接口有多种，常用的包括 MII、RMII、SMII、SSMII、SSSMII、GMII、RGMII 和 SGMII 等。HR911130C(J_{501})是集成了 RJ45 网线接口的网络变压器模块，负责连接网线、接收网络数据，并将接收到的网络数据通过 MDI 接口(MDI0_P 和 MDI0_N 等)传输至 RTL8211E 高集成网络接收 PHY 芯片(U_{501})。嵌入式开发系统上的 RTL8211E 芯片使用 RGMII 接口，MAC_RXCLK 和 PHY_TXCLK 用于传输参考时钟信号；PHY_TXD0～PHY_TXD3 用于将数据从 MAC 发送到 PHY，MAC_RXD0～MAC_RXD3 用于将数据从 PHY 发送到 MAC；TXCTL 和 RXCTL 分别用于接收来自 MAC 的控制信号以及向 MAC 发送控制信号。

16.2.2　RTL8211E 芯片介绍

RTL8211E 是 Realtek 瑞昱推出的一款高集成的网络接收 PHY 芯片，它符合 10Base－T、100Base－TX 和 1000Base－T IEEE802.3 标准，可以通过 CAT 5 UTP 电缆及 CAT 3 UTP 电缆传输网络数据。该芯片在网络通信中属于物理层，用于 MAC 与 PHY 之间的数据通信，主要应用于网络接口适配器、网络集线器、网关以及一些嵌入式设备之中。RTL8211E

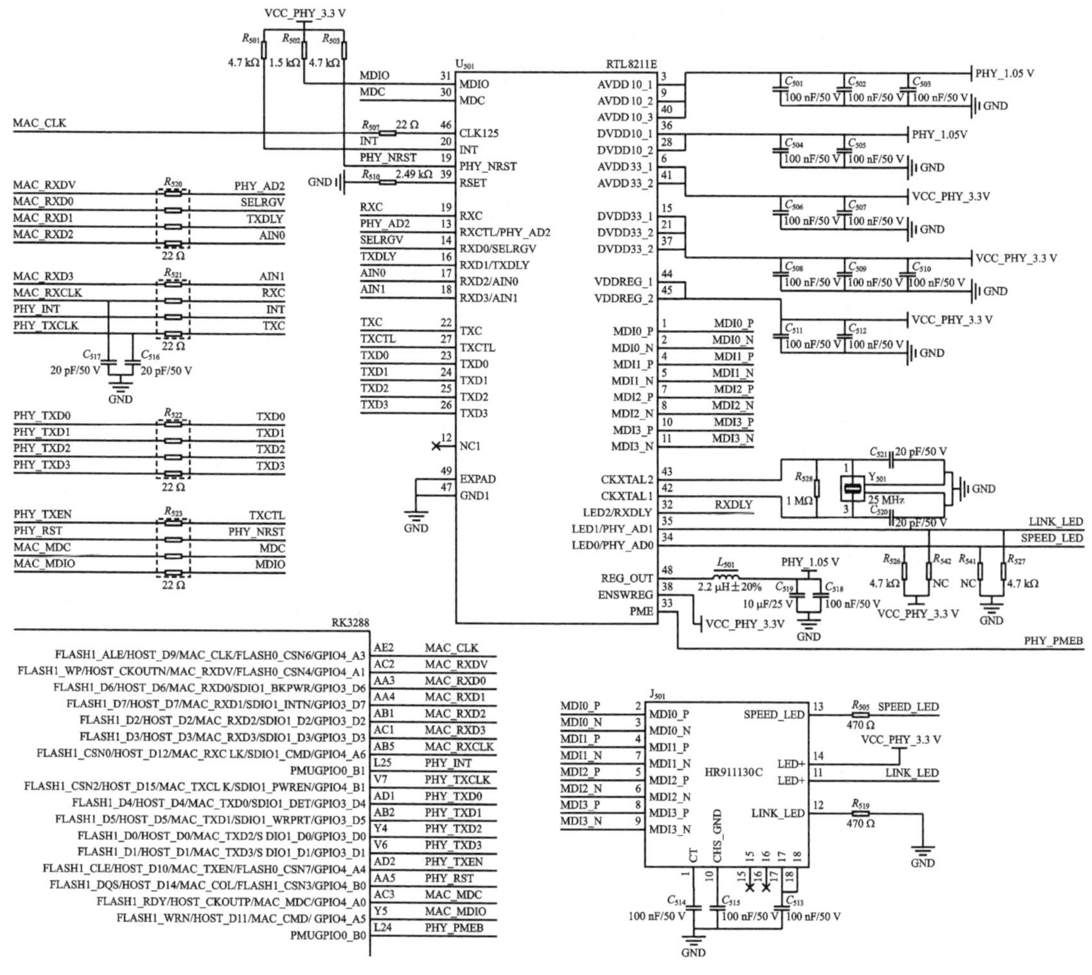

图 16－1　以太网电路

根据引脚数量可分为 48Pin 和 64Pin 的型号，嵌入式开发系统上采用 48Pin 型号的，引脚图和引脚功能说明如图 16－2、表 16－1、表 16－2 和表 16－3 所示。

表 16－1　RTL8211E MDI 引脚功能说明

引　脚	引脚名称	引脚说明
1	MDI[0]＋	MDI 传输引脚
2	MDI[0]－	
4	MDI[1]＋	
5	MDI[1]－	
7	MDI[2]＋	
8	MDI[2]－	
10	MDI[3]＋	
11	MDI[3]－	

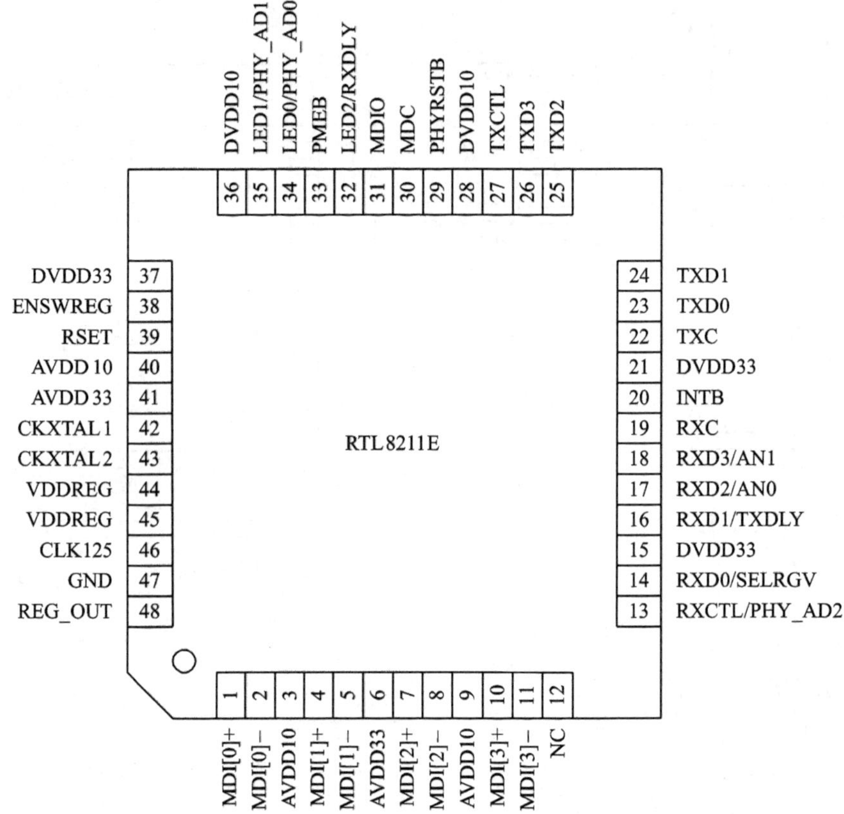

图 16-2 RTL8211E 引脚图

表 16-2 RTL8211E 时钟引脚功能说明

引　脚	引脚名称	引脚说明
42	CKXTAL1	25/50 MHz 晶振输入
43	CKXTAL2	25/50 MHz 晶振输出
46	CLK125	内部锁相环产生的 125 MHz 输出时钟

表 16-3 RTL8211E RGMII 引脚功能说明

引　脚	引脚名称	引脚说明
22	TXC	传输参考时钟
23	TXD0	数据传输脚，数据通过该引脚从 MAC 传至 PHY
24	TXD1	
25	TXD2	
26	TXD3	
27	TXCTL	接收来自 MAC 的接收控制信号
19	RXC	接收参考时钟

续表 16 - 3

引　脚	引脚名称	引脚说明
14	RXD0	数据接收脚，数据通过该引脚从 PHY 传至 MAC
16	RXD1	
17	RXD2	
18	RXD3	
13	RXCTL	传输至 MAC 的传输控制信号
16	TXDLY	RGMII 的传输控制时钟
32	RXDLY	RGMII 的接收控制时钟

16.2.3　传输控制协议与 Socket

传输控制协议/网间协议(Transmission Control Protocol/Internet Protocol，TCP/IP)是一个工业标准的协议集，专为广域网(WAN)设计。该协议存在于操作系统中，为系统提供网络通信服务，并且支持调用 Berkeley 套接字，如 Socket，Connect，Send 和 Recv 等。

传输控制协议是一种面向连接的、可靠的、基于字节流的传输层通信协议，由 IETF 的 RFC 793 定义。在因特网协议族(Internet protocol suite)中，TCP 层是位于 IP 层之上、应用层之下的中间层。用户数据协议(User Data Protocol，UDP)是与 TCP 相类似的协议，属于 TCP/IP 协议族中的一员，适用于传输速度和实时性要求较高的场合。

Socket 起源于 Unix，符合 Unix/Linux 下“一切皆文件”的开发理念，该理念要求用户可以使用“打开 open()→读写 write()/read()→关闭 close()”等通用函数来操作设备。Socket 是该理念在实际应用中的体现，即 Socket 是一种特殊的文件结构，拥有通用的操作函数(如读写 I/O、开启和关闭等)，这些函数不会因传输协议的不同而发生变化，从而提高了代码的通用性。

从通信架构的角度分析，Socket 是应用层与 TCP/IP 协议族通信的中间软件抽象层，是一组通用的接口。它能够将复杂的 TCP/IP 协议族隐藏在接口之后，提供给用户简洁、通用的调用方式。对用户而言，只需通过调用 Socket 的接口函数，使 Socket 自行按照通信协议组织数据，即可实现不同设备之间的网络通信。网络通信协议与 Socket 之间的关联如图 16 - 3 所示。

16.2.4　Linux 以太网卡架构

以太网卡工作在 OSI 网络体系的最后两层，即物理层和数据链路层。物理层芯片又称为 PHY，该层定义了数据传输与接收所需要的光电信号、线路状态、时钟基准、数据编码和电路等，并向数据链路层设备提供标准接口。数据链路层芯片又称为 MAC 控制器，该层提供寻址机构、数据帧的构建、数据差错检查、传输控制和向网络层提供标准数据接口等功能。

大多数以太网卡的 PHY 和 MAC 集成在一起，通过 PCI 总线与 CPU 连接；部分网卡将二者分开，将 MAC 控制器集成到 SoC 芯片中，PHY 作为单独芯片，两者通过 MII 或 RMII 接口进行连接。PHY 与 MAC 之间的连接关系如图 16 - 4 所示。

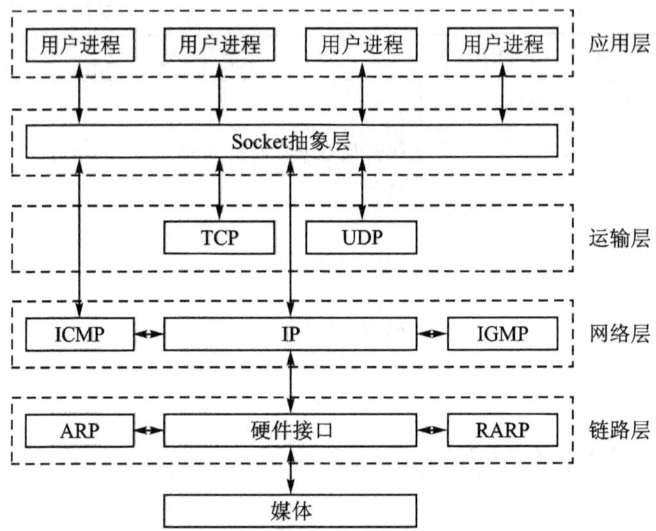

图 16-3　网络通信协议与 Socket 之间的关联

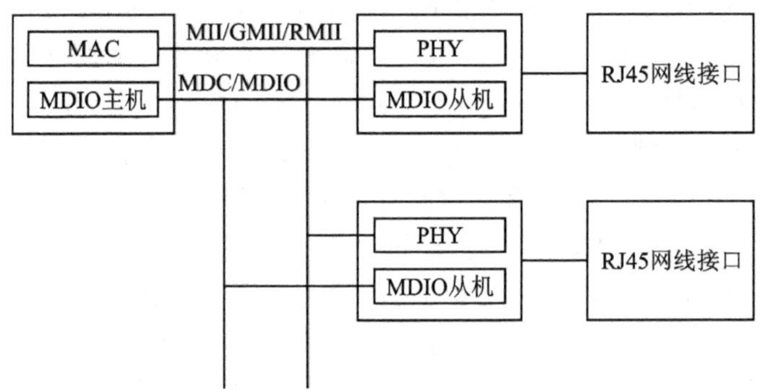

图 16-4　PHY 与 MAC 之间的连接关系

在嵌入式 Linux 操作系统中，网卡的硬件架构采用 MAC 与 PHY 相互独立的方式。网卡的驱动也分为两部分实现：MAC 控制器驱动由 SoC 厂商开发，PHY 芯片驱动由 PHY 厂商开发。驱动之间要完成通信，必须严格遵守 IEEE802.3 标准的协议。Linux 端采用 ifconfig 来管理网卡，例如查看系统的网络状态、IP 地址、掩码、网关和 up/down 网卡等。

16.2.5　外网服务器通信流程

传统的 TCP/IP 通信过程依赖于 Socket，工作于应用层和传输层之间。访问外网服务器时，目标公网 IP 的服务器作为服务端（主机），嵌入式开发系统作为客户端（从机）。客户端访问流程如下。

(1) 建立连接阶段

① 调用 socket()，分配文件描述符，即监听套接字；

② 调用 bind()，将套接字与本地 IP 地址和端口绑定；

③ 调用 listen()，进入监听模式，监听特定端口；

④ 调用 accept()，阻塞等待客户端连接。

(2) 数据交互阶段

① 调用 write()，将请求发送给服务器；

② 调用 read()，阻塞等待服务器应答。

(3) 关闭连接

没有数据发送的时候，调用 close()关闭 Socket，即关闭连接，向服务器发送 FIN 数据报。当使用 socket()函数创建 Socket 时，需要输入 3 个参数，如下所示。

```
int sockfd = socket(AF_INET, SOCK_STREAM, IPPROTO_TCP);
```

socket()函数仅创建了一个 Socket 结构文件，并没有关联任何 IP 和端口，其中，参数 AF_INET 为地址族(AddressFamily)；参数 SOCK_STREAM 为指定的 Socket 接收数据格式，共有两种：stream(流)和 dgram(数据报)；最后一个参数是协议 TCP/UDP。通常只需选定前两个参数，第三个参数置为 0 即可，内核会自动选择协议类型。

16.3　实验步骤

步骤 1：复制文件夹到 Ubuntu_share 目录

将本书配套资料包"04. 例程资料\Material"目录下的 lab13. inet_test 文件夹复制到"D:\Ubuntu_share"目录下。

步骤 2：完善 lab13. inet_test 文件夹下的源码文件

打开"D:\Ubuntu_share\lab13. inet_test\app"文件夹中的 inet_test. c 文件，添加如程序清单 16－1 所示的第 15 至 16 行代码，指定访问的服务器 IP 地址和网络端口号。

程序清单 16－1

```
1.    #include <stdio.h>
2.    #include <stdlib.h>
3.    #include <unistd.h>
4.    #include <sys/types.h>
5.    #include <sys/stat.h>
6.    #include <sys/ioctl.h>
7.    #include <fcntl.h>
8.    #include <string.h>
9.    #include <sys/socket.h>
10.   #include <netinet/in.h>
11.   #include <netinet/ip.h>
12.   #include <arpa/inet.h>
13.   #include <netdb.h>
14.
15.   #define TCP_SERVER_IP          "120.79.188.79"
16.   #define TCP_SERVER_PORT        39000
```

在上一步添加的代码后面，添加如程序清单 16-2 所示的 main()函数的实现代码。

(1) 第 7 至 13 行代码：创建 socket，使用 IPPROTO_TCP 协议进行连接。

(2) 第 15 至 21 行代码：配置网络端口号和 IP 地址。

(3) 第 23 至 30 行代码：连接到服务器。

(4) 第 32 至 41 行代码：通过 socket 向服务器发送“Hello World Leyutek 1234567！@＃$%^&*()”字符串。

(5) 第 43 至 51 行代码：读取服务器返回数据。

程序清单 16-2

```
1.  int main(int argc, char * * argv) {
2.    int cnt;
3.    int rst = 0;
4.    char recbuf[1024];
5.
6.    //创建 socket
7.    int sockfd = socket(AF_INET, SOCK_STREAM, IPPROTO_TCP); //TCP:SOCK_STREAM   UDP:SOCK_DGRAM
8.    if (sockfd < 0){
9.      printf("Create Socket Failed \n");
10.   }
11.   else{
12.     printf("Create Socket Successfully \n");
13.   }
14.
15.   //配置地址并连接
16.   struct sockaddr_in mysock;
17.   memset(&mysock, '\0', sizeof(mysock));
18.
19.   mysock.sin_family = AF_INET;
20.   mysock.sin_port = htons(TCP_SERVER_PORT); //端口号
21.   mysock.sin_addr.s_addr = inet_addr(TCP_SERVER_IP); //IP 地址
22.
23.   rst = connect(sockfd, (struct sockaddr * )& mysock, sizeof(mysock));
24.   if (rst < 0){
25.     printf("Connect Failed \n");
26.     return;
27.   }
28.   else{
29.     printf("Connect Successfully \n");
30.   }
31.
32.   //写数据
33.   printf("Start Writting Data ...... \n");
34.   char senddata[] = "Hello World Leyutek 1234567 ! @ # $ %^&*()";
35.   cnt = write(sockfd, senddata, strlen(senddata));
```

```
    if (cnt == strlen(senddata)){
      printf("Write %d Chars Successfully\n", cnt);
    }
    else{
      printf("Write Failed\n");
    }

    //读数据
    printf("Start Reading Data ...... \n");
    while (1){
      rst = read(sockfd, recbuf, sizeof(recbuf));
      if (rst > 0){
        printf("\n %s \n", recbuf);
      }
      sleep(1);
    }
    close(sockfd);
    return 0;
  }
```

步骤 3:复制源码包到 Ubuntu

通过 SecureCRT 建立 SFTP 文件传输连接,执行"cd /home/user/work/"命令进入"/home/user/work"目录,然后执行"put -r lab13.inet_test/"命令,将 lab13.inet_test 文件夹传输到"/home/user/work"目录下,如程序清单 16-3 所示。

程序清单 16-3

```
sftp > cd /home/user/work/
sftp > put -r lab13.inet_test/
```

步骤 4:编译应用层测试程序

通过 SecureCRT 终端连接 Ubuntu,执行"cd /home/user/work/lab13.inet_test/app"命令进入"/home/user/work/lab13.inet_test/app"目录,然后执行"make"或"make inet_test"命令对应用层测试程序进行编译。编译之后,可以通过"ls"命令查看该目录下已经生成了 inet_test 文件,该文件即为可执行的应用程序。建议在编译之前,先通过执行"make clean"命令清除编译生成的文件,如程序清单 16-4 所示。

程序清单 16-4

```
user@ubuntu:~ $ cd /home/user/work/lab13.inet_test/app
user@ubuntu:~/work/lab13.inet_test/app $ make clean
user@ubuntu:~/work/lab13.inet_test/app $ make
```

步骤 5:复制应用程序

通过 SecureCRT 建立 SFTP 文件传输连接,执行"cd /home/user/work/lab13.inet_test/

app”命令进入“/home/user/work/lab13.inet_test/app”目录，然后执行“get inet_test”命令，将 inet_test 文件复制到“D:\Ubuntu_share”目录下，如程序清单 16-5 所示。

程序清单 16-5

```
sftp > cd /home/user/work/lab13.inet_test/app
sftp > get inet_test
```

步骤 6：运行应用程序

在运行应用程序之前，先将网线接入嵌入式开发系统以太网模块的 J_{501} 接口，并确保平台可正常上网。

首先，通过快捷键“Win+R”打开“运行”对话框，输入“CMD”命令后回车，打开命令提示符窗口，将该窗口命名为 Terminal-A。在 Terminal-A 中执行“adb push D:\Ubuntu_share\inet_test /data/local/tmp”命令，将 inet_test 文件复制到 RK3288 平台的“/data/local/tmp”目录下，如程序清单 16-6 所示。

程序清单 16-6

```
C:\Users\hp > adb push D:\Ubuntu_share\inet_test /data/local/tmp
```

其次，在 Terminal-A 中执行“adb shell”命令登录到 RK3288 的 Linux 终端，再执行“cd /data/local/tmp”命令进入 RK3288 平台的“/data/local/tmp”目录，如程序清单 16-7 所示。

程序清单 16-7

```
C:\Users\hp > adb shell
root@rk3288:/ # cd /data/local/tmp
```

最后，在 Terminal-A 中执行“chmod 777 inet_test”命令，更改 inet_test 的权限，改为任何用户对 inet_test 都有可读、可写、可执行的权限。更改完权限之后，就可以通过执行“./inet_test”命令来执行 inet_test，如程序清单 16-8 所示。

程序清单 16-8

```
root@rk3288:/data/local/tmp # chmod 777 inet_test
root@rk3288:/data/local/tmp #./inet_test
Create Socket Successfully
Connect Successfully
Start Writting Data ......
Write 34 Chars Successfully
Start Reading Data ......

Hello client!

client ::ffff:122.97.222.65:4970,send me data:Hello World Leyutek 1234567 ! @# $ %^&*()
```

步骤 7：运行结果

最后，在 Terminal-A 窗口中，可看到如图 16-5 所示的运行结果，表明实验成功。

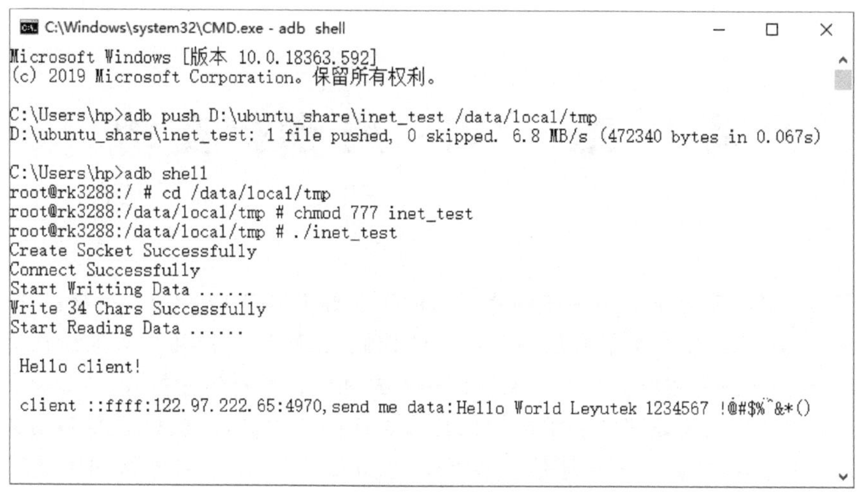

图 16-5　本章实验运行结果

本章任务

完成本章的学习后，了解网络通信的路径及 RTL8211E 芯片常用引脚的功能，掌握外网服务器通信流程。在本章实验例程的基础上，编写代码，实现获取本机 IP 地址、网关、子网掩码和网卡 MAC 地址等信息，并将其打印，测试当前网络配置能否连接外网。

本章习题

1. 简述网络传输协议与 Socket 之间的关联。
2. 简述 TCP 和 UDP 在 Socket 主从通信时的区别。
3. 简述 Linux 以太网卡架构。
4. 简述域名和 IP 地址的转化流程。
5. 简述常用的 DNS 解析服务器。

第 17 章　Wi-Fi 通信实验

Wi-Fi 为 IEEE 定义的一个无线网络通信的工业标准(IEEE802.11)。Wi-Fi 的第一个版本发表于 1997 年，其中定义了介质访问接入的控制层(MAC 层)和物理层。物理层定义了工作在 2.4 GHz 的 ISM 频段上的两种无线调频方式和一种红外传输方式，总数据传输速率设计为 2 Mbit/s。两个设备之间的通信能够以自由直接的方式进行，也可以在基站或访问点的协调下进行。通过本章的 Wi-Fi 通信实验，学习 Linux 下的 Wi-Fi 架构和局域网 Socket 通信原理，熟练掌握 Socket 的创建、地址绑定和发送、接收数据等应用。

17.1　实验内容

本实验使用两台嵌入式开发系统分别作为主机和从机连入同一个 Wi-Fi，分别运行不同的应用程序，并使用 Socket 进行数据通信。完成本章实验后，掌握无线局域网 Socket 的具体应用方式。

17.2　实验原理

17.2.1　AP6255 电路

AP6255 蓝牙和 Wi-Fi 一体化芯片电路如图 17-1 所示。其中，用于 Wi-Fi 通信的引脚有 WIFI_REG_ON、WIFI_HOST_WAKE、SDIO0～SDIO3、SDIO_CMD 和 SDIO_CLK，分别连接到 RK3288 核心板的 AC11、AE8、AH9、AH10、AG9、AH7、AH8 和 AG8 引脚。WIFI_REG_ON 引脚主要用于维持 Wi-Fi 内部状态，当休眠时，需要保持该引脚为高电平，否则会丢失 Wi-Fi 内部的状态，导致 Wi-Fi 唤醒失败。WIFI_HOST_WAKE 引脚主要用于在 Wi-Fi 设备有数据的时候唤醒 CPU，进入中断。SDIO 总线用于实现 HOST 端和 Device 端的通信，所有的通信都由 HOST 端发送命令开始，Device 端只要能解析命令，就可以相互通信。SDIO0～SDIO3 为数据引脚，主要用于进行数据通信。SDIO_CMD 和 SDIO_CLK 分别为命令线和时钟线。用于进行蓝牙通信的引脚将在下一章介绍。

17.2.2　AP6255 芯片

AP6255 是一款支持 11ac 双频的蓝牙和 Wi-Fi 二合一模块，采用博通 BCM43455 方案，支持 Win10/Android 操作系统。AP6255 无线模块符合 IEEE802.11 a/b/g/n/ac 标准，能在 802.11ac 单流下实现 433.3 Mbps 的速率连接到无线局域网。AP6255 芯片的引脚图及部分

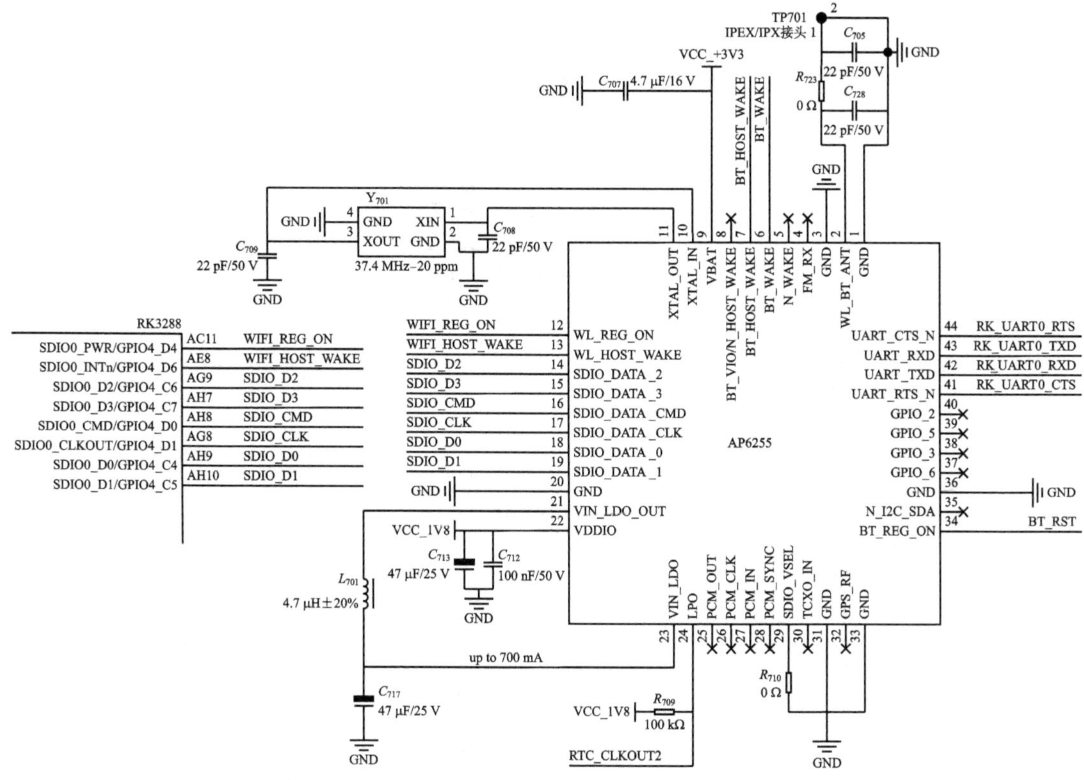

图 17-1　AP6255 电路

引脚功能说明如图 17-2 和表 17-1 所示。注意，表 17-1 中未介绍较为常见的地(GND)和部分未使用的引脚。

表 17-1　AP6255 引脚功能说明

引　脚	引脚名称	引脚说明	引　脚	引脚名称	引脚说明
2	WL_BT_ANT	射频 I/O 端口	22	VDDIO	I/O 电源
6	BT_WAKE	主机唤醒蓝牙	23	VIN_LDO	内部降压变换器
7	BT_HOST_WAKE	蓝牙唤醒主机	24	LPO	外部低压时钟
9	VBAT	主电源	25	PCM_OUT	PCM 数据输出
10	XTAL_IN	晶振输入	26	PCM_CLK	PCM 数据时钟
11	XTAL_OUT	晶振输出	27	PCM_IN	PCM 数据输入
12	WL_REG_ON	Wi-Fi 内部调节器开关	28	PCM_SYNC	PCM 同步信号
13	WL_HOST_WAKE	Wi-Fi 唤醒主机	29	SDIO_VSEL	SDIO 模式选择
14	SDIO_DATA_2	SDIO 数据线 2	34	BT_REG_ON	蓝牙内部调节器开关
15	SDIO_DATA_3	SDIO 数据线 3	37～40	GPIO_6/3/5/2	GPIO 配置引脚
16	SDIO_DATA_CMD	SDIO 指令信号	41	UART_RTS_N	蓝牙串口交互
17	SDIO_DATA_CLK	SDIO 时钟	42	UART_TXD	
18	SDIO_DATA_0	SDIO 数据线 0	43	UART_RXD	
19	SDIO_DATA_1	SDIO 数据线 1	44	UART_CTS_N	
21	VIN_LDO_OUT	内部降压变换器			

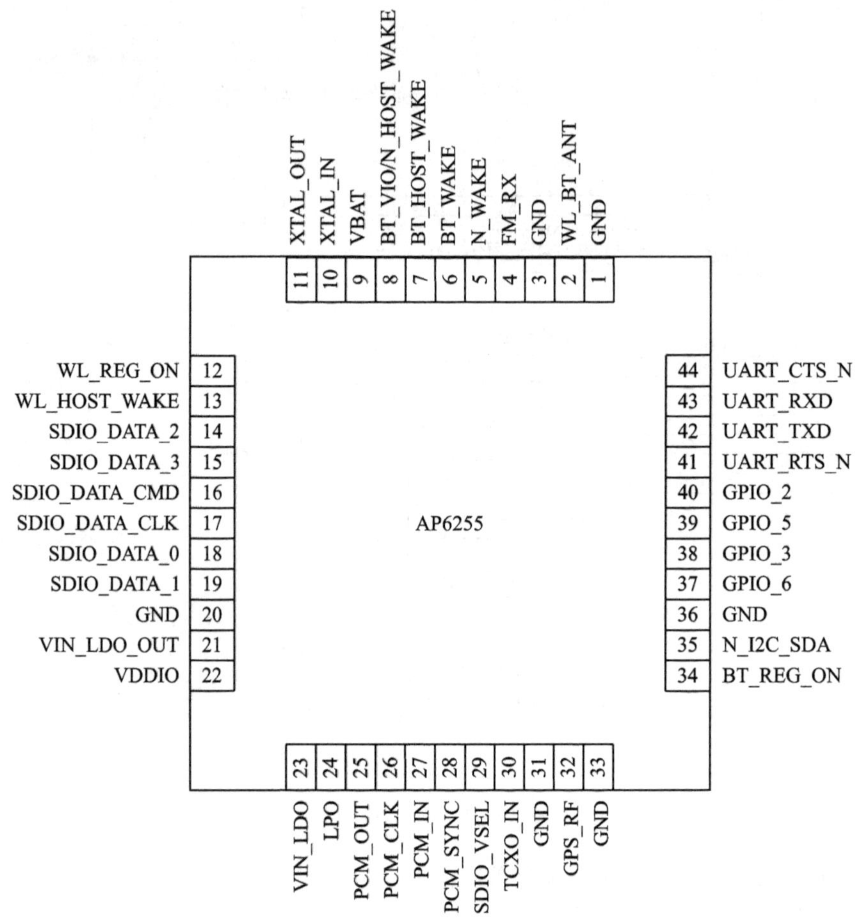

图 17-2　AP6255 引脚图

17.2.3　Socket 主从通信

套接字(Socket)是网络通信的基石,是支持 TCP/IP 协议通信的基本操作单元。一个 Socket 即为网络进程上通信的一端,为应用层进程提供了基于网络传输协议的数据交换机制。Socket 是应用程序与网络通信协议进行交互的接口,其优势在于用户无须处理繁琐的网络通信协议,只需调用 Socket 的通用接口函数即可完成数据的传输。在同一网络下的两台设备,可以分别扮演主机(服务器端)和从机(客户端)的角色,使用 Socket 进行通信。在主从通信的过程中,主机和从机需创建各自的 Socket,主机的 Socket 需要绑定自身的 IP 和端口号。主从机通信流程根据传输协议的不同而略有差异。

TCP 主从通信建立在连接(connect)的基础之上,仅当连接成功时才可以收发数据。TCP 主机端可以通过调用 socket()函数创建 Socket;调用 bind()函数将主机 IP 与 Socket 绑定;调用 listen()函数使主机进入监听模式,开始监测来自客户端的连接请求;调用 accept()函数进入阻塞状态,等待来自从机的 connect。TCP 从机调用 socket()函数创建 Socket;调用 connect()函数连接主机。若主从机连接成功,则可以相互收发数据。若需要结束连接,从机端调用 close()函数结束连接,并向主机发送连接终止信号。TCP 主从通信流程如图 17-3

所示。

UDP 主从机之间的通信并不需要建立连接,主从机均可以直接向指定的 IP 和端口发送数据,其通信流程如图 17-4 所示。相比于 TCP 通信,UDP 的通信流程更为简洁,适用于速度、实时性要求高而持续性要求低的应用场合。

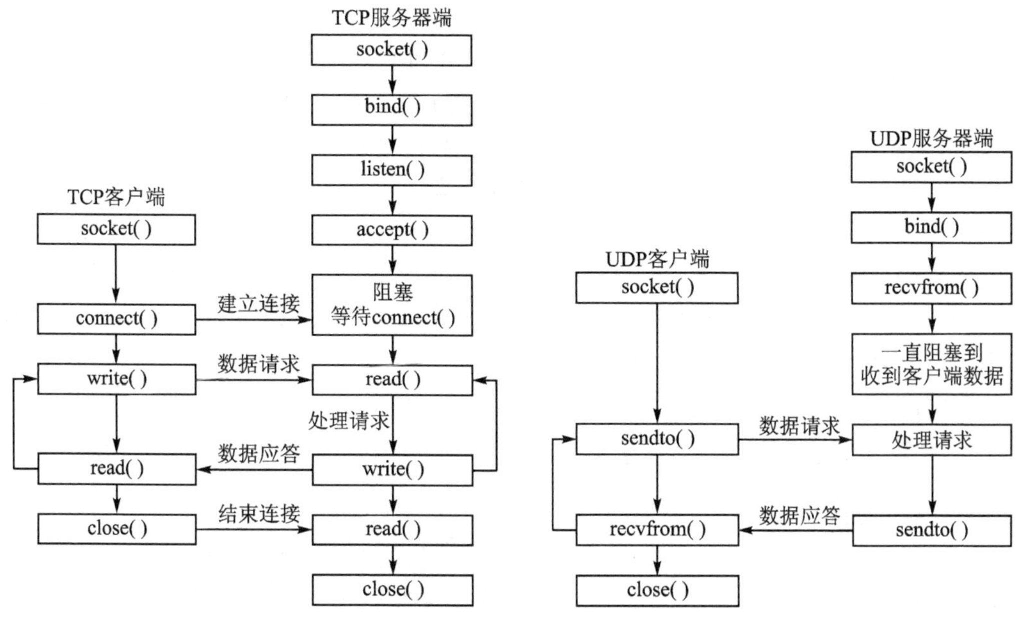

图 17-3　TCP 主从通信流程　　　　图 17-4　UDP 主从通信流程

17.2.4　局域网内 Socket 主从通信流程

局域网内的 Socket 通信流程架构如图 17-5 所示。位于同一局域网 Wi-Fi 下的主机和从机设备均被分配了指定的 IP 地址,二者之间可以通过 Socket 进行数据通信。未连接时,主机和从机的 Socket 工作在不同的模式。主机的 Socket 工作在监听模式(Listen),调用 listen()函数时进程会发生阻塞,直到接收到一个从机的连接设备,才会继续工作,从机的 Socket 使用主机 IP 地址和 connect()函数与主机 Socket 建立连接。

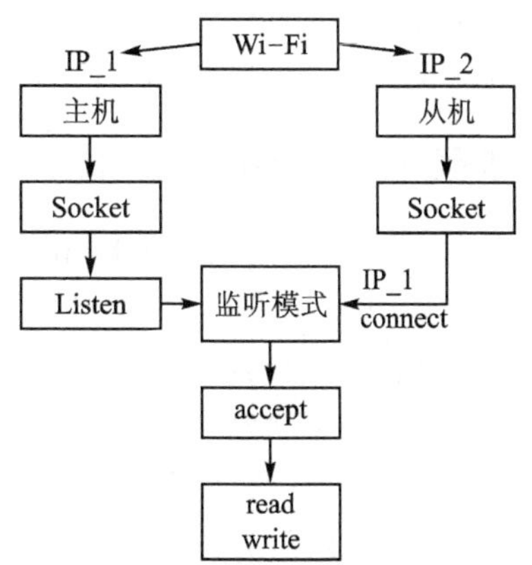

图 17-5　局域网内的 Socket 通信流程架构

当主机监听到从机的连接请求后,便会调用 accept()函数接收请求,随后进入数据传输模式。主从设备在传输模式下均可使用 read()和 write()函数读写数据。

17.3 实验步骤

步骤 1:查询主机 IP

本实验需要使用两个嵌入式开发系统分别作为主机和从机。可以将两个开发系统连接到同一台计算机进行实验,也可以分别连接到两台计算机。下面介绍开发系统连接到两台计算机的实验步骤,这里将连接主机的计算机称为主机端,连接从机的计算机称为从机端。注意,两台计算机都需要有搭建好的完整的嵌入式开发环境。

将两个开发系统接入同一个 Wi-Fi 后,在主机端,通过快捷键"Win+R"打开"运行"对话框,输入"CMD"命令后回车,打开命令提示符窗口。在命令提示符窗口中执行"adb shell"命令登录到主机的 Linux 终端,再执行"netcfg"命令查看主机的 IP 地址,如图 17-6 所示"192.168.43.44"即为主机 IP。

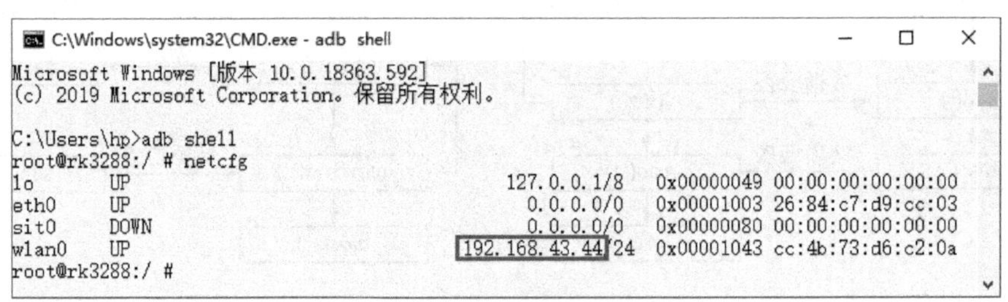

图 17-6 查询主机 IP

步骤 2:复制文件夹到 Ubuntu_share 目录

分别在主机端和从机端中,将本书配套资料包"04.例程资料\Material"目录下的 lab14.wifi_test 文件夹复制到"D:\Ubuntu_share"目录下。

步骤 3:完善 lab14.wifi_test 文件夹下的源码文件

在主机端中,打开"D:\Ubuntu_share\lab14.wifi_test\app\wifi_test_server"文件夹中的 wifi_test_server.c 文件,添加如程序清单 17-1 所示的第 11 至 13 行代码。

(1) 第 11 行代码:HOST_ADDR 为主机 IP 地址,该地址应修改为步骤 1 中查询得到的主机 IP,即此处应改为"192.168.43.44"。

(2) 第 12 行代码:SERVPORT 为端口号,要求主从机一致。

(3) 第 13 行代码:BACKLOG 为最多同时接收从机连接的个数。

程序清单 17-1

```
1.  #include <stdio.h>
2.  #include <arpa/inet.h>
3.  #include <stdlib.h>
4.  #include <errno.h>
5.  #include <string.h>
```

```
#include <sys/types.h>
#include <netinet/in.h>
#include <sys/socket.h>
#include <sys/wait.h>

#define HOST_ADDR  "192.168.43.44"    //主机 IP 地址
#define SERVPORT 3333                 //服务器监听端口号
#define BACKLOG 10                    //最大同时连接请求数
```

在上一步添加的代码后面，添加如程序清单 17-2 所示的 main()函数的实现代码。

(1) 第 7 至 14 行代码：创建 Socket，socket()函数的第三个参数设置为 0 表示自动选择协议。

(2) 第 16 至 22 行代码：设置通信主机地址和监听的端口号。

(3) 第 24 至 30 行代码：绑定 IP。

(4) 第 32 至 39 行代码：设置监听，接收客户端连接。

(5) 第 41 至 70 行代码：监听客户端连接，并打印接收到的数据信息。

程序清单 17-2

```
1.  int main(int argc, char **argv) {
2.    int rst = 0;
3.    char recbuf[100];
4.    int bufsize;
5.    int sinsize;
6.
7.    //创建 Socket
8.    int sockfd = socket(AF_INET, SOCK_STREAM, 0);
9.    if (sockfd < 0){
10.     printf("Create Socket Failed \n");
11.   }
12.   else{
13.     printf("Create Socket Successfully \n");
14.   }
15.
16.   //配置主机 Socket 地址，并与 Socket 绑定
17.   struct sockaddr_in hostsock;
18.   bzero(&hostsock, sizeof(hostsock)); //初始化结构
19.   hostsock.sin_family = AF_INET;
20.   hostsock.sin_port = htons(SERVPORT); //监听端口 3333
21.   hostsock.sin_addr.s_addr = inet_addr(HOST_ADDR); //主机 IP 地址
22.   bzero(&(hostsock.sin_zero), 8);
23.
24.   rst = bind(sockfd, (struct sockaddr *)&hostsock, sizeof(hostsock)); //开始绑定
25.   if (rst < 0){
26.     printf("Bind Failed \n");
27.   }
28.   else{
```

```
        printf("Bind Successfully \n");
    }

    //进入监听模式
    rst = listen(sockfd, BACKLOG);
    if (rst < 0){
        printf("Listen Failed \n");
    }
    else{
        printf("Listen Successfully \n");
    }

    //连接,读写数据
    int clientfd;
    struct sockaddr_in remoteaddr;
    while (1) {
        sinsize = sizeof(struct sockaddr_in);
        if ((clientfd = accept(sockfd, (struct sockaddr *)&remoteaddr, &sinsize)) == -1) {
            perror("Accept error");
            continue;
        }
        printf("Received a connection from %s \n", inet_ntoa(remoteaddr.sin_addr)); //接收从机的连接
        if (!fork()) { //子进程代码段
            while (1) {
                if (send(clientfd, "Hello, you are connected!\n", 26, 0) == -1) {
                    perror("send 出错!\n");
                }
                if ((bufsize = recv(clientfd, recbuf, 100, 0)) == -1) {
                    perror("recv error \n");
                }
                else {
                    recbuf[bufsize] = '\0';
                    if (bufsize == 1 && recbuf[0] == '#') { //接收到一个'#'表示停止连接
                        printf("close thread");
                        close(clientfd);
                        exit(0);
                    }
                    printf("receive: %s\n", recbuf);
                }
            }
        }
    }
    close(sockfd);

```

```
    return 0;
}
```

在从机端中，打开"D:\Ubuntu_share\lab14.wifi_test\app\wifi_test_client"文件夹中的 wifi_test_client.c 文件，添加如程序清单 17-3 所示的第 10 至 11 行代码。

程序清单 17-3

```
1.  #include <stdio.h>
2.  #include <stdlib.h>
3.  #include <errno.h>
4.  #include <string.h>
5.  #include <netdb.h>
6.  #include <sys/types.h>
7.  #include <netinet/in.h>
8.  #include <sys/socket.h>
9.
10. #define SERVPORT 3333
11. #define MAXDATASIZE 100 //单次最大数据传输量
```

在上一步添加的代码后面，添加如程序清单 17-4 所示的 main()函数的实现代码。

（1）第 11 至 18 行代码：创建 Socket，socket()函数的第三个参数设置为 0 表示自动选择协议。

（2）第 20 至 33 行代码：设置通信主机地址和监听的端口号。

（3）第 35 至 42 行代码：连接服务器端。

（4）第 44 至 63 行代码：与服务器端进行数据交互。

程序清单 17-4

```
1.  int main(int argc, char *argv[]){
2.    int rst = 0;
3.    int recvbytes;
4.    char recbuf[MAXDATASIZE], sendbuf[MAXDATASIZE]; //接收、发送缓冲区
5.
6.    if (argc < 2){//输入参数过少
7.      fprintf(stderr, "Please enter the server's hostname!\n");
8.      exit(1);
9.    }
10.
11.   //创建 Socket
12.   int sockfd = socket(AF_INET, SOCK_STREAM, 0);
13.   if (sockfd < 0){
14.     printf("Create Socket Failed \n");
15.   }
16.   else{
17.     printf("Create Socket Successfully \n");
18.   }
19.
```

```
//获取主机地址
struct hostent *host;
host = gethostbyname(argv[1]); //argv[1]为主机的 IP 地址
if (host == NULL){
  herror("Gethostbyname fail!\n");
  exit(1);
}

// 配置目标主机 Socket 并连接
struct sockaddr_in mysock;
mysock.sin_family = AF_INET;
mysock.sin_port = htons(SERVPORT); //端口号 3333
mysock.sin_addr = *((struct in_addr *)host->h_addr); //主机的 IP 地址
bzero(&(mysock.sin_zero),8);

rst = connect(sockfd, (struct sockaddr *)&mysock, sizeof(struct sockaddr_in)); //开启连接
if (rst < 0){
  printf("Connect Failed \n");
  return;
}
else{
  printf("Connect Successfully \n");
}

//读写数据
while(1){
    if((recvbytes = recv(sockfd, recbuf, MAXDATASIZE, 0)) == -1){
        perror("recv 出错!\n");
        exit(1);
    }
    recbuf[recvbytes] = '\0';
    printf("Received: %s \n",recbuf);

    printf("Input info to send\n");
    scanf("%s", sendbuf);
    if(send(sockfd, sendbuf, strlen(sendbuf), 0) == -1){
        perror("send error\n");
        continue;
    }
    if(strlen(sendbuf) == 1 && sendbuf[0] == '#'){
        printf("exit \n");
        break;
    }
}
```

```

    close(sockfd);

    return 0;
}
```

步骤 4：复制源码包到 Ubuntu

在主机端中，通过 SecureCRT 建立 SFTP 文件传输连接，执行“cd /home/user/work/”命令进入“/home/user/work”目录，然后执行“put -r lab14.wifi_test/”命令，将 lab14.wifi_test 文件夹传输到“/home/user/work”目录下。在从机端进行同样的操作，将 lab14.wifi_test 文件夹传输到“/home/user/work”目录下，如程序清单 17-5 所示。

程序清单 17-5

```
sftp > cd /home/user/work/
sftp > put -r lab14.wifi_test/
```

步骤 5：编译应用层测试程序

在主机端中，通过 SecureCRT 终端连接 Ubuntu，执行“cd /home/user/work/lab14.wifi_test/app/wifi_test_server”命令进入“/home/user/work/lab14.wifi_test/app/wifi_test_server”目录，然后执行“make”或“make wifi_test_server”命令对应用层测试程序进行编译。编译之后，可以通过“ls”命令查看该目录下已经生成了 wifi_test_server 文件，该文件即为可执行的应用程序。建议在编译之前，先通过执行“make clean”命令清除编译生成的文件，如程序清单 17-6 所示。

程序清单 17-6

```
user@ubuntu:~/ $ cd /home/user/work/lab14.wifi_test/app/wifi_test_server
user@ubuntu:~/work/lab14.wifi_test/app/wifi_test_server $ make clean
user@ubuntu:~/work/lab14.wifi_test/app/wifi_test_server $ make
```

在从机端中，通过 SecureCRT 终端连接 Ubuntu，执行“cd /home/user/work/lab14.wifi_test/app/wifi_test_client”命令进入“/home/user/work/lab14.wifi_test/app/wifi_test_client”目录，然后执行“make”或“make wifi_test_client”命令对应用层测试程序进行编译。编译之后，可以通过“ls”命令查看该目录下已经生成了 wifi_test_client 文件，该文件即为可执行的应用程序。建议在编译之前，先通过执行“make clean”命令清除编译生成的文件，如程序清单 17-7 所示。

程序清单 17-7

```
user@ubuntu:~/ $ cd /home/user/work/lab14.wifi_test/app/wifi_test_client
user@ubuntu:~/work/lab14.wifi_test/app/wifi_test_client $ make clean
user@ubuntu:~/work/lab14.wifi_test/app/wifi_test_client $ make
```

步骤 6：复制应用程序

在主机端中，通过 SecureCRT 建立 SFTP 文件传输连接，执行“cd /home/user/work/

lab14. wifi_test/app/wifi_test_server”命令进入“/home/user/work/lab14. wifi_test/app/wifi_test_server”目录，然后执行“get wifi_test_server”命令，将 wifi_test_server 文件复制到“D:\Ubuntu_share”目录下，如程序清单 17-8 所示。

程序清单 17-8

```
sftp > cd /home/user/work/lab14.wifi_test/app/wifi_test_server
sftp > get wifi_test_server
```

在从机端中，通过 SecureCRT 建立 SFTP 文件传输连接，执行“cd /home/user/work/lab14. wifi_test/app/wifi_test_client”命令进入“/home/user/work/lab14. wifi_test/app/wifi_test_client”目录，然后执行“get wifi_test_client”命令，将 wifi_test_client 文件复制到“D:\Ubuntu_share”目录下，如程序清单 17-9 所示。

程序清单 17-9

```
sftp > cd /home/user/work/lab14.wifi_test/app/wifi_test_client
sftp > get wifi_test_client
```

步骤 7:运行应用程序

在主机端中，通过快捷键“Win+R”打开“运行”对话框，输入“CMD”命令后回车，打开命令提示符窗口，将该窗口命名为 Terminal - A。在 Terminal - A 中执行“adb push D:\Ubuntu_share\wifi_test_server /data/local/tmp”命令，将 wifi_test_server 文件复制到主机 RK3288 平台的“/data/local/tmp”目录下，如程序清单 17-10 所示。

程序清单 17-10

```
C:\Users\hp > adb push D:\Ubuntu_share\wifi_test_server /data/local/tmp
```

在 Terminal-A 中执行“adb shell”命令登录到主机 RK3288 的 Linux 终端，再执行“cd /data/local/tmp”命令进入主机 RK3288 平台的“/data/local/tmp”目录，如程序清单 17-11 所示。

程序清单 17-11

```
C:\Users\hp > adb shell
root@rk3288:/ # cd /data/local/tmp
```

在 Terminal-A 中执行“chmod 777 wifi_test_server”命令，更改 wifi_test_server 的权限，改为任何用户对 wifi_test_server 都有可读可写可执行的权限。更改完权限之后，就可以通过执行“./wifi_test_server”命令来执行 wifi_test_server，如程序清单 17-12 所示。

程序清单 17-12

```
root@rk3288:/data/local/tmp # chmod 777 wifi_test_server
root@rk3288:/data/local/tmp # ./wifi_test_server
Create Socket Successfully
Bind Successfully
Listen Successfully
```

在从机端中，通过快捷键“Win+R”打开“运行”对话框，输入“CMD”命令后回车，打开命令提示符窗口，将该窗口命名为 Terminal-B。在 Terminal-B 中执行“adb push D:\Ubuntu_share\wifi_test_client /data/local/tmp”命令，将 wifi_test_client 文件复制到从机 RK3288 平

台的“/data/local/tmp”目录下,如程序清单 17-13 所示。

程序清单 17-13

```
C:\Users\17878 > adb push D:\Ubuntu_share\wifi_test_ client /data/local/tmp
```

在 Terminal-B 中执行“adb shell”命令登录到从机 RK3288 的 Linux 终端,再执行“cd /data/local/tmp”命令进入从机 RK3288 平台的“/data/local/tmp”目录,如程序清单 17-14 所示。

程序清单 17-14

```
C:\Users\17878 > adb shell
root@rk3288:/ # cd /data/local/tmp
```

在 Terminal-B 中执行“chmod 777 wifi_test_client”命令,更改 wifi_test_client 的权限,改为任何用户对 wifi_test_client 都有可读可写可执行的权限。更改完权限之后,就可以通过执行“./wifi_test_client "192.168.43.44"”命令来连接主机,如程序清单 17-15 所示。注意,执行 wifi_test_client 时需要在后面添加主机的 IP 地址,即步骤 1 中获取到的主机 IP。

程序清单 17-15

```
root@rk3288:/data/local/tmp # chmod 777 wifi_test_client
root@rk3288:/data/local/tmp #./wifi_test_client "192.168.43.44"
Create Socket Successfully
Connect Successfully
Received: Hello, you are connected!

Input info to send
```

步骤 8:运行结果

在从机端的 Terminal-B 窗口中,输入一段字符串并按回车键发送,在主机端的 Terminal-A 窗口中,可以接收到从机发送的内容,从机发送“#”时表示断开连接。Terminal-A 和 Terminal-B 窗口的运行结果分别如图 17-7 和图 17-8 所示,表明实验成功。

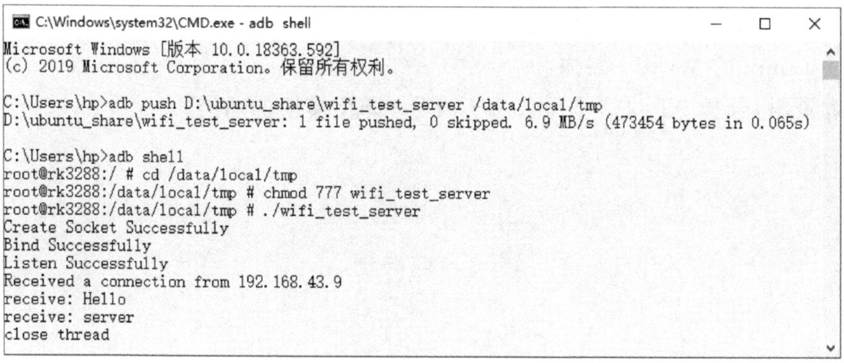

```
C:\Windows\system32\CMD.exe - adb shell
Microsoft Windows [版本 10.0.18363.592]
(c) 2019 Microsoft Corporation。保留所有权利。

C:\Users\hp>adb push D:\ubuntu_share\wifi_test_server /data/local/tmp
D:\ubuntu_share\wifi_test_server: 1 file pushed, 0 skipped. 6.9 MB/s (473454 bytes in 0.065s)

C:\Users\hp>adb shell
root@rk3288:/ # cd /data/local/tmp
root@rk3288:/data/local/tmp # chmod 777 wifi_test_server
root@rk3288:/data/local/tmp # ./wifi_test_server
Create Socket Successfully
Bind Successfully
Listen Successfully
Received a connection from 192.168.43.9
receive: Hello
receive: server
close thread
```

图 17-7 Terminal-A 窗口运行结果

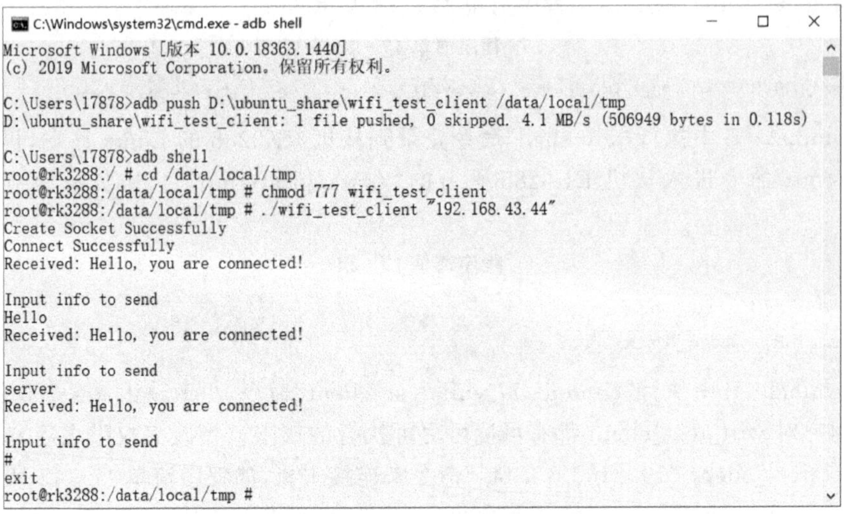

```
C:\Windows\system32\cmd.exe - adb shell
Microsoft Windows [版本 10.0.18363.1440]
(c) 2019 Microsoft Corporation。保留所有权利。

C:\Users\17878>adb push D:\ubuntu_share\wifi_test_client /data/local/tmp
D:\ubuntu_share\wifi_test_client: 1 file pushed, 0 skipped. 4.1 MB/s (506949 bytes in 0.118s)

C:\Users\17878>adb shell
root@rk3288:/ # cd /data/local/tmp
root@rk3288:/data/local/tmp # chmod 777 wifi_test_client
root@rk3288:/data/local/tmp # ./wifi_test_client "192.168.43.44"
Create Socket Successfully
Connect Successfully
Received: Hello, you are connected!

Input info to send
Hello
Received: Hello, you are connected!

Input info to send
server
Received: Hello, you are connected!

Input info to send
#
exit
root@rk3288:/data/local/tmp #
```

图 17-8 Terminal-B 窗口运行结果

本章任务

完成本章的学习后，熟悉 AP6255 芯片上用于实现 Wi-Fi 通信的相应引脚的功能，掌握 TCP、UDP 和 Socket 主从通信流程。在本章实验例程的基础上，修改程序代码，实现基于 UDP 协议的主从通信，并对比与基于 TCP 协议通信的差异。

本章习题

1. 简述局域网内 Socket 通信流程。
2. 简述主从通信过程中主从机各自的任务和访问权限。
3. 简述采用 Socket 通信的优缺点。
4. 简述 Linux 的 Wi-Fi 架构。
5. 查询资料，分析 AP6255 蓝牙和 Wi-Fi 一体化模块的功能。

第 18 章　蓝牙通信实验

蓝牙作为一种小范围无线连接技术，能在设备间实现方便快捷、灵活安全、低成本、低功耗的数据通信和语音通信，因此它是实现无线通信的主流技术之一。通过本章蓝牙通信实验，了解 Linux 蓝牙设备的工作原理和数据传输方式，熟练掌握蓝牙 Socket 的应用。

18.1　实验内容

本章实验以 Ubuntu 虚拟机端为蓝牙从机，以人体生理参数监测系统（使用说明见附录 E）为蓝牙主机，二者通过 Socket 进行通信，并在 Ubuntu 端打印出人体生理参数监测系统发送的人体生理参数数据包。实验要求计算机带有蓝牙功能。

18.2　实验原理

18.2.1　AP6255 电路

AP6255 蓝牙和 Wi-Fi 一体化芯片电路如图 18-1 所示。其中，用于进行蓝牙通信的引脚主要有 BT_HOST_WAKE、BT_WAKE、RK_UART0_RTS、RK_UART0_TXD、RK_UART0_RXD、RK_UART0_CTS 和 BT_RST，分别连接到 RK3288 核心板的 AD9、AF9、AB11、AG10、AH11、AB1 和 AF8 引脚。BT_HOST_WAKE 引脚的主要功能是实现蓝牙设备唤醒主机，而 BT_WAKE 引脚的主要功能是实现主机唤醒蓝牙设备。RK_UART0_TXD 和 RK_UART0_RXD 为蓝牙进行串口通信的数据传输引脚，RK_UART0_RTS 和 RK_UART0_CTS 用于进行串口通信的流控制。

18.2.2　RFCOMM 协议

RFCOMM 是基于欧洲电信标准协会 ETSI07.10 规程的串行线性仿真协议，该协议提供基于 L2CAP 协议的串行 RS232(9 Pin)控制和状态信号，如基带上的损坏、CTS 以及数据信号等，能够支持在两个蓝牙设备间高达 60 路的通信连接。

1. RS232 控制信号

RFCOMM 仿真 RS232 串口，该仿真过程包括非数据通路状态的传输，通路如表 18-1 所列。RFCOMM 不限制人工速率或步长，如果通信链路两端的设备都是负责将数据转发到其他通信介质的第二类设备，或在两端 RFCOMM 设备接口上进行数据传输，实际数据吞吐通

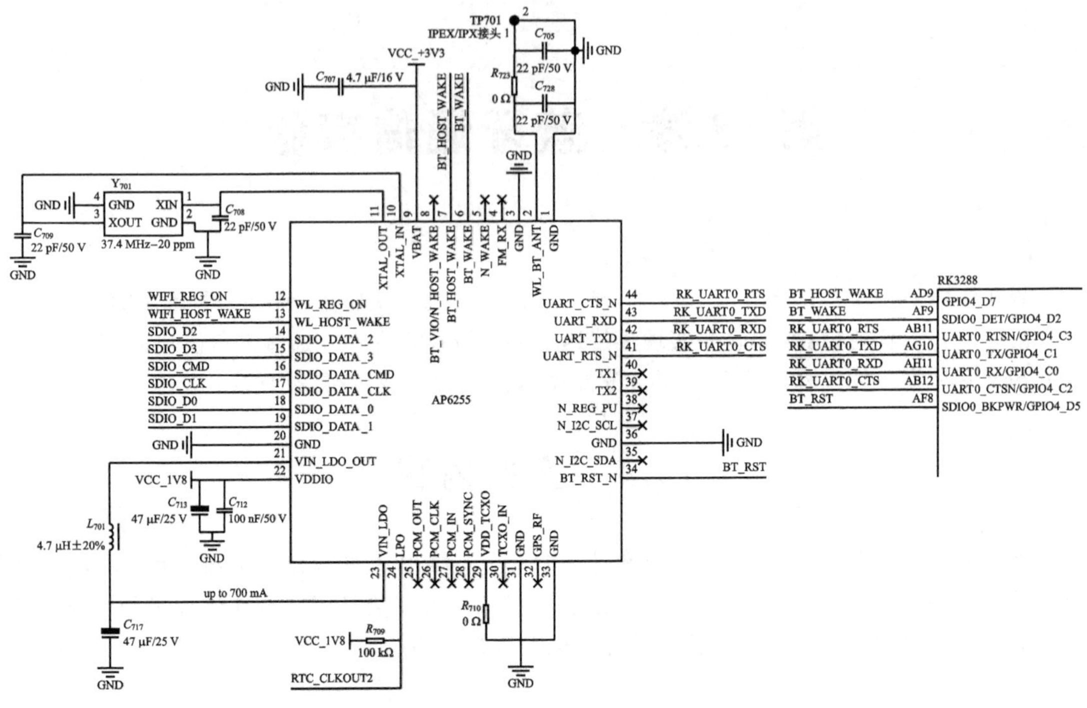

图 18 - 1　AP6255 电路

常将反映波特率的设置。RFCOMM 支持两个设备之间的多串口仿真,也支持多个设备多串口的仿真。

表 18 - 1　RFCOMM 仿真 RS232 通路

引　脚	通路名称
102	公用信号
103	发送数据(TD)
104	接收数据(RD)
105	请求发送(RTS)
106	清除发送信号(CTS)
107	数据准备就绪(DSR)
108	终端准备就绪(DTR)
109	数据载波监听(CD)
125	铃声报警(RI)

2. 蓝牙多串口仿真

两个使用 RFCOMM 协议通信的蓝牙设备可同时使用多个串口进行仿真,RFCOMM 支持多达 60 路通信连接,架构如图 18 - 2 所示。

在通信过程中,一个数据链接标识(DLCI)表示一对客户和服务器之间的持续连接。

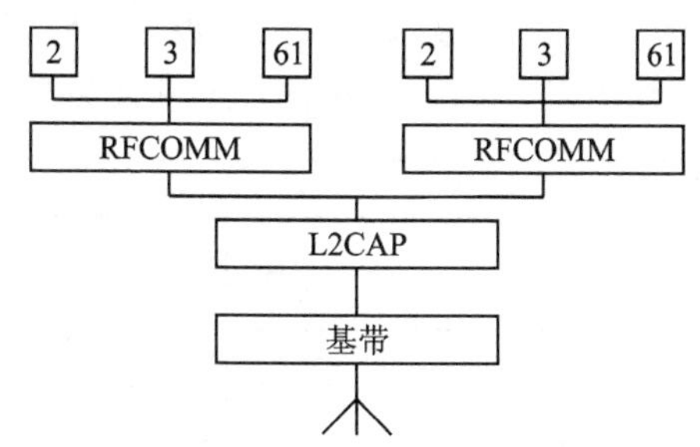

图 18－2　蓝牙多串口仿真架构图

DLCI 在两个设备间的 RFCOMM 会话中保持一致，其长度为 6bit，可用值区间为 2～61。在 TS07.10 中，DLCI 0 为控制信道，DLCI 1 根据服务器信道概念不能使用，DLCI 62～63 保留。若蓝牙设备支持多串口仿真，两个通信端允许使用不同的蓝牙设备，那么 RFCOMM 实体必须能够运行多个 TS07.10 多路复用器会话，每一个多路复用器都使用 L2CAP 信道 ID(CID)。RFCOMM 可以选择支持 TS07.10 多路复用器的多个会话。

3. RFCOMM 帧格式

RFCOMM 不使用 TS07.10 基本帧格式中的开始和结束标志，而仅适用于包含在 L2CAP 层和 RFCOMM 层间交换标志的域，基本帧结构如图 18－3 所示。

地址	控制	长度	信息	FCS
1字节	1字节	1~2 字节	*n* 字节	1字节

图 18－3　RFCOMM 基本帧结构

地址字段占 1 字节，包括 DLCI、C/R 位和地址字段扩展位(EA)，数据位格式如图 18－4 所示。EA 为 1 时，表示没有额外的地址段；C/R 表示该帧是一个 Command 或 Response，设置方式如表 18－2 所列；D 位表示方向，Initator 将 D 位(即最低位)设置为 1，Responser 将 D 位设置为 0。

数据位	1	2	3	4	5	6	7	8
功能	EA	C/R	D	Server Channel				

图 18－4　地址字段数据位格式

表 18－2　C/R 位设置方式

类　型	方向	C/R 值
Command	Initiator→Responder	1
	Responder→Initiator	0
Response	Initiator→Responder	0
	Responder→Initiator	1

控制字段占 1 字节，用于标识帧的类型，其数据位格式及类型设置如图 18－5 所示。P/F 是 Poll/Final 位，在 Commands 中，被称为 P 位，在 Responses 中则被称为 F 位。当发送的

Command 需要一个响应时，则 P 置为 1，接收方收到该类命令时需要马上响应并将 F 置为 1。若接收到 P/F 位置为 0 的 SABM 或 DISC 帧，接收方则将其丢弃。

帧类型	1	2	3	4	5	6	7	8
SABM	1	1	1	1	P/F	1	0	0
UA	1	1	0	0	P/F	1	1	0
DM	1	1	1	1	P/F	0	0	0
DISC	1	1	0	0	P/F	0	1	0
UIH	1	1	1	1	P/F	1	1	1
UI	1	1	0	0	P/F	0	0	0

图 18－5　控制字段数据位格式及类型设置

长度字段占 1～2 字节，由最低位的 EA 来决定长度范围。当 EA 为 1 时，长度字段为 1 字节，长度为 7 bits(0～127)；当 EA 为 0 时，长度字段为 2 字节，长度为 15 bits(0～32 767)。RFCOMM 帧的默认长度为 127，最大长度为 32 767。单字节和双字节数据位格式分别如图 18－6 和图 18－7 所示。

数据位	1	2	3	4	5	6	7	8
功能	EA=1	L1	L2	L3	L4	L5	L6	L7

图 18－6　单字节数据位格式

数据位	1	2	3	4	5	6	7	8
功能	EA=0	L1	L2	L3	L4	L5	L6	L7
数据位	1	2	3	4	5	6	7	8
功能	L8	L9	L10	L11	L12	L13	L14	L15

图 18－7　双字节数据位格式

信息字段仅在 UIH 帧中存在，其长度限制由 L2CAP 的 MTU 所限制。

FCS 字段用于接收方校验接收数据是否正确，校验原理采用循环冗余校验 CRC－8。对于 SABM、DISC、UA 和 DM 帧，FCS 计算 Address、Control and Length 字段。对于 UIH 帧，FCS 计算 Address and Control 字段。

18.3　实验步骤

步骤 1：复制文件夹到 Ubuntu_share 目录

将本书配套资料包“04. 例程资料\Material”目录下的 lab15. bt_test 文件夹复制到“D:\Ubuntu_share”目录下。

步骤 2：完善 lab15. bt_test 文件夹下的源码文件

打开“D:\Ubuntu_share\lab15. bt_test\app”文件夹中的 bt_test. c 文件，添加如程序清

单 18-1 所示的第 8 至 11 行代码。

程序清单 18-1

```
1.   #include <stdio.h>
2.   #include <stdlib.h>
3.   #include <unistd.h>
4.   #include <sys/socket.h>
5.   #include "bluetooth/bluetooth.h"
6.   #include "bluetooth/rfcomm.h"
7.
8.   void baswap(bdaddr_t *dst, const bdaddr_t *src);
9.   int bachk(const char *str);
10.  int ba2str(const bdaddr_t *ba, char *str);
11.  int str2ba(const char *str, bdaddr_t *ba);
```

在上一步添加的代码后面，添加如程序清单 18-2 所示的 baswap()、bachk()、ba2str()和 str2ba()函数的实现代码。baswap()函数的主要功能是将 MAC 地址进行反序排列，bachk()函数的主要功能是检查 MAC 地址是否合法，ba2str()函数的主要功能是格式化输出 MAC 地址字符串，str2ba()函数的主要功能是存储 MAC 地址字符串。

程序清单 18-2

```
void baswap(bdaddr_t *dst, const bdaddr_t *src){
  register unsigned char *d = (unsigned char *)dst;
  register const unsigned char *s = (const unsigned char *)src;
  register int i;

  for (i = 0; i < 6; i++){
          d[i] = s[5 - i];
  }
}

int bachk(const char *str){
  if (!str){
          return -1;
  }

  if (strlen(str) != 17){
          return -1;
  }

  while (*str) {
    if (!isxdigit(*str++)){
          return -1;
    }
    if (!isxdigit(*str++)){
          return -1;
```

```
        }
        if (*str == 0){
                break;
        }
        if (*str++ != ':'){
                return -1;
        }
    }
    return 0;
}

int ba2str(const bdaddr_t *ba, char *str){
    return sprintf(str, "%2.2X:%2.2X:%2.2X:%2.2X:%2.2X:%2.2X",
        ba->b[5], ba->b[4], ba->b[3], ba->b[2], ba->b[1], ba->b[0]);
}

int str2ba(const char *str, bdaddr_t *ba){
    bdaddr_t b;
    int i;
    if (bachk(str) < 0) {
        memset(ba, 0, sizeof(*ba));
        return -1;
    }

    for (i = 0; i < 6; i++, str += 3){
        b.b[i] = strtol(str, NULL, 16);
    }
    baswap(ba, &b);
    return 0;
}
```

在 str2ba()函数后面添加如程序清单 18-3 所示的 main()函数的实现代码。

(1) 第 6 至 10 行代码：读取主机的蓝牙 MAC 地址，以 argv[1]参数传输进来。

(2) 第 12 至 20 行代码：创建蓝牙 Socket 通信，协议为 BTPROTO_RFCOMM。

(3) 第 22 至 29 行代码：连接主机蓝牙设备。

(4) 第 31 至 46 行代码：读取数据并打印出来。

程序清单 18-3

```
1.  int main(int argc, char **argv){
2.    int s, status, len = 0, i = 0;
3.    char dest[18] = "00:18:E5:03:61:06"; //初始化目标 MAC 地址数组
4.    unsigned char buf[100]; //接收数组
5.
6.    if (argc < 2) {
7.      fprintf(stderr, "Usage: %s <bt_addr> \n", argv[0]);
```

```
        exit(2);
    }
    strncpy(dest, argv[1], 18); //将输入的 MAC 地址赋给 dest 数组

    //创建 Socket
    s = socket(AF_BLUETOOTH, SOCK_STREAM, BTPROTO_RFCOMM);

    //配置蓝牙 Socket
    struct sockaddr_rc addr = { 0 };
    addr.rc_family = AF_BLUETOOTH;
    addr.rc_channel = (uint8_t)1; //通道号
    str2ba(dest, &addr.rc_bdaddr);
    printf("Connecting to %s \n", dest);

    //连接主机蓝牙设备
    status = connect(s, (struct sockaddr *)&addr, sizeof(addr));
    if (status) {
      printf("Failed to connect the device! \n");
      close(s);
      return -1;
    }
    printf("Connected %d\n", status);

    //循环读取数据
    do {
      len = read(s, buf, sizeof(buf));
      printf("Buf len: %d\n", len);

      if (len > 0) {

        for (i = 0; i < len; i++)
        {
          printf(" %02x ", buf[i]);
        }
        printf("\n");

        memset(buf, 0, sizeof(buf));
      }
    } while (len > 0);

    printf("Finish\n");
    close(s);
    return 0;
}
```

步骤 3:复制源码包到 Ubuntu

通过 SecureCRT 建立 SFTP 文件传输连接,执行"cd /home/user/work/"命令进入"/home/user/work"目录,然后执行"put -r lab15. bt_test/"命令,将 lab15. bt_test 文件夹传输到"/home/user/work"目录下,如程序清单 18-4 所示。

程序清单 18-4

```
sftp > cd /home/user/work/
sftp > put -r lab15.bt_test/
```

步骤 4:编译应用层测试程序

通过 SecureCRT 终端连接 Ubuntu,执行"cd /home/user/work/lab15. bt_test/app"命令进入"/home/user/work/lab15. bt_test/app"目录,然后执行"make"或"make bt_test"命令对应用层测试程序进行编译。编译之后,可以通过"ls"命令查看该目录下已经生成了 bt_test 文件,该文件即为可执行的应用程序。建议在编译之前,通过执行"make clean"命令清除编译生成的文件,如程序清单 18-5 所示。

程序清单 18-5

```
user@ubuntu:~ $ cd /home/user/work/lab15.bt_test/app
user@ubuntu:~/work/lab15.bt_test/app $ make clean
user@ubuntu:~/work/lab15.bt_test/app $ make
```

步骤 5:运行应用程序

开启计算机的蓝牙,将人体生理参数监测系统的"数据模式""通信模式"和"参数模式"分别设置为"演示模式""BT"和"五参",然后打开 Ubuntu 虚拟机的蓝牙,方法如下:单击 Ubuntu 界面右上角的按钮,在弹出的菜单中选择"System Settings",然后在弹出的 System Settings 对话框中单击"Bluetooth"按钮,如图 18-8 所示。

在弹出的界面中,将 Bluetooth 和 Visibility of "Ubuntu-0"的开关都置为 ON,如图 18-9 所示。

通过快捷键"Ctrl+Alt+T"打开终端,执行"hcitool scan"命令扫描周围蓝牙设备,如图 18-10 所示。人体生理参数监测系统的蓝牙设备名以 SN 开头,如"SN2018A8010044"即为本实验用到的人体生理参数监测系统的蓝牙设备名,"00:18:E5:03:61:58"为该蓝牙设备的 MAC 地址。

在终端中,执行"cd /home/user/work/lab15. bt_test/app"命令进入"/home/user/work/lab15. bt_test/app"目录,再执行"chmod 777 bt_test"命令,更改 bt_test 的权限,改为任何用户对 bt_test 都有可读、可写、可执行的权限。然后执行"./bt_test 00:18:E5:03:61:58"命令进行蓝牙配对,"00:18:E5:03:61:58"即为图中查询得到的 MAC 地址,如程序清单 18-6 和图 18-11 所示。

程序清单 18-6

```
user@ubuntu:~ $ cd /home/user/work/lab15.bt_test/app
user@ubuntu:~/work/lab15.bt_test/app $ chmod 777 bt_test
user@ubuntu:~/work/lab15.bt_test/app $ ./bt_test 00:18:E5:03:61:58
```

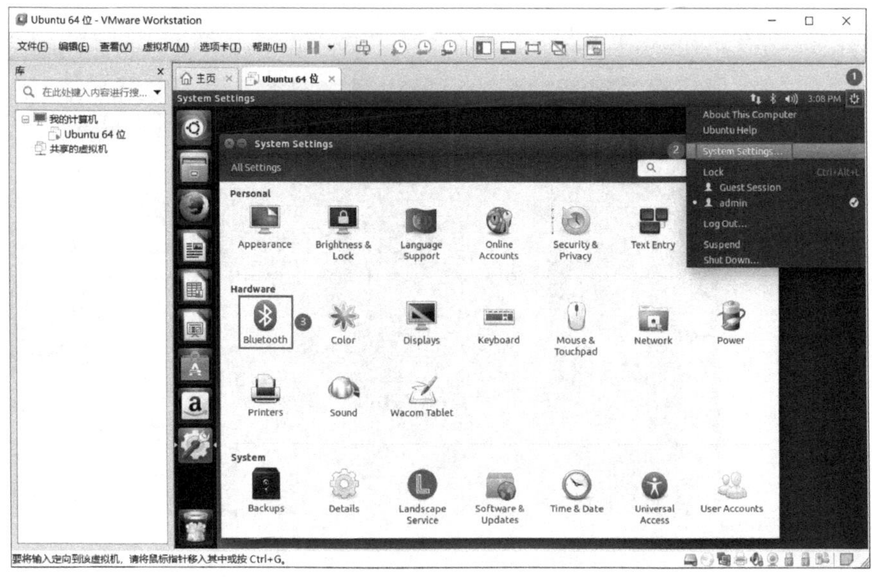

图 18 - 8　开启 Ubuntu 蓝牙步骤 1

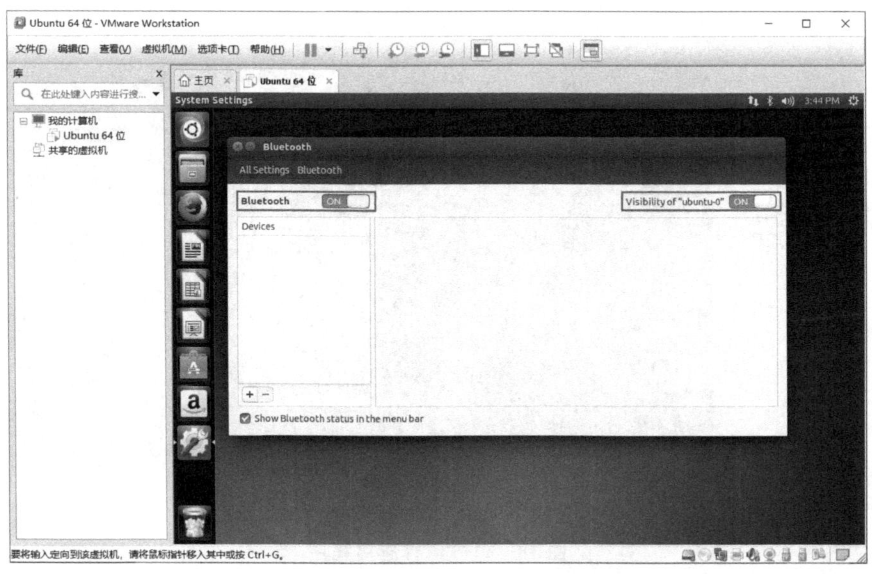

图 18 - 9　开启 Ubuntu 蓝牙步骤 2

弹出如图 18 - 12 所示的系统提示，单击该提示进行蓝牙配对。

在弹出如图 18 - 13 所示的对话框中，输入 PIN“1234”，然后单击“允许”按钮即可完成蓝牙配对。

配对成功后，在 Ubuntu 终端中即可收到来自人体生理参数监测系统的数据，如图 18 - 14 所示，表明实验成功。

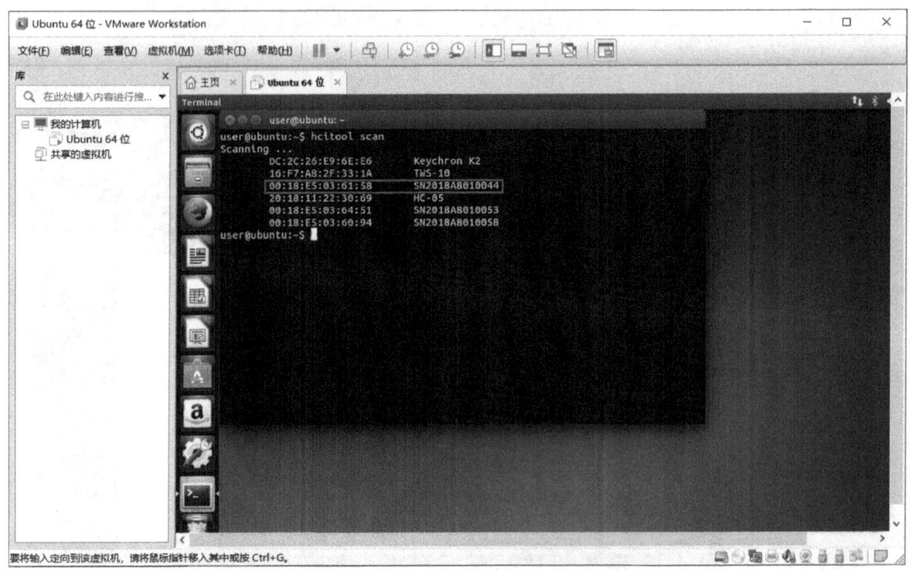

图 18－10　扫描周围蓝牙设备

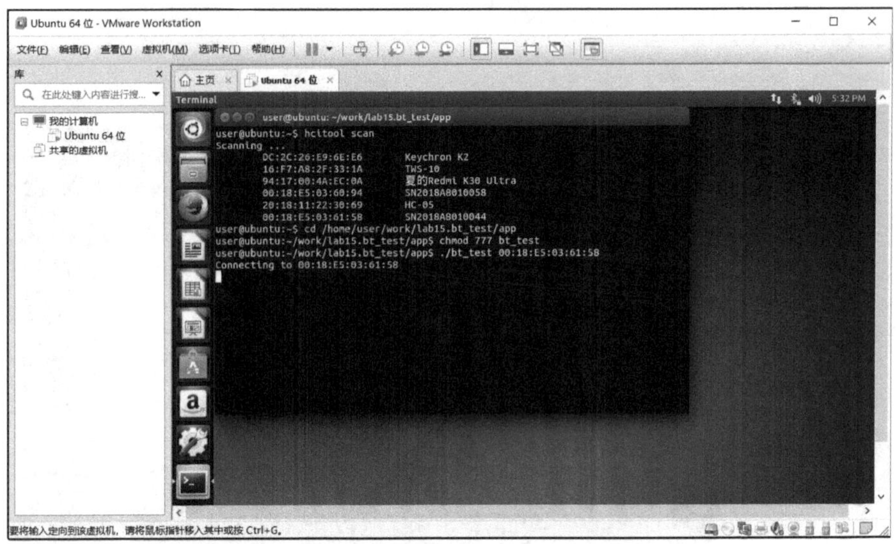

图 18－11　运行应用程序

图 18－12　蓝牙配对步骤 1

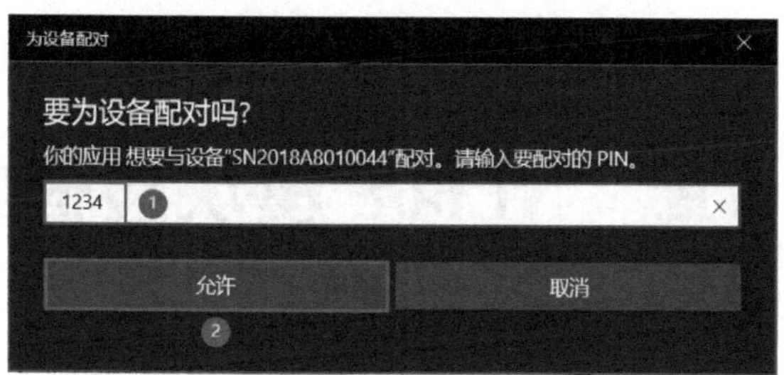

图 18－13　蓝牙配对步骤 2

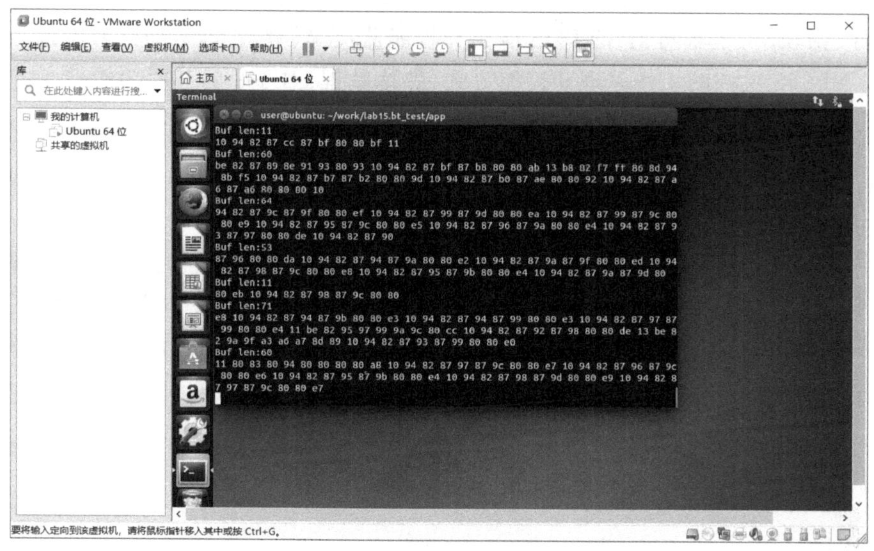

图 18－14　连接成功

本章任务

完成本章的学习后，熟悉 AP6255 芯片上用于实现蓝牙通信的相应引脚的功能，了解 RFCOMM 协议及人体生理参数监测系统使用说明。在本章实验例程的基础上，编写代码，实现蓝牙设备搜索的功能，即通过代码发送搜索命令，并列出附近的蓝牙设备。

本章习题

1. 简述蓝牙 Socket 与网络 Socket 的区别。
2. 简述蓝牙协议规范的重要组成。
3. 简述人体生理参数监测系统的工作模式。
4. 简述如何在 Ubuntu 端获取本机蓝牙的 MAC 地址。

第 19 章　NL668 模块通信实验

4G 模块又称为 4G 传输模块、4G 通信模块或 4G LTE 模块，是通过 4G LTE 网络来完成无线接收、发射和基带信号处理的。其具有兼容性好、通信数据量大、速度快的特点，常用于自助终端服务、物联网、车联网、手持 POS 应用和智能监控等领域。本章通过对 NL668 4G 通信实验，了解 NL668 模块的工作原理和控制方式，熟练掌握 NL668 的各项功能。

19.1　实验内容

通过代码，在 RK3288 系统上通过串口“/dev/ttyS3”向 NL668 模块发送 AT 命令，实现 SIM 卡读取、拨号接听、接收短信、GPS 报文获取及数据网络通信的功能。注意，进行实验前务必给模块加装天线，否则 SIM 卡无法联网和 GPS 无法定位，并且在使用 GPS 天线时，必须将天线置于露天环境下接收 GPS 信号。

19.2　实验原理

19.2.1　NL668 电路

NL668 电路如图 19－1 所示。NL668 模块通过 RK_UART3_TXD 和 RK_UART3_RXD 网络与 RK3288 核心板的串口 3 进行通信。J_{902} 为耳机插座，MIC_P 和 MIC_N 主要传输麦克风信号，SPK_P 传输听筒右声道信号，SPK_N 传输听筒左声道信号。J_{901} 为 Micro SIM 卡槽，NL668 模块通过 SIM_VDD 给卡槽供电，SIM_CLK 和 SIM_DATA 网络分别用于传输时钟信号和数据，SIM_RST 网络用于传输复位信号。

19.2.2　NL668 AT 命令

NL668 模块可以通过串口发送 AT 命令进行控制，下面介绍本章实验涉及到的 AT 命令，详细的 AT 命令请参见本书配套资料包“10. 参考资料\FIBOCOM AT Commands User Manual 系列手册”目录下的用户手册。注意，返回值为 NULL，表示返回值对输入和结果无影响。

1. 基本显示与响应

（1）回显

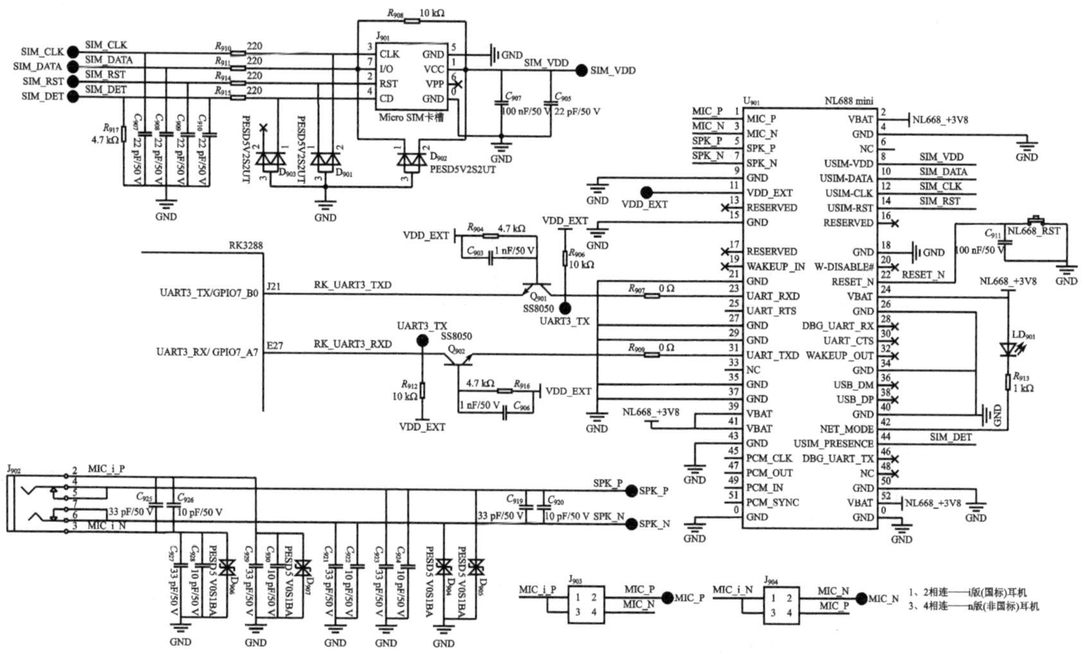

图 19-1　NL668 电路

输入	AT+ATE <num>
返回	NULL
属性	<num>:0—关闭回显;1—开启回显

(2) 检查 AT 命令

输入	AT
返回	可用:OK
属性	判断 AT 命令是否可用

2. 基本 SIM 卡信息读取

(1) SIM 卡连接状态

输入	AT+CPIN?
返回	检测到 SIM 卡:+CPIN:READY;未检测到 SIM 卡:ERROR
属性	判断 SIM 卡是否连接正常

(2) SIM 卡运营商

输入	AT+COPS?
返回	+COPS:0,0,"<运营商名称>",7; <运营商名称>:电信、移动和联通的英文名称
属性	查看 SIM 卡运营商,需要连接天线

3. 通话功能

(1) 上报开关

输入	AT+CLCC= <num>
返回	通话连接信息(通话中、接收到来电请求)
属性	<num>:0—关闭上报;1—开启上报; 开启上报后,每当接收到来电请求或接听电话,都会收到来自模块的返回信息

(2) 拨号

输入	ATD <phone_num>;
返回	NULL
属性	<phone_num>:需要拨打的目标电话号码

(3) 接听电话

输入	ATA
返回	NULL
属性	当接收到来电请求的上报时,接听电话

(4) 挂断电话

输入	AT+CHUP
返回	NULL
属性	需要结束通话时,挂断电话

4. 短信发送功能(英文)

(1) 设置短信模式

输入	AT+CMGF=1
返回	NULL
属性	设置短信类型为英文短信

(2) 设置发送目标

输入	AT+CMGS=" <phone_num> "
返回	>。输入该命令后返回符号">",表示进入短信编辑模式
属性	<phone_num>:目标手机号码

（3）编辑短信内容

输入	<英文短信内容>
返回	NULL
属性	英文模式短信仅能发送英文内容

（4）发送

输入	0x1a
返回	NULL
属性	结束短信编辑并发送，对应快捷键“Ctrl+Z”

5. GPS 定位

（1）GPS 状态

输入	AT+GTGPSPOWER?
返回	+GTGPSPOWER：<num>； <num>：0—GPS 关闭；1—GPS 开；
属性	查看系统 GPS 功能是否开启

（2）GPS 开关

输入	AT+GTGPSPOWER= <num>
返回	NULL
属性	<num>：0—关闭 GPS；1—开启 GPS； 系统 GPS 开关

（3）获取 GPS 报文

输入	AT+GTGPS?
返回	GPS 定位信息
属性	获取所有 GPS 报文

（4）获取指定内容的 GPS 报文

输入	AT+GTGPS=" <label> "
返回	指定内容的 GPS 定位信息
属性	<label>： “GSV”—当前空中所有可见卫星； “GSA”—当前连接卫星； “GGA”—GPS 定位信息（判断是否定位成功的标准）

6. HTTP 通信

(1) 数据开关

输入	AT+CFUN=1
返回	OK—开启
属性	检查数据开关是否打开

(2) 信号强度

输入	AT+CSQ?
返回	+CSQ: <parm1>, <parm2>; <parm1>:信号值。参数范围 0～31 或 99,小于 31 时数值越大信号越好,12 以下(含)表示信号弱,21(含)以上表示信号好,99 表示网络未知或者不可用; <parm2>:误码率。参数范围 0～7 或 99,99 表示未知,7 以下数值越小信号越好,暂不支持查询误码率
属性	检查信号强度

(3) 数据服务

输入	AT+CGREG?
返回	+CGREG: 0, <注册状态>—数据服务可用;+CGREG: 0,0—数据服务不可用; <注册状态>:1、5、6、7、9、10 表示 PS 业务可用,其他数值并不受影响
属性	检查数据服务是否可用。查询 PS 业务注册情况、基站 ID、驻网模式

(4) 驻网模式

输入	AT+PSRAT?
返回	+PSRAT: <驻网模式>—存在;+PSRAT: NONE—不存在; <驻网模式>: FDD LTE—联通、电信; TD LTE—移动
属性	查询当前驻网模式

(5) 查看 IP 地址

输入	AT+MIPCALL?
返回	+MIPCALL: <IP Addr>—显示当前 IP 地址;+MIPCALL: 0—未申请 IP 地址; <IP Addr>:当前 IP 地址
属性	检查是否申请 IP,若临时 IP 存在则打印 IP 地址

(6) IP 注册

输入	AT+MIPCALL=1,"<运营商代号>"
返回	+MIPCALL:<IP Addr>; <IP Addr>:新注册的 IP 地址
属性	<运营商代号>:电信—Ctnet;移动—cmnet;联通—3gnet; 注册临时 IP

(7) HTTP 配置

输入	AT+HTTPSET="URL","<url>:<port>/? <parms>"
返回	OK—端口设置成功
属性	<url>:服务器网址; <port>:服务器端口号; <parms>:附带参数值(type、value 等); 设置远端服务器 URL 链接和端口号,并附加参数

(8) Get 业务

输入	AT+HTTPACT=0
返回	OK—GET 业务开始
属性	开始 GET 业务

(9) 读取数据

输入	AT+HTTPREAD
返回	服务器发送的数据
属性	从模块读取全部的接收数据

19.3 实验步骤

步骤 1:硬件连接

NL668 模块的主天线、中继天线、芯片天线接口和 GPS 天线如表 19-1 所示。将主天线和 GPS 天线连接到 NL668 模块的对应接口,再将 NL668 模块接入嵌入式开发系统的 U_{901} 连接座,然后将 SIM 卡插入 J_{901} SIM 卡槽。

步骤 2:复制文件夹到 Ubuntu_share 目录

将本书配套资料包"04.例程资料\Material"目录下的 lab16.nl668_test 文件夹复制到"D:\Ubuntu_share"目录下。

表 19-1 天线及接口

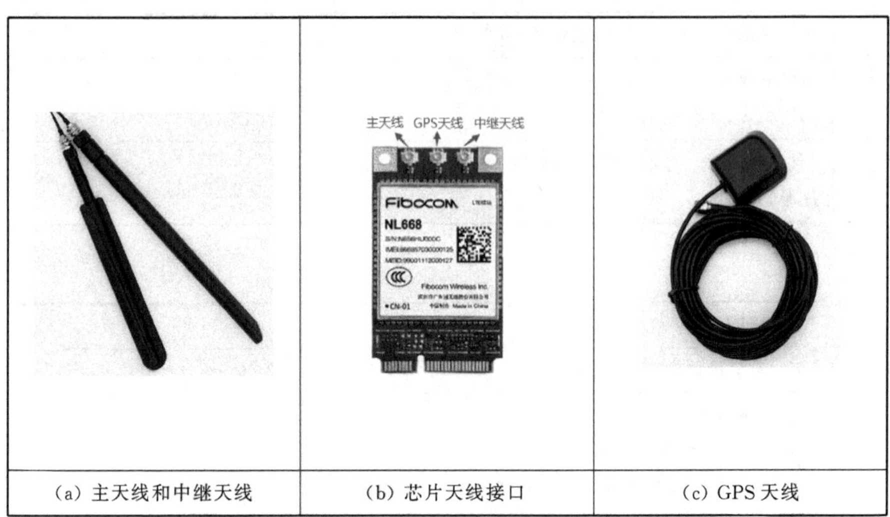

(a) 主天线和中继天线	(b) 芯片天线接口	(c) GPS 天线

步骤 3:完善 lab16.nl668_test 文件夹下的源码文件

打开“D:\Ubuntu_share\lab16.nl668_test\app\”文件夹中的 nl668_test.c 文件,添加如程序清单 19-1 所示的第 11 至 19 行代码。第 11 至 16 行代码指定了本实验中集成的 6 个小实验,宏定义为 1 即表示进行该实验。如将 BasicSimAT 的宏定义改为 1,其他的宏定义改为 0,则表示编译 nl668_test.c 文件后,运行生成的应用程序时,将进行 SIM 卡信息读取实验。因此,后续进行不同实验时,需要修改此处宏定义的代码。

程序清单 19-1

```
1.  #include <stdio.h>
2.  #include <stdlib.h>
3.  #include <string.h>
4.  #include <sys/types.h>
5.  #include <stdlib.h>
6.  #include <unistd.h>
7.  #include <termios.h>
8.  #include <getopt.h>
9.  #include "serial.h"
10.
11. #define BasicSimAT   1    //1 SIM 卡信息读取
12. #define PhoneCallAT  0    //2 拨打电话
13. #define RecCallAT    0    //3 接听电话
14. #define SendMsgAT    0    //4 发短信
15. #define GPSAT        0    //5 GPS 定位
16. #define HTTPAT       0    //6 HTTP 网络连接
17.
18. static char recbuf[1024] = { 0, };
19. void SendATCMD(int fd, unsigned char * atcmd);
```

在上一步添加的代码后面，添加如程序清单 19－2 所示的 SendATCMD()函数的实现代码。该函数主要实现发送 AT 命令功能并打印收到的反馈。

程序清单 19－2

```
void SendATCMD(int fd, unsigned char * atcmd){
  int len = strlen(atcmd);

  send_stream(fd, (const unsigned char * )atcmd, len); //发送 AT 命令
  usleep(250000);
  recv_stream(fd, (unsigned char * )recbuf, sizeof(recbuf), 1000, 1); //接受反馈

  printf(" % s ", recbuf);
  printf("———— \n");

  memset(recbuf, '\0', sizeof(recbuf));  //清空 recbuf
  tcflush(fd, TCIOFLUSH);
}
```

在上一步添加的代码后面，添加如程序清单 19－3 所示的 main()函数的实现代码。

(1) 第 7 至 16 行代码：打开串口/dev/ttyS3，设置波特率为 115 200。

(2) 第 18 行代码：清空输入、输出队列。

(3) 第 20 至 31 行代码：读取 SIM 卡状态信息。

(4) 第 33 至 49 行代码：通过 AT 命令拨打电话。

(5) 第 51 至 54 行代码：实现接听电话，作为本章任务。

(6) 第 56 至 89 行代码：发送短信。

(7) 第 91 至 107 行代码：测试 GPS 信息。

(8) 第 109 至 169 行代码：测试 HTTP 通信协议。

程序清单 19－3

```
1.  int main(int argc, char * * argv){
2.    int i = 0;
3.    int rst, cnt = 0;
4.    char * atcmd;
5.
6.    //开启串口
7.    char * deviceName = "/dev/ttyS3";
8.
9.    int fd = open_port(deviceName, 115200);
10.   if (fd == -1){
11.     fprintf(stderr, "Open  /dev/ttyS3  Failed \n");
12.     return;
13.   }
14.   else{
15.     printf("Open % s Successfully! \n", deviceName);
16.   }
```

```
    tcflush(fd, TCIOFLUSH);
    //1 基本 SIM 卡信息读取
#if BasicSimAT
    SendATCMD(fd, "ATE1\r\n"); //开启回显
    SendATCMD(fd, "AT\r\n"); //是否允许 AT 命令
    SendATCMD(fd, "AT+CPIN?\r\n"); //SIM 卡是否插上
    SendATCMD(fd, "AT+COPS?\r\n"); //查看 SIM 卡运营商(需要接天线)
#endif
    //2 拨打电话
#if PhoneCallAT
    SendATCMD(fd, "ATE1\r\n"); //开启回显
    SendATCMD(fd, "AT+CLCC=1\r\n"); //开启上报
    SendATCMD(fd, "ATD136****1297;\r\n"); //拨号,输入手机号码
    printf("开始拨号,请等待。接通后输入 n 挂断........\r\n");
    char c;
    while (c != 'n'){
      c = getchar();
    }
    SendATCMD(fd, "AT+CHUP\r\n"); //挂断电话
#endif
    //3 接听电话
#if RecCallAT
#endif
    //4 发短信
#if SendMsgAT
    SendATCMD(fd, "ATE1\r\n"); //开启回显
    SendATCMD(fd, "AT+CMGF=1\r\n"); //发送英文 SMS 短信
```

```
    SendATCMD(fd, "AT + CMGS = \"136 * * * * 1297\"\r\n"); //设置目标电话号码

    char * smsmsg = "Hello World\r\nLeyutek\r\n1234567"; //编辑短信内容
    unsigned char sendkey[1] = { 0x1a }; //表示 ctrl + z,中止短信编辑并发送

    tcflush(fd, TCIOFLUSH);

    send_stream(fd, (const unsigned char * )smsmsg, strlen(smsmsg));
    usleep(500000);
    send_stream(fd, (const unsigned char * )sendkey, 1);

    int readcnt = 0;
    int noticecnt = 0;
    while (noticecnt < 2){
      readcnt = recv_stream(fd, (unsigned char * )recbuf, sizeof(recbuf), 1000, 1);
      if (readcnt > 0){
        printf(" % s \n", recbuf);

        memset(recbuf, '\0', sizeof(recbuf));

        noticecnt ++ ;
      }
      usleep(500000);
    }
    printf("短信发送成功!!!!\r\n");

  # endif

    //5 GPS
  # if GPSAT

    SendATCMD(fd, "ATE1\r\n"); //开启回显

    SendATCMD(fd, "AT + GTGPSPOWER?\r\n"); //查看 GPS 是否开启

    SendATCMD(fd, "AT + GTGPSPOWER = 1\r\n"); //开启 GPS

    while (1){
      printf("当前定位:\r\n");
      SendATCMD(fd, "AT + GTGPS = \"GGA\"\r\n");  //获取定位信息 GGA(完整的 GPS 报文通过 AT
       + GTGPS 获取)

      sleep(3);
    }
```

```
#endif

  //6 HTTP
#if HTTPAT

  //基本信息
  printf("开启回显......\r\n");
  SendATCMD(fd, "ATE1\r\n");

  printf("检查数据开关......\r\n");
  SendATCMD(fd, "AT+CFUN=1\r\n");

  printf("检查运营商......\r\n");
  SendATCMD(fd, "AT+COPS?\r\n");

  printf("检查信号强度......\r\n");
  SendATCMD(fd, "AT+CSQ?\r\n");

  printf("检查数据服务是否可用......\r\n");
  SendATCMD(fd, "AT+CGREG?\r\n");

  printf("检查驻网模式......\r\n");
  SendATCMD(fd, "AT+PSRAT?\r\n");

  //注册 IP,APN
  printf("检查是否申请 IP......\r\n");
  SendATCMD(fd, "AT+MIPCALL?\r\n");

  printf("开始注册临时 IP......\r\n");
  SendATCMD(fd, "AT+MIPCALL=1,\"cmnet\"\r\n");  //Register temp IP,与手机运营商匹配!

  printf("显示 IP 地址 ......\r\n");
  SendATCMD(fd, "AT+MIPCALL?\r\n");

  //HTTP 设置
  printf("设定 URL 链接 & 端口......\r\n");
  SendATCMD(fd, "AT+HTTPSET=\"URL\",\"http://i.yuev5.cn:39001/?type=NL668_HTTP_
  Test&msg=HelloWorld_Leyutek\"\r\n");

  //读取数据
  printf("开始 GET 业务 ......\r\n");
  SendATCMD(fd, "AT+HTTPACT=0\r\n"); //无副作用,POST 有副作用

  int readcnt = 0;
```

```
    int noticecnt = 0;
    while (1){
      if (noticecnt == 1){
        printf("连接成功  ......\r\n");
        break;
      }

      readcnt = recv_stream(fd, (unsigned char * )recbuf, sizeof(recbuf), 1000, 1);
      if (readcnt > 4){
        printf(" % s \n", recbuf);
        noticecnt ++ ;
      }

      usleep(300000);
    }

    printf("从模块读取全部数据  ......\r\n");
    SendATCMD(fd, "AT + HTTPREAD\r\n");

#endif

    printf("\n =====================================================\n");

    close(fd);

    return 0;
}
```

步骤 4:复制源码包到 Ubuntu

通过 SecureCRT 建立 SFTP 文件传输连接,执行"cd /home/user/work/"命令进入"/home/user/work"目录,然后执行"put - r lab16. nl668_test/"命令,将 lab16. nl668_test 文件夹传输到"/home/user/work"目录中,如程序清单 19 - 4 所示。

程序清单 19 - 4

```
sftp > cd /home/user/work/
sftp > put  - r lab16.nl668_test/
```

步骤 5:编译应用层测试程序

通过 SecureCRT 终端连接 Ubuntu,执行"cd /home/user/work/lab16. nl668_test/app"命令进入"/home/user/work/lab16. nl668_test/app"目录,然后执行"make"或"make nl668_test"命令对应用层测试程序进行编译。编译之后,可以通过"ls"命令查看该目录下已经生成了 nl668_test 文件,该文件即为可执行的应用程序。建议在编译之前,先通过执行"make clean"命令清除编译生成的文件,如程序清单 19 - 5 所示。

程序清单 19-5

```
user@ubuntu:~$ cd /home/user/work/lab16.nl668_test/app
user@ubuntu:~/work/lab16.nl668_test/app$ make clean
user@ubuntu:~/work/lab16.nl668_test/app$ make
```

步骤 6:复制应用程序

通过 SecureCRT 建立 SFTP 文件传输连接,通过执行“cd /home/user/work/lab16.nl668_test/app”命令进入“/home/user/work/lab16.nl668_test/app”目录,然后,再执行“get nl668_test”命令,将 nl668_test 文件复制到“D:\Ubuntu_share”目录中,如程序清单 19-6 所示。

程序清单 19-6

```
sftp > cd /home/user/work/lab16.nl668_test/app
sftp > get nl668_test
```

步骤 7:运行应用程序

首先,通过快捷键“Win+R”打开“运行”对话框,输入“CMD”命令后回车,打开命令提示符窗口,将该窗口命名为 Terminal-A。在 Terminal-A 中执行“adb push D:\Ubuntu_share\nl668_test /data/local/tmp”命令,将 nl668_test 文件复制到 RK3288 平台的“/data/local/tmp”目录中,如程序清单 19-7 所示。

程序清单 19-7

```
C:\Users\hp > adb push D:\Ubuntu_share\nl668_test /data/local/tmp
```

其次,执行“adb shell”命令登录到 RK3288 的 Linux 终端,再执行“cd /data/local/tmp”命令进入 RK3288 平台的“/data/local/tmp”目录,如程序清单 19-8 所示。

程序清单 19-8

```
C:\Users\hp > adb shell
root@rk3288:/ # cd /data/local/tmp
```

最后,在 Terminal-A 中执行“chmod 777 nl668_test”命令,更改 nl668_test 的权限,改为任何用户对 nl668_test 都有可读可写可执行的权限。更改完权限之后,就可以进一步执行“./nl668_test”执行 nl668_test,如程序清单 19-9 所示。

程序清单 19-9

```
root@rk3288:/data/local/tmp # chmod 777 nl668_test
root@rk3288:/data/local/tmp # ./nl668_test
```

步骤 8:SIM 卡信息读取实验运行结果

在 Terminal-A 窗口中,可以看到如图 19-2 所示的运行结果,表明实验成功,实验结束后关闭 Terminal-A 窗口。注意,若图 19-2 中的分隔符号为乱码,可能是由于 nl668_test.c 文件的编码格式错误导致,正确的编码格式为 UTF-8。

步骤 9:拨打电话实验运行结果

打开“D:\Ubuntu_share\lab16.nl668_test\app\”文件夹中的 nl668_test.c 文件,将

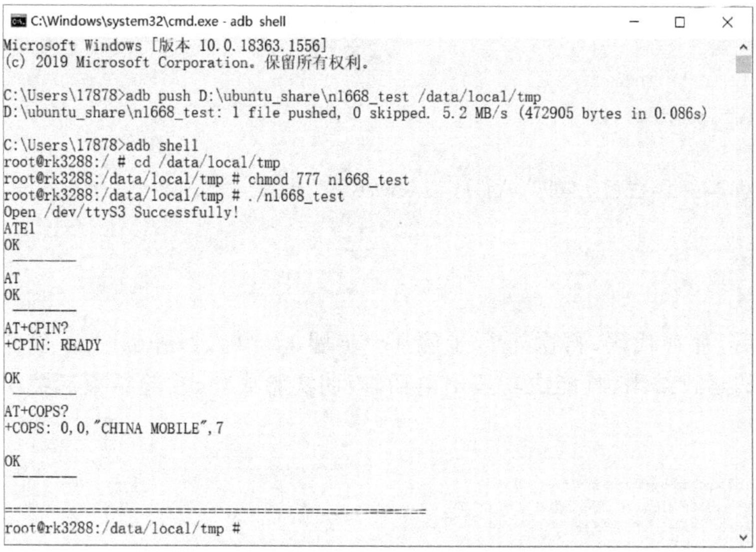

```
C:\Windows\system32\cmd.exe - adb shell
Microsoft Windows [版本 10.0.18363.1556]
(c) 2019 Microsoft Corporation。保留所有权利。

C:\Users\17878>adb push D:\ubuntu_share\nl668_test /data/local/tmp
D:\ubuntu_share\nl668_test: 1 file pushed, 0 skipped. 5.2 MB/s (472905 bytes in 0.086s)

C:\Users\17878>adb shell
root@rk3288:/ # cd /data/local/tmp
root@rk3288:/data/local/tmp # chmod 777 nl668_test
root@rk3288:/data/local/tmp # ./nl668_test
Open /dev/ttyS3 Successfully!
ATE1
OK
 ________

AT
OK
 ________

AT+CPIN?
+CPIN: READY

OK
 ________

AT+COPS?
+COPS: 0,0,"CHINA MOBILE",7

OK
 ________

================================================
root@rk3288:/data/local/tmp #
```

图 19－2　SIM 卡信息读取实验运行结果

PhoneCallAT 的宏定义改为 1，其他宏定义改为 0，然后在拨打电话的代码实现区添加想要拨打的电话号码，如程序清单 19－10 所示，在第 22 行代码中，修改 ATD 后面的电话号码即可。

程序清单 19－10

```
1.  ……
2.  #include "serial.h"
3.
4.  #define BasicSimAT    0     //1 SIM 卡信息读取
5.  #define PhoneCallAT   1     //2 拨打电话
6.  #define RecCallAT     0     //3 接听电话
7.  #define SendMsgAT     0     //4 发短信
8.  #define GPSAT         0     //5 GPS 定位
9.  #define HTTPAT        0     //6 HTTP 网络连接
10.
11. ……
12. int main(int argc, char * * argv){
13.     ……
14.
15.     //2 拨打电话
16. #if PhoneCallAT
17.
18.     SendATCMD(fd, "ATE1\r\n"); //开启回显
19.
20.     SendATCMD(fd, "AT + CLCC = 1\r\n"); //开启上报
21.
22.     SendATCMD(fd, "ATD10086;\r\n"); //拨号,输入手机号码
23.
```

```
    printf("开始拨号,请等待。接通后输入 n 挂断........\r\n");
    char c;
    while (c != 'n'){
      c = getchar();
    }
    SendATCMD(fd, "AT + CHUP\r\n"); //挂断电话

  # endif
    ......
```

修改完成后,保存代码,再次进行步骤 4～步骤 7。在 Terminal - A 窗口中,可看到如图 19 - 3 所示的运行结果,且能成功拨出电话,表明实验成功,实验结束后关闭 Terminal - A 窗口。

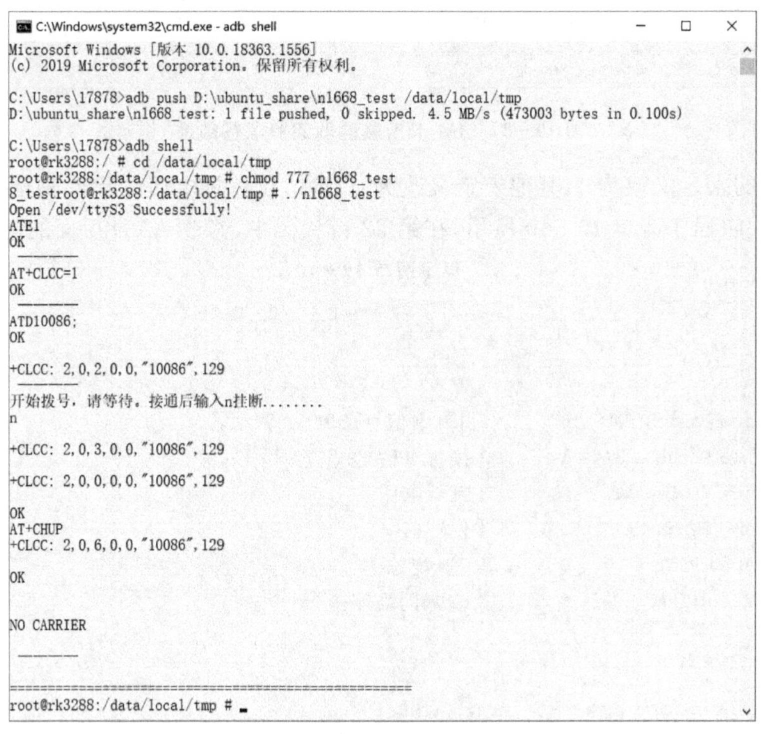

图 19 - 3　拨打电话实验运行结果

步骤 10:发短信实验运行结果

打开"D:\Ubuntu_share\lab16.nl668_test\app\"文件夹中的 nl668_test.c 文件,将 SendMsgAT 的宏定义改为 1,其他宏定义改为 0,然后在发短信的代码实现区添加接收方电话号码,参考步骤 9。修改完成后,保存代码,再次进行步骤 4～步骤 7。在 Terminal - A 窗口中,可看到如图 19 - 4 所示的运行结果,短信发送成功,表明实验成功,实验结束后关闭 Terminal - A 窗口。

```
C:\Windows\system32\cmd.exe - adb shell
Microsoft Windows [版本 10.0.18363.1556]
(c) 2019 Microsoft Corporation。保留所有权利。

C:\Users\17878>adb push D:\ubuntu_share\nl668_test /data/local/tmp
D:\ubuntu_share\nl668_test: 1 file pushed, 0 skipped. 4.5 MB/s (472905 bytes in 0.101s)

C:\Users\17878>adb shell
root@rk3288:/ # cd /data/local/tmp
root@rk3288:/data/local/tmp # chmod 777 nl668_test
stroot@rk3288:/data/local/tmp # ./nl668_test
Open /dev/ttyS3 Successfully!
ATE1
OK
---------
AT+CMGF=1
OK
---------
AT+CMGS="10086"
> ---------

>
> Hello WorldLeyutek1234567

+CMGS: 153

OK

短信发送成功！！！！
==============================================================
root@rk3288:/data/local/tmp #
```

图 19－4　发短信实验运行结果

步骤 11：GPS 定位实验运行结果

打开“D：\Ubuntu_share\lab16.nl668_test\app\”文件夹中的 nl668_test.c 文件，将 GPSAT 的宏定义改为 1，其他宏定义改为 0，修改完成后，保存代码，再次进行步骤 4～步骤 7。在 Terminal－A 窗口中，可看到如图 19－5 所示的运行结果，显示定位信息，表明实验成功，实验结束后关闭 Terminal－A 窗口。

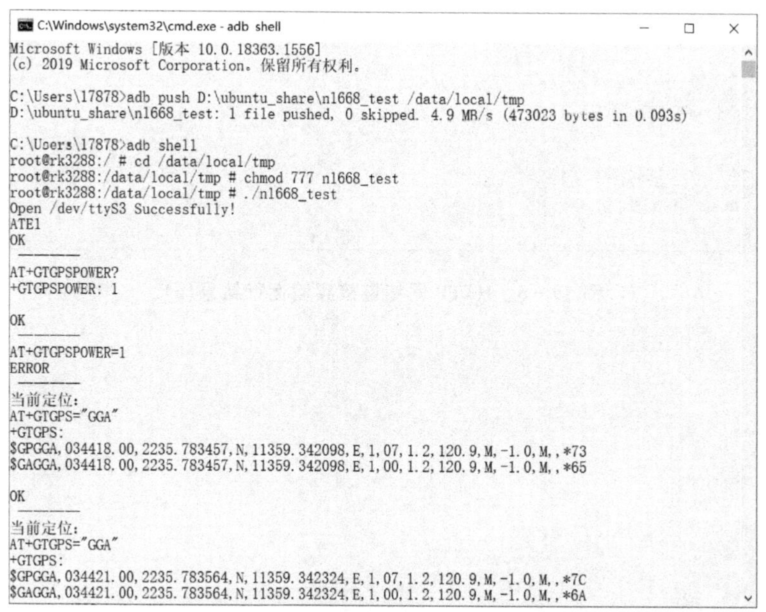

图 19－5　GPS 定位实验运行结果

步骤 12:HTTP 网络连接实验运行结果

打开"D:\Ubuntu_share\lab16.nl668_test\app\"文件夹中的 nl668_test.c 文件,将 HTTPAT 的宏定义改为 1,其他宏定义改为 0,修改完成后,保存代码,再次进行步骤 4~步骤 7。注意,在注册 IP 时,代码中输入的运营商代号一定要与当前使用的 SIM 卡的运营商一致,本实验中默认使用移动卡,因此运营商代号为 cmnet,若使用电信卡,代号则为 Ctnet,联通卡代号为 3gnet。在 Terminal-A 窗口中,可看到如图 19-6 和图 19-7 所示的运行结果,表明实验成功,实验结束后关闭 Terminal-A 窗口。

图 19-6 HTTP 网络连接实验运行结果(a)

图 19-7　HTTP 网络连接实验运行结果(b)

本章任务

完成本章的学习后，熟悉 NL668 电路的基本构成和工作原理，了解 NL668 模块的功能和应用场景，熟悉 NL668 模块常用 AT 命令的功能和用法。在本章实验的基础上，完善接听电话实验部分的代码，并验证接听电话功能是否成功实现。

本章习题

1. 简述 4G 模块的应用场景。
2. 简述 NL668 模块特性。
3. NL668 模块的 HTTP 协议和 TCP 协议有哪些差异？
4. 简述 NL668 AT 命令收发的实现过程。

第 20 章　USB 应用实验

USB 是通用串行总线的总称，Linux 内核几乎支持所有的 USB 设备，包括键盘、鼠标、打印机、调制解调器、扫描仪等。Linux 的 USB 驱动分为主机驱动与 Gadget 驱动，主机驱动是设备连接到计算机，通过主机驱动扫描 USB 设备，控制所连接的设备；而 Gadget 驱动一般用于控制嵌入式设备。本章通过 USB 键盘实验，了解 USB 数据的读取方式和数据格式，熟练掌握 USB 设备的访问、交互操作。

20.1　实验内容

本实验使用键盘连接嵌入式开发系统，并通过 libusb 库读取键盘的按键 USB 数据，打印出当前键盘的键值。要求在本章实验后熟练掌握 libusb 库的使用流程。

20.2　实验原理

20.2.1　USB 电路

USB 电路如图 20－1 所示。RK3288 核心板有两路 HOST 口和一路 OTG 口，其中 OTG 口可作为 HOST 口和 DEVICE 用，即标准的 OTG 口。注意，HOST1 口和 HOST2 口有区别，默认 HOST1 口无法直接连接低速的 USB 设备，如鼠标、键盘等，需要通过 HUB 芯片才能连接低速设备，而 HOST2 可以直接连接各种高、低速设备。GL850G 是一个 4 口的标准 USB HUB 控制器，遵守 USB2.0 标准，既可以连接到 USB1.1 HOST/HUB，又可以连接到 USB2.0 HOST/HUB。当 GL850G 连接 USB1.1 HOST/HUB 时，以 USB1.1 的标准进行工作，此时，upstream port 将以全速（12 Mbps）进行数据传输，downstream port 以全速或低速进行数据传输。当 GL850G 连接 USB2.0 HOST/HUB 时，则充当一个 USB2.0 的 HUB，upstream port 将以高速（480 Mbps）进行数据传输，downstream port 以高速、全速或低速进行数据传输。

20.2.2　USB HUB 简介

USB HUB（USB 集线器）是一种能够将单个 USB 接口扩展为多个，并使所有拓展接口可以同时工作的装置。USB HUB 根据所属的 USB 协议，可分为 USB2.0 HUB、USB3.0 HUB 与 USB3.1 HUB。USB2.0 HUB 支持 USB2.0，理论带宽达 480 Mbps（最多支持 5 级 HUB 深度，最多拓展 127 个设备）；USB3.0 HUB 支持 USB3.0，向下兼容 USB2.0/1.1，理论带宽

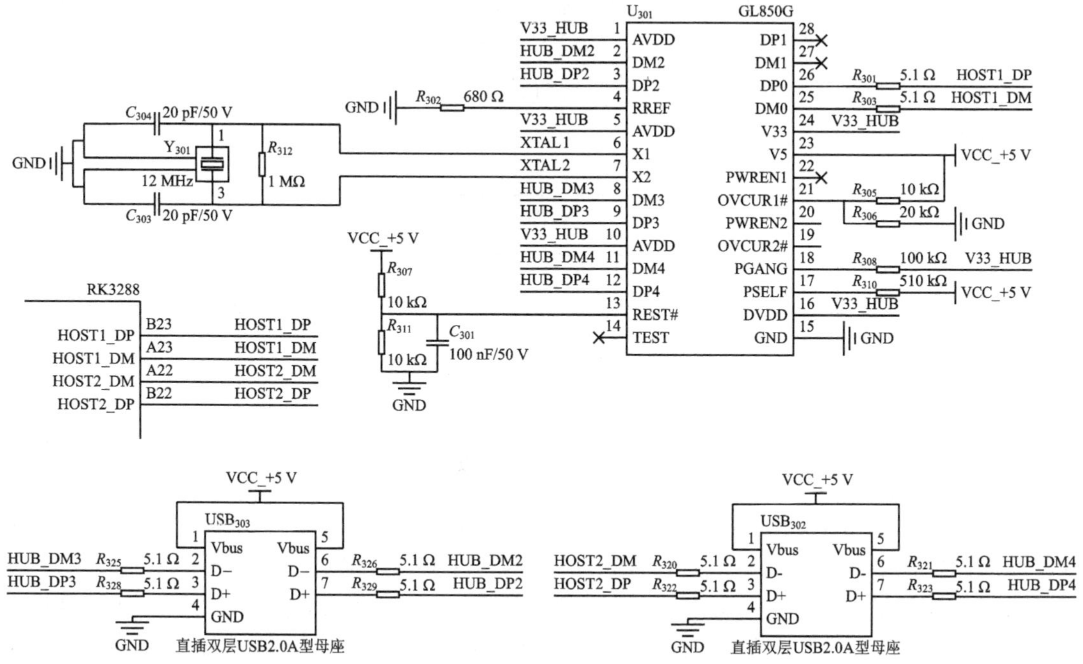

图 20－1　USB 电路

达 5 Gbps；USB3.1 HUB 支持 USB3.1，向下兼容 USB3.0/2.0/1.1，理论带宽达 10 Gbps。USB HUB 的实物图如图 20－2 所示。

USB HUB 的基本工作原理为 USB 主机（USB HOST）与 USB 根集线器（USB ROOT HUB）的级联。按照设计规定，USB 设备与 USB HUB 间的连线长度不超过 5 m，USB 设备的级联不能超过 5 级（包括 ROOT HUB）。USB HUB 不仅为每个 USB 端口供电，还可以同时通过端口的电气变化判断设备的插拔操作，并通过响应 USB 主机的数据包将端口状态汇报给 USB 主机。USB HUB 的工作流程如下。

图 20－2　USB HUB 实物图

① USB HUB 负责整合下游设备的各种传输信号，同步传输存在带宽限制，超过总带宽一定比例的传输数据将被丢弃；中断传输和控制传输占用保留带宽，不存在带宽限制；Bulk 传输占用剩余的带宽（若无同步传输，则约为 90%）。

② USB HUB 整合下游数据包后向上游设备发送，若上游还存在 USB HUB，则上游的 HUB 重复相同的操作。

总之，USB HUB 重新封装了各类 USB 设备的数据包，其复杂度和功能类似于网络设备中的路由器。除此之外，USB HUB 自身还是一个 USB 设备，也需占用一定带宽，周期性地向 USB 主机汇报工作状态。

20.2.3　Linux 的 USB 驱动架构

USB 是 PC 及嵌入式设备中最常见、最便捷的通信接口。USB 接口的物理结构如图 20－3 所示，集线器端的两条数据线（D＋和 D－）都接有 15 kΩ 的下拉电阻，当无设备接入时，集线器数据线 D+和 D−的电压为低电平。当设备接入时，由于设备的数据线上接有 1.5 kΩ 的上拉电阻，使得 1 根数据线的电平被拉高。集线器根据数据线被拉高的电平得知有设备接入，并根据 D+为高电平还是 D−为高电平，来判断所接入的设备是全速 USB 设备(D+为高电平)还是低速 USB 设备(D−为高电平)。

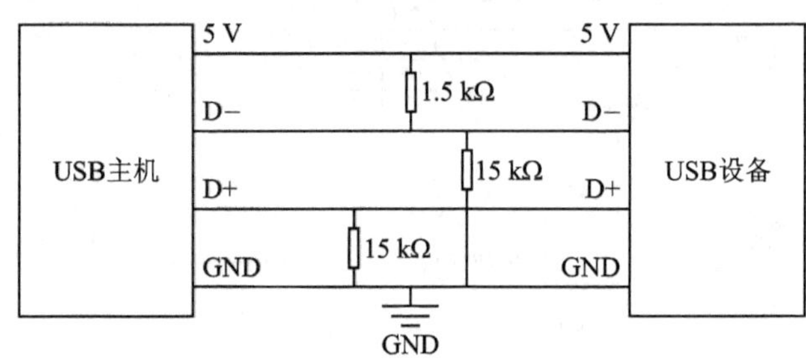

图 20-3　USB 接口的物理结构

当系统识别出有 USB 设备插入，Linux 内的 USB 驱动程序发送命令至该设备，与设备交互并获取设备信息(设备描述符)。设备收到请求后，回复设备描述符给总线驱动。此时，总线驱动程序会为该设备分配一个地址，当后期访问某个 USB 设备时，均会通过该地址编号进行访问。新接入的 USB 设备被第一次访问时，以地址 0 来访问。当 USB 总线驱动程序识别出接入的 USB 设备后，会自动查找对应的驱动程序，如键盘、鼠标、U 盘和手柄等。

USB 通信过程均为主从架构，USB 主机发送通信请求，从机设备进行数据回复，USB 从机设备不具备主动向主机发送通信请求的能力。USB 主从通信流程如图 20-4 所示。

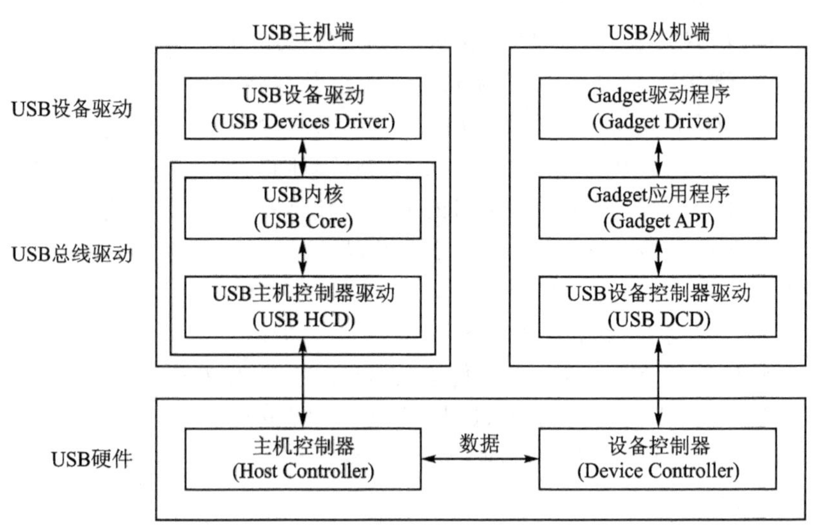

图 20-4　USB 主从通信流程

USB 主机中的 USB 内核为 USB 子系统的核心，是所有 USB 设备赖以生存的模块。该模块为纯软件成分，并不代表一个设备，而是独立于硬件的协议栈。该模块的功能是为设备驱动程序提供接口服务，用于访问和控制 USB 硬件，而不用考虑系统当前硬件层面使用何种主机控制器。由于用户不能直接访问 USB 主机控制器驱动，因此需要通过 USB 内核将用户的请求映射到相关的 USB 主机控制器驱动。USB 内核成为了 USB 设备驱动和 USB 硬件设备之间的桥梁。

从机设备中的 Gadget 应用程序定义了一个通用的 Gadget 驱动程序接口，使 Gadget 驱动程序能够通过该模块与底层 USB 控制器驱动通信。该模块的优点在于屏蔽了底层硬件的不同，使 Gadget 驱动程序更加注重功能的实现，从而忽略底层硬件的差异。

20.2.4 libusb 库

libusb 是一个基于 C 语言的开源 USB 通信库，支持 Windows、MacOS、Linux 和 Android 操作系统下的移植。该库采用用户模式，在该模式下应用程序与 USB 设备间的通信不需要高权限，有利于应用程序的开发。

libusb 库为应用程序提供统一的 API 接口，可以直接操作系统中的 USB 设备，如重置一个 USB 设备，或获取设备的具体信息，如 configuration、interface、settings 等。libusb 遵循 posix 协议，可以跨平台使用，嵌入式开发系统的 usb_test 程序使用 libusb－1.0 编译后生成静态库文件 libusb－1.0.a。注意，libusb 有严格的使用流程，错误的流程可能引发程序崩溃，核心流程如下。

① 初始化。生成会话密钥 ctx 并开启 USB 会话。

② 获取设备列表 devs 并打印设备信息。打印出所有 USB 设备的 PIV、VID、INTERFACE_NUM 和 EP Address。

③ 打开设备。根据②中获取的 PID 和 VID 打开 USB 设备。

④ 查看 USB 的内核驱动是否激活。

⑤ 若驱动已经激活，则需要先解绑设备驱动。

⑥ 注册接口。需要用到 InterfaceNum。

⑦ 循环读取或写入数据。需要用到 EP Address。

20.2.5 键盘 USB 数据格式

USB 键盘数据包含 8 字节，第 1 字节 BYTE1 为特殊按键的按键情况，位组成如下：

bit7	bit6	bit5	bit4	bit3	bit2	bit1	bit0

1. bit0：Left Control 是否按下，按下为 1；
2. bit1：Left Shift 是否按下，按下为 1；
3. bit2：Left Alt 是否按下，按下为 1；
4. bit3：Left GUI(Windows 键)是否按下，按下为 1；
5. bit4：Right Control 是否按下，按下为 1；
6. bit5：Right Shift 是否按下，按下为 1；
7. bit6：Right Alt 是否按下，按下为 1；
8. bit7：Right GUI 是否按下，按下为 1。

第 2 字节 BYTE2 为保留字节，一般为 0。

第 3～8 字节 BYTE3～BYTE8 表示当前同时按下按键的键值。按下一个按键时由 BYTE3 存放键值，同时按下两个按键则由 BYTE3 和 BYTE4 存放键值，因此，该键盘允许最多 6 个按键同时按下。

20.3 实验步骤

步骤 1:复制文件夹到 Ubuntu_share 目录

将本书配套资料包“04. 例程资料\Material”目录下的 lab17. usb_test 文件夹复制到“D:\Ubuntu_share”目录下。

步骤 2:完善 lab17. usb_test 文件夹下的源码文件

打开“D:\Ubuntu_share\lab17. usb_test\app”文件夹中的 usb_test. c 文件,添加如程序清单 20-1 所示的第 12 至 18 行代码。定义的用户控制宏包含了 USB 设备的基本识别信息,其数值因设备而异。默认键盘的 VID 为 0x03F0,PID 为 0x034A,接口号 INTERFACE_NUM 为 0,端口地址为 129,一帧数据的大小为 8 字节。

程序清单 20-1

```
1.  #include <stdio.h>
2.  #include <stdlib.h>
3.  #include <unistd.h>
4.  #include <sys/types.h>
5.  #include <sys/stat.h>
6.  #include <sys/ioctl.h>
7.  #include <fcntl.h>
8.  #include <string.h>
9.  #include "include/libusb.h"
10. #include "ProcKeyboard.h"
11.
12. #define USB_VID                  0x03F0
13. #define USB_PID                  0x034A
14. #define USB_INTERFACE_NUM        0
15. #define USB_EPADDR               129
16. #define DATA_BYTE                8
17.
18. static void print_devs(libusb_device **devs);
```

在上一步添加的代码后面,添加如程序清单 20-2 所示的 print_devs()函数的实现代码。该函数的主要功能是打印 USB 设备的 VID 和 PID。

程序清单 20-2

```
static void print_devs(libusb_device **devs){
  libusb_device *dev;

  int a = 0, i = 0, j = 0, k = 0, r = 0;
  uint8_t path[8];
```

```

    for (a = 0; devs[a] != NULL; a++){
      dev = devs[a];

      struct libusb_device_descriptor desc;
      r = libusb_get_device_descriptor(dev, &desc);
      if (r < 0){
        fprintf(stderr, "failed to get device descriptor");
        return;
      }

      struct libusb_config_descriptor * config;
      r = libusb_get_config_descriptor(dev, 0, &config);
      if (r < 0){
        fprintf(stderr, "failed to get config descriptor");
        return;
      }

      const struct libusb_interface * inter;
      const struct libusb_interface_descriptor * interdesc;
      const struct libusb_endpoint_descriptor * epdesc;

      //(设备类)供应商标识:产品编号(总线号,设备地址) path:端口号
      printf("(Device Class: %d) ", desc.bNumConfigurations);
      printf(" %04x:%04x (bus %d, device %d)", desc.idVendor, desc.idProduct, libusb_get_bus_number(dev), libusb_get_device_address(dev));

      r = libusb_get_port_numbers(dev, path, sizeof(path));
      if (r > 0){
        printf(" path: %d", path[0]);
        for (j = 1; j < r; j++){
          printf(".%d", path[j]);
        }
      }
      printf("\n");

      printf("Interfaces: %d | ", config->bNumInterfaces);

      for (i = 0; i < (int)config->bNumInterfaces; i++){
        inter = &config->interface[i];
        printf("Number of alternate settings: %d |  ", inter->num_altsetting);

        printf("\n");

```

```
      for (j = 0; j < inter->num_altsetting; j++){
        interdesc = &inter->altsetting[j];
        printf("Interface Number: %d |  ", (int)interdesc->bInterfaceNumber);
        printf("Endpoint  Counts: %d |  ", (int)interdesc->bNumEndpoints);

        printf("\n");

        for (k = 0; k < (int)interdesc->bNumEndpoints; k++){
          epdesc = &interdesc->endpoint[k];
          printf("Descriptor Type: %d |  ", epdesc->bDescriptorType);
          printf("EP Address: %d |  ", (int)epdesc->bEndpointAddress);
        }
      }
    }

    libusb_free_config_descriptor(config);

    i++;
    printf("\n");
    printf("\n");
  }
}
```

在 print_devs()函数后面添加如程序清单 20－3 所示的 main()函数的实现代码。

(1) 第 6 行代码:初始化键盘处理模块 ProcKeyboard,给键值表插入键值。

(2) 第 8 至 18 行代码:初始化会话密钥 ctx,并通过 libusb_init()函数初始化 libusb 库。

(3) 第 20 至 31 行代码:初始化 USB 设备列表指针 devs,并且通过 libusb_get_device_list()函数获取当前的设备列表。获取列表后调用 print_devs()函数进行打印。

(4) 第 33 至 43 行代码:通过 VID 和 PID 打开目标设备。

(5) 第 45 至 52 行代码:如果执行 libusb_claim_interface 失败,在这种情况下应该首先判断是否存在设备驱动:libusb_kernel_driver_active,如果存在,那么移除设备的驱动,libusb_detach_kernel_driver。

(6) 第 54 至 64 行代码:调用 libusb_claim_interface 注册 USB 交互接口。

(7) 第 66 至 73 行代码:循环读取 USB 键盘数据,并把键值打印出来。

(8) 第 75 至 83 行代码:关闭 USB 设备,并释放资源。

程序清单 20－3

```
1.  int main(int argc, char **argv) {
2.    printf("\n ======================================= \n");
3.    int rst = 0;
4.    ssize_t cnt = 0;
5.
6.    keyboard_init(); //初始化键盘处理模块 ProcKeyboard
7.
```

```
    //初始化 libusb 库
    libusb_context * ctx = NULL; //初始化会话秘钥
    rst = libusb_init(&ctx); //初始化 libusb 库
    if (rst < 0){
      printf("Init Failed \n");
      libusb_exit(ctx);
      return;
    }
    else{
      printf("Init Successfully \n");
    }

    //打印当前 USB 设备
    libusb_device * * devs;
    cnt = libusb_get_device_list(ctx, &devs); //获取设备列表
    if (cnt < 0){
      printf("Get Device List Failed \n");
      return;
    }
    else{
      printf("Get Device List Successfully \n");
    }

    print_devs(devs); //打印设备信息,VID 和 PID 皆为十六进制数

    //打开目标 USB 设备
    libusb_device_handle * dev_handle; //设备句柄

    dev_handle = libusb_open_device_with_vid_pid(ctx, USB_VID, USB_PID); //通过 VID 和 PID 打开目标设备
    if (dev_handle == NULL){
      printf("Open Device Failed \n");
      return;
    }
    else{
      printf("Open Device Successfully \n");
    }

    //检查驱动程序是否运行
    if (libusb_kernel_driver_active(dev_handle, USB_INTERFACE_NUM) == 1){
      printf("USB Kernel Driver Active \n"); //激活

      if (libusb_kernel_driver_active(dev_handle, USB_INTERFACE_NUM) == 0){
        printf("Kernel Driver Detached \n"); //失联
      }
```

```
    }

    //先调用这个函数,再调用 libusb_claim_interface 进行交互,否则报错
    libusb_detach_kernel_driver(dev_handle, USB_INTERFACE_NUM);

    //注册交互接口
    rst = libusb_claim_interface(dev_handle, USB_INTERFACE_NUM);
    if (rst < 0){
      printf("Claim Interface Failed \n");
    }
    else{
      printf("Claim Interface Successfully \n");
    }

    //循环读取键盘 USB 数据
    unsigned char recbuf[DATA_BYTE]; //键盘 USB 数据格式为 8 个
    while (1){
      rst = libusb_bulk_transfer(dev_handle, (USB_EPADDR | LIBUSB_ENDPOINT_IN), (char * )
      recbuf, sizeof(recbuf), &cnt, 0); //方向为从设备到主机,cnt 为实际读取数据个数
      if (rst == 0 && cnt == DATA_BYTE){
        keyboard_proc(recbuf); //处理键盘 USB 数据
      }
    }

    //取消交互
    rst = libusb_release_interface(dev_handle, USB_INTERFACE_NUM);
    if (rst != 0){
      printf("Cannot Release Interface \n");
    }

    libusb_close(dev_handle);
    libusb_free_device_list(devs, 1);
    libusb_exit(ctx);

    return 0;
}
```

步骤 3:复制源码包到 Ubuntu

通过 SecureCRT 建立 SFTP 文件传输连接,执行“cd /home/user/work/”命令进入“/home/user/work”目录,然后执行“put -r lab17.usb_test/”命令,将 lab17.usb_test 文件夹传输到“/home/user/work”目录下,如程序清单 20-4 所示。

程序清单 20-4

```
sftp > cd /home/user/work/
sftp > put -r lab17.usb_test/
```

步骤 4:编译应用层测试程序

通过 SecureCRT 终端连接 Ubuntu,执行"cd /home/user/work/lab17.usb_test/app"命令进入"/home/user/work/lab17.usb_test/app"目录,然后执行"make"或"make usb_test"命令对应用层测试程序进行编译。编译之后,可以通过"ls"命令查看该目录下已经生成了 usb_test 文件,该文件即为可执行的应用程序。建议在编译之前,先通过执行"make clean"命令清除编译生成的文件,如程序清单 20-5 所示。

程序清单 20-5

```
user@ubuntu:~$ cd /home/user/work/lab17.usb_test/app
user@ubuntu:~/work/lab17.usb_test/app$ make clean
user@ubuntu:~/work/lab17.usb_test/app$ make
```

步骤 5:复制应用程序

通过 SecureCRT 建立 SFTP 文件传输连接,通过执行"cd /home/user/work/lab17.usb_test/app"命令进入"/home/user/work/lab17.usb_test/app"目录,然后执行"get usb_test"命令,将 usb_test 文件复制到"D:\Ubuntu_share"目录下,如程序清单 20-6 所示。

程序清单 20-6

```
sftp > cd /home/user/work/lab17.usb_test/app
sftp > get usb_test
```

步骤 6:运行应用程序

首先,通过快捷键"Win+R"打开"运行"对话框,输入"CMD"命令后回车,打开命令提示符窗口,将该窗口命名为 Terminal-A。在 Terminal-A 中执行"adb push D:\Ubuntu_share\usb_test /data/local/tmp"命令,将 usb_test 文件复制到 RK3288 平台的"/data/local/tmp"目录下,如程序清单 20-7 所示。

程序清单 20-7

```
C:\Users\hp > adb push D:\Ubuntu_share\usb_test /data/local/tmp
```

其次,在 Terminal-A 中执行"adb shell"命令登录到 RK3288 的 Linux 终端,再执行"cd /data/local/tmp"命令进入 RK3288 平台的"/data/local/tmp"目录,如程序清单 20-8 所示。

程序清单 20-8

```
C:\Users\hp > adb shell
root@rk3288:/ # cd /data/local/tmp
```

最后,将一个键盘通过 USB 连接到嵌入式开发系统的 USB_{302} 或 USB_{303} 接口中,通过该键盘的上下左右键可控制 RK3288 平台中屏幕上的光标移动,即可表明该键盘正常工作。在 Terminal-A 中执行"chmod 777 usb_test"命令,更改 usb_test 的权限,改为任何用户对 usb_test 都有可读可写可执行的权限。更改完权限之后,就可以通过执行"./usb_test"命令来执行

usb_test，如程序清单 20－9 所示。

程序清单 20－9

```
root@rk3288:/data/local/tmp # chmod 777 usb_test
root@rk3288:/data/local/tmp #./usb_test
```

在 Terminal－A 窗口中，可以查看该键盘的 USB 设备信息，包括 VID、PID、INTERFACE_NUM 和 EP Address，如图 20－5 所示，VID 为 05ac，PID 为 024f，接口号 INTERFACE_NUM 为 0，EP Address 为 129。由于在程序清单 20－1 中输入的键盘设备的信息与此处接入嵌入式开发系统的键盘不符，因此设备无法打开。

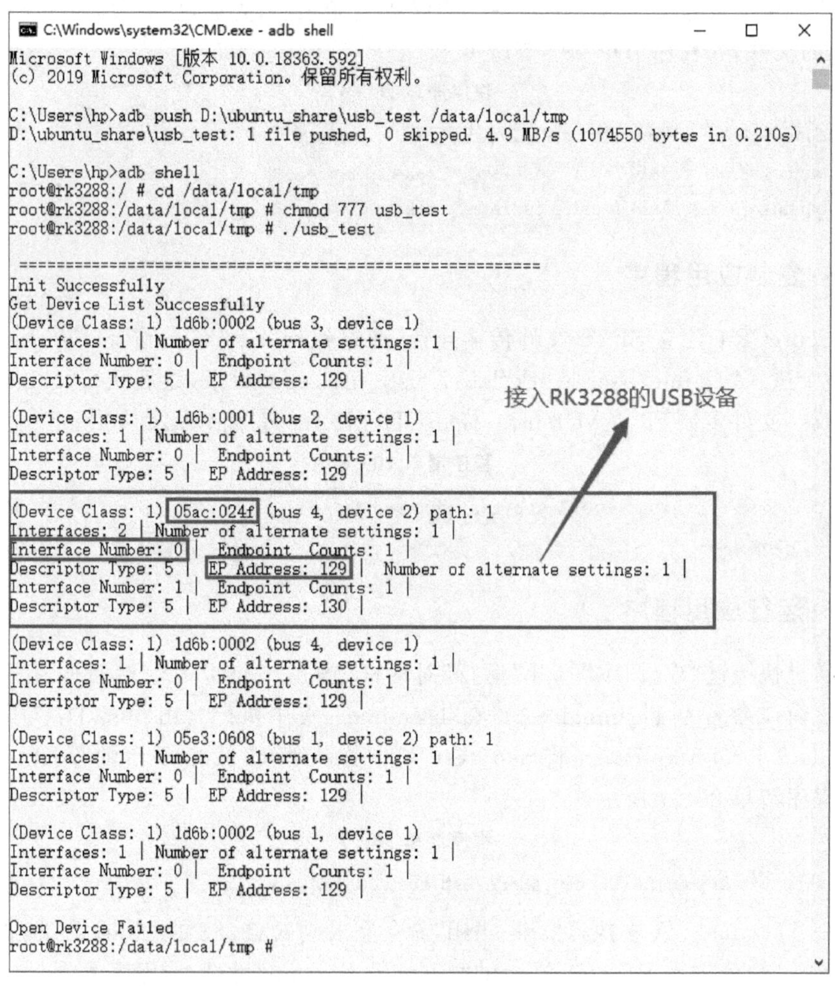

图 20－5　USB 设备信息

步骤 7：修改 USB 设备信息

打开“D:\Ubuntu_share\lab17.usb_test\app”文件夹中的 usb_test.c 文件，对应图 20－5 的查询结果修改用户控制宏，如程序清单 20－10 所示。

程序清单 20 - 10

```
#define USB_VID            0x05AC
#define USB_PID            0x024F
#define USB_INTERFACE_NUM  0
#define USB_EPADDR         129
#define DATA_BYTE          8
```

修改完成后，再次进行步骤 3～步骤 6，实验结果见步骤 8。

步骤 8：运行结果

在连接嵌入式开发系统的键盘上按下任意按键，在 Terminal - A 窗口中可打印出对应的键值，如图 20 - 6 所示，表明实验成功。

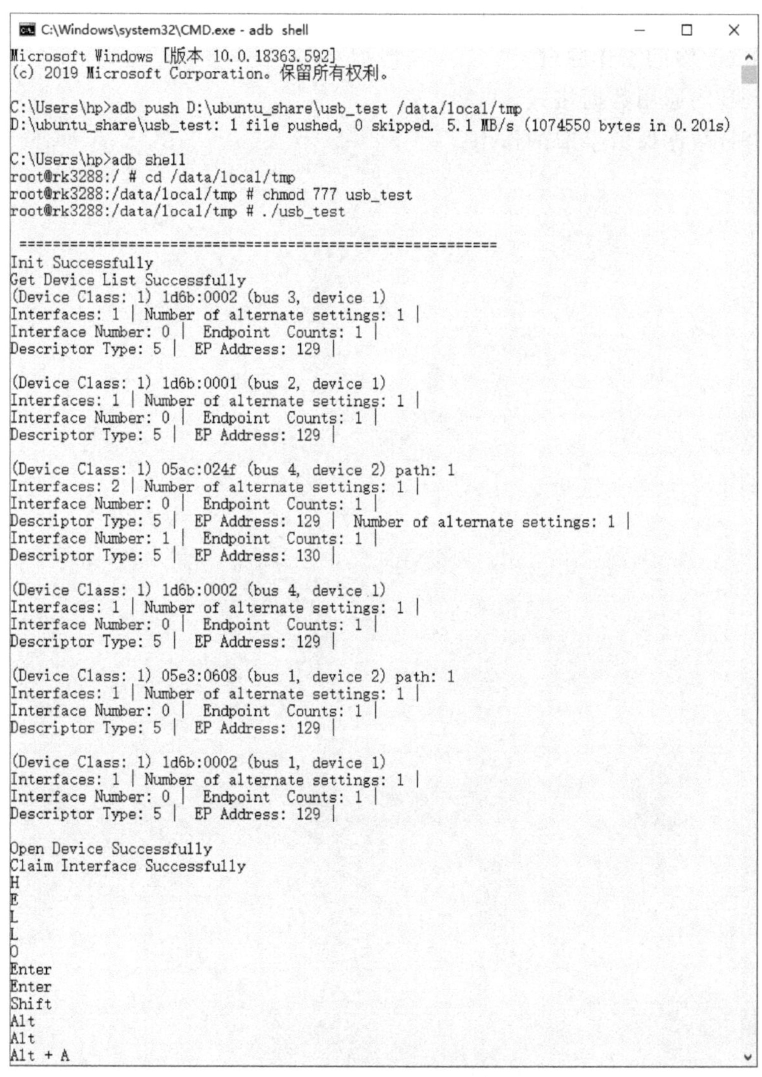

图 20 - 6　本章实验运行结果

本章任务

完成本章的学习后，了解 HUB USB 的基本工作原理和工作流程，掌握 Linux 下的 USB 驱动架构及 libusb 库的使用流程。在掌握了 USB 数据通信后，对 USB 鼠标的数据进行分析，参照本章实验例程，编写代码实现打印 USB 鼠标的数据。

本章习题

1. 简述 Linux 下的 USB 驱动架构。
2. 简述 USB Core 模块的核心功能。
3. 简述 libusb 库的工作原理。
4. 简述 USB 的通用数据格式。
5. 简述 USB 数据保留字节的作用。

第 21 章 设备树应用实验

设备树是一棵由电路板上的 CPU、总线和设备组成的树，Bootloader 会将这棵树的信息传递给内核，然后由内核来识别这棵树，并根据它展开 Linux 内核中的 platform_device、i2c_client、spi_device 等设备，而这些设备用到的内存、IRQ 等资源，也被传递给内核，内核会将这些资源绑定给展开的相应设备。本章通过设备树实验，了解 Linux 系统设备与驱动之间的关系，熟练掌握设备树的修改、添加和驱动文件的编写。

21.1 实验内容

本章实验分为 3 个步骤：① 通过修改设备树 dts 文件，新增测试设备节点；② 重新编译内核，并将镜像文件下载到嵌入式开发系统；③ 编写驱动，实现设备节点的信息读取。要求在本章实验后熟练掌握基本设备节点的添加和驱动编写。

21.2 实验原理

21.2.1 Linux 设备树

DTS(Device Tree Source，设备树源码）是一种描述硬件的数据结构，它起源于 OpenFirmware (OF)，编译后生成 DTB 文件。由于 Linux 嵌入式系统需要搭载不同的外设，而每个设备的配置参数、板级细节都是不同的，因此这些板级细节代码对内核来讲只不过是冗余代码，只需统一用一种数据结构进行描述、由用户自行修改即可。

在过去的 Linux 2.6 中，ARM 架构的板极硬件细节过多地被硬编码在 arch/arm/plat - xxx 和 arch/arm/mach - xxx 中，例如板上的 platform 设备、resource、i2c_board_info、spi_board_info 以及各种硬件的 platform_data，而采用设备树后，许多硬件的细节可设备树直接透过设备树传递给 Linux，而不再需要在 kernel 中进行大量的冗余编码。

本质上，设备树改变了原来用 hardcode 方式将硬件配置信息嵌入到内核代码的方法，改用 Bootloader 传递一个 DB 的形式。可以认为 Linux 的内核(kernel)是一个黑箱，那么输入的参数应该包括：① 识别 platform 的信息；② runtime 的配置参数；③ 设备的拓扑结构以及特性。对于嵌入式系统，在系统启动阶段，Bootloader 会加载内核并将控制权转交给内核，另外，还需要把上述的 3 个参数信息传递给内核，以便内核可以有较大的灵活性。

简而言之，设备树文件的意义在于一些关键信息的存储，内核驱动程序(ko 文件)在运行的过程中，会读取设备树的节点参数(变量、字符串、地址等)。不同设备的驱动程序由设备的厂家提供，重要设备的驱动会在开机时进行加载。当然，用户也可以自行修改设备树新增设备节点，并编写对应的驱动文件，在开机后进行加载。注意，嵌入式系统在修改了设备树后，要重新编译安卓内核，并将编译好的镜像文件进行下载。

21.2.2 OF 函数

设备树描述了设备的详细信息，这些信息包括数字类型的、字符串类型的、数组类型的变量，用户在编写驱动时需要获取到这些信息。因此，Linux 内核给用户提供了一系列的函数来获取设备树中的节点或属性信息，这一系列的函数都有一个统一的前缀“of_”，所以在很多资料里面也被称为“OF 函数”。这些函数的原型都定义在 include/linux/of.h 文件中，常用的 OF 函数如表 21-1 所列。

表 21-1 常用 OF 函数

函数名称	函数功能
of_find_node_by_path(const char * path);	查找某一路径下的设备节点，并返回该节点的设备节点指针
of_property_read_string(struct device_node * np, const char * propname, const char * * out_string);	读取 np 节点下属性名为 propname 的字符串常量，并赋值给 out_string
of_property_count_strings(struct device_node * np, const char * propname);	读取 np 节点下属性名为 propname 的字符串数组中字符串的个数
of_property_read_string_index(struct device_node * np, const char * propname, int index, const char * * output);	读取 np 节点下属性名为 propname 的字符串数组中序号为 index 的字符串，并赋值给 output
of_property_read_u32(const struct device_node * np, const char * propname, u32 * out_value);	读取 np 节点下属性名为 propname 的 32 位无符号数，并赋值给 out_value
of_property_read_u32_array(const struct device_node * np, const char * propname, u32 * out_values, size_t sz);	读取 np 节点下属性名为 propname 的 32 位无符号数数组，并赋值给 out_values，数组有 sz 个元素
of_property_read_u8_array(const struct device_node * np, const char * propname, u8 * out_values, size_t sz);	读取 np 节点下属性名为 propname 的 8 位无符号数数组，并赋值给 out_values，数组有 sz 个元素
of_get_child_by_name(const struct device_node * node, const char * name);	在 node 节点下寻找名为 name 的子节点，并返回该节点的设备节点指针

21.3 实验步骤

步骤 1：复制文件夹到 Ubuntu_share 目录

将本书配套资料包“04.例程资料\Material”目录下的 lab18.dts_test 文件夹复制到“D:\Ubuntu_share”目录下。

步骤 2：完善 lab18.dts_test 文件夹下的源码文件

打开“D:\Ubuntu_share\lab18.dts_test\driver”文件夹中的 dts_test.c 文件，添加如程序

清单 21-1 所示的第 19 行代码。

程序清单 21-1

```
1.  #include <linux/init.h>
2.  #include <linux/module.h>
3.  #include <linux/platform_device.h>
4.  #include <linux/of.h>
5.  #include <linux/of_gpio.h>
6.  #include <linux/miscdevice.h>
7.  #include <linux/fs.h>
8.  #include <linux/errno.h>
9.  #include <linux/interrupt.h>
10. #include <linux/irq.h>
11. #include <linux/gpio_keys.h>
12. #include <linux/of_irq.h>
13. #include <linux/gpio.h>
14. #include <asm/io.h>
15. #include <asm/uaccess.h>
16. #include <linux/slab.h>
17. #include <linux/device.h>
18.
19. #define DRIVER_NAME "dts_test"
```

在上一步添加的代码后面，添加如程序清单 21-2 所示的 file 文件操作函数。

(1) 第 11 至 13 行代码：of_device_id 用于 device 和 driver 的匹配，匹配成功后会调用 devtree_probe()函数。

(2) 第 16 行代码：将 DRIVER_NAME 设备加入到外设队列中。

(3) 第 18 至 26 行代码：定义 platform_driver 结构体变量，用于注册平台设备驱动。

程序清单 21-2

```
1.  static int devtree_probe(struct platform_device *pdev){
2.      printk(KERN_INFO "\n**********Devtree_probe*******************\n");
3.      return 0;
4.  }
5.
6.  static int devtree_remove(struct platform_device *pdev){
7.      printk(KERN_INFO "\n**********Devtree_remove*******************\n\n");
8.      return 0;
9.  }
10.
11. static const struct of_device_id of_devtree_dt_match[] = {
12.     {.compatible = DRIVER_NAME},
13.     {},
14. };
15.
16. MODULE_DEVICE_TABLE(of, of_devtree_dt_match);
```

```
static struct platform_driver devtree_test_driver = {
    .probe = devtree_probe,
    .remove = devtree_remove,
    .driver = {
        .name = DRIVER_NAME,
        .owner = THIS_MODULE,
        .of_match_table = of_devtree_dt_match,
    },
};
```

在上一步添加的代码后面,添加如程序清单 21-3 所示的 devtree_test_init()和 devtree_test_exit()函数的实现代码。

(1) 第 9 至 10 行代码:定义设备树节点变量。

(2) 第 15 至 23 行代码:查找 dts 文件下的/dts_test 节点。

(3) 第 25 至 39 行代码:通过 of_property_read_string()函数分别读取 compatible、status、test-string 和 test—strings 等节点值。

(4) 第 41 至 44 行代码:把 test—strings 节点的每个字符打印出来。

(5) 第 47 至 91 行代码:分别调用不同的 OF 函数读取 dts 的节点值。

(6) 第 94 行代码:初始化调用 platform_driver_register()函数注册平台驱动设备。

(7) 第 99 行代码:退出时调用 platform_driver_unregister()函数卸载平台驱动设备。

程序清单 21-3

```
1.  static int devtree_test_init(void){
2.      int i = 0;
3.      int cnt = 0;
4.      const char * p_string;
5.      int value = 0;
6.      u32 p_u32[2];
7.      u8 p_u8[6];
8.
9.      struct device_node * node_dts_test;
10.     struct device_node * childnode1, * childnode2;
11.
12.     printk(KERN_INFO "Devtree_test_init\n");
13.     printk("\n**************Devtree init start ****************\n");
14.
15.     //定位 dts_test 节点
16.     node_dts_test = of_find_node_by_path("/dts_test");
17.     if (node_dts_test == NULL){
18.         printk("of_find_node_by_path failed\n");
19.         return -ENODEV;
20.     }
21.     else{
```

```
        printk("of_find_node_by_path dts_test ok\n");
    }

    //读取 compatible
    of_property_read_string(node_dts_test, "compatible", &p_string);
    printk("dts_test node: compatible is: [%s]\n", p_string);

    //读取 status
    of_property_read_string(node_dts_test, "status", &p_string);
    printk("dts_test node: status is: [%s]\n", p_string);

    //读取 string
    of_property_read_string(node_dts_test, "test-string", &p_string);
    printk("dts_test node: test-string is: [%s]\n", p_string);

    //读取 strings
    cnt = of_property_count_strings(node_dts_test, "test-strings"); //字符串数量
    printk("dts_test node: test-strings cnt is: %d\n", cnt);

    for (i = 0; i < cnt; i++){
        of_property_read_string_index(node_dts_test, "test-strings", i, &p_string);
        printk("%s,", p_string);
    }
    printk("\n");

    //读取 u32 test-u32
    of_property_read_u32(node_dts_test, "test-u32", &value);
    printk("dts_test node test-u32 is: <%d>\n", value);

    //读取 u32s test-u32s
    of_property_read_u32_array(node_dts_test, "test-u32s", p_u32, 2);
    printk("dts_test node test-u32s is: <%d>,<%d>\n", p_u32[0], p_u32[1]);

    //读取 u8s test-u8s
    of_property_read_u8_array(node_dts_test, "test-u8s", p_u8, 6);
    printk("dts_test node test-u8s is: <%x>,<%x>,<%x>,<%x>,<%x>,<%x>\n",
    p_u8[0], p_u8[1], p_u8[2], p_u8[3], p_u8[4], p_u8[5]);

    //子节点
    //dts_test_child_1
    childnode1 = of_get_child_by_name(node_dts_test, "dts_test_child_1");
    if (childnode1 == NULL){
        printk("of_get_child_by_name failed\n");
        return -ENODEV;
    }
```

```
    else{
        printk("of_get_child_by_name dts_child_node1 ok\n");
    }

    cnt = of_property_count_strings(childnode1, "test-strings"); //字符串数量
    for (i = 0; i < cnt; i++){
        of_property_read_string_index(childnode1, "test-strings", i, &p_string);
        printk("%s,", p_string);
    }
    printk("\n");

    //dts_test_child_2
    childnode2 = of_get_child_by_name(node_dts_test, "dts_test_child_2");
    if (childnode2 == NULL){
        printk("of_get_child_by_name failed\n");
        return -ENODEV;
    }
    else{
        printk("of_get_child_by_name dts_child_node2 ok\n");
    }

    cnt = of_property_count_strings(childnode2, "test-strings"); //字符串数量
    for (i = 0; i < cnt; i++){
        of_property_read_string_index(childnode2, "test-strings", i, &p_string);
        printk("%s,", p_string);
    }
    printk("\n");

    return platform_driver_register(&devtree_test_driver);
}

static void devtree_test_exit(void){
    printk(KERN_INFO "\n*************Devtree_test_exit ***************\n");
    platform_driver_unregister(&devtree_test_driver);
}

module_init(devtree_test_init);
module_exit(devtree_test_exit);

MODULE_LICENSE("GPL");
MODULE_AUTHOR("WQW");
```

步骤 3:修改内核 dts 文件

在 SecureCRT 的 Ubuntu 终端,通过执行“cd /home/user/work/rk3288_android/kernel/

arch/arm/boot/dts/”命令进入“/home/user/work/rk3288_android/kernel/arch/arm/boot/dts”目录，然后执行“gedit x3288_cv5_bv4.dts”或“vim x3288_cv5_bv4.dts”命令打开 x3288_cv5_bv4.dts 文件，并将程序清单 21-4 中的第 14 至 41 行代码添加到相应位置，将测试用设备节点 dts_test 添加到设备树中。

程序清单 21-4

```
1.  /dts-v1/;
2.
3.  #include "x3288.dtsi"
4.  #include <dt-bindings/input/input.h>
5.  //#include "lcd-fx12075-LVDS800x600.dtsi"
6.  //#include "x3288_lcd070hdr.dtsi"
7.  //#include "x3288_cpt070hdm.dtsi"
8.  //#include "x3288_lcd070hdm.dtsi"
9.  //#include "x3288_ej080hdl.dtsi"
10. #include "x3288_lcd101hdl.dtsi"
11.
12. / {
13.
14. dts_test{
15.   compatible = "dts_test ";
16.   status = "okay";
17.
18.   test-string = "Hello";
19.   test-strings = "Hello","World","!";
20.   test-u32 = <11> ;
21.   test-u32s = <01> , <11> ;
22.   test-u8s = [01 02 03 04 05 06];
23.
24.   //child1
25.     dts_test_child_1{
26.     test-string = "Child1";
27.     test-strings = "I","am","Child1";
28.     test-u32 = <12> ;
29.     test-u32s = <02> , <12> ;
30.     test-u8s = [11 12 13 14 15 16];
31.   };
32.
33.   //child2
34.     dts_test_child_2{
35.     test-string = "Child2";
36.     test-strings = "I","am","Child2";
37.     test-u32 = <13> ;
38.     test-u32s = <03> , <13> ;
39.     test-u8s = [21 22 23 24 25 26];
```

```
    };
};//dts_test


fiq-debugger {
status = "okay";
};

……
};
```

在 SecureCRT 的 Ubuntu 终端，先执行“cd/home/user/work/rk3288_android”进入“/home/user/work/rk3288_android”目录，然后执行“./mk -j=8 -k”命令对内核进行编译(仅编译内核，因为只修改了内核部分)。编译之后生成 kernel.img 和 resource.img，均位于“/home/user/work/rk3288_android/out/release”目录下，将这两个文件复制到 Windows 端并更新下载到嵌入式开发系统上，具体操作参考 7.3 节步骤 6。

步骤 4:复制源码包到 Ubuntu

通过 SecureCRT 建立 SFTP 文件传输连接，执行“cd /home/user/work/”命令进入“/home/user/work”目录，然后执行“put -r lab18.dts_test/”命令，将 lab18.dts_test 文件夹传输到“/home/user/work”目录下，如程序清单 21-5 所示。

程序清单 21-5

```
sftp > cd /home/user/work/
sftp > put -r lab18.dts_test/
```

步骤 5:编译驱动程序

在 SecureCRT 的 Ubuntu 终端，执行“cd /home/user/work/lab18.dts_test/driver”命令进入“/home/user/work/lab18.dts_test/driver”目录，然后执行“make”或“make dts_test”命令进行编译。编译之后，可以通过“ls”命令查看该目录下已经生成了 dts_test.ko 文件，该文件即为驱动程序。建议在编译之前，先通过执行“make clean”命令清除编译生成的文件，如程序清单 21-6 所示。

程序清单 21-6

```
user@ubuntu:~$ cd /home/user/work/lab18.dts_test/driver
user@ubuntu:~/work/lab18.dts_test/driver$ make clean
user@ubuntu:~/work/lab18.dts_test/driver$ make
```

步骤 6:复制驱动程序

通过 SecureCRT 建立 SFTP 文件传输连接，通过执行“cd /home/user/work/lab18.dts_test/driver”命令进入“/home/user/work/lab18.dts_test/driver”目录，然后执行“get dts_test.ko”命令，将 dts_test.ko 文件复制到“D:\Ubuntu_share”目录下，如程序清单 21-7 所示。

程序清单 21 - 7

```
sftp > cd /home/user/work/lab18.dts_test/driver
sftp > get dts_test.ko
```

步骤 7:运行驱动程序

在加载驱动和执行驱动应用操作时,还需要同时查看 RK3288 的动态内核信息,因此,需要打开两个 RK3288 的 Linux 终端,为了便于介绍,本书将加载驱动和执行驱动应用的终端命名为 Terminal - A,将查看动态的内核信息的终端命名为 Terminal - B。

首先,通过快捷键"Win+R"打开"运行"对话框,输入"CMD"命令后回车,打开命令提示符窗口,该窗口为 Terminal - B。在命令提示符窗口中执行"adb shell"命令登录到 RK3288 的 Linux 终端,然后执行"cat /proc/kmsg"查看 RK3288 的动态内核信息,如程序清单 21 - 8 所示。

程序清单 21 - 8

```
C:\Users\hp > adb shell
root@rk3288:/ # cat /proc/kmsg
```

其次,再打开一个命令提示符窗口,该窗口为 Terminal - A。执行"adb push D:\Ubuntu_share\dts_test.ko /data/local/tmp"命令,将 dts_test.ko 文件复制到 RK3288 平台的"/data/local/tmp"目录下,如程序清单 21 - 9 所示。

程序清单 21 - 9

```
C:\Users\hp > adb push D:\Ubuntu_share\dts_test.ko /data/local/tmp
```

在 Terminal - A 中执行"adb shell"命令登录到 RK3288 的 Linux 终端,再执行"cd /data/local/tmp"命令进入 RK3288 平台的"/data/local/tmp"目录,如程序清单 21 - 10 所示。

程序清单 21 - 10

```
C:\Users\hp > adb shell
root@rk3288:/ # cd /data/local/tmp
```

在 Terminal - A 中执行"insmod dts_test.ko"加载 dts_test.ko 驱动,如程序清单 21 - 11 所示。

程序清单 21 - 11

```
root@rk3288:/data/local/tmp # insmod dts_test.ko
```

可以在 Terminal - B 中查看 RK3288 的动态内核信息,如程序清单 21 - 12 所示。

程序清单 21 - 12

```
Devtree_test_init

 ************* Devtree init start ***************
of_find_node_by_path dts_test ok
dts_test node: compatible is: [dts_test ]
dts_test node: status is: [okay]
dts_test node: test - string is: [Hello]
```

```
dts_test node: test-strings cnt is: 3
Hello,World,!,
dts_test node test-u32 is: <11>
dts_test node test-u32s is: <1> , <11>
dts_test node test-u8s is: <1> , <2> , <3> , <4> , <5> , <6>
of_get_child_by_name dts_child_node1 ok
I,am,Child1,
of_get_child_by_name dts_child_node2 ok
I,am,Child2,
```

在 Terminal－A 中执行“lsmod”命令，查看 dts_test 驱动是否加载成功，如程序清单 21－13 所示。

程序清单 21－13

```
root@rk3288:/data/local/tmp # lsmod
dts_test 3195 0 - Live 0x00000000 (O)
mali_kbase 240797 13 - Live 0x00000000
```

完成实验之后，可以在 Terminal－A 中通过执行“rmmod dts_test”命令卸载 dts_test 驱动，如程序清单 21－14 所示。

程序清单 21－14

```
root@rk3288:/data/local/tmp # rmmod dts_test
```

可以在 Terminal－B 中查看 RK3288 的动态内核信息，如程序清单 21－15 所示。

程序清单 21－15

```
************* Devtree_test_exit ***************
```

步骤 8：运行结果

Terminal－A 和 Terminal－B 窗口的运行结果分别如图 21－1 和图 21－2 所示，表明实验成功。

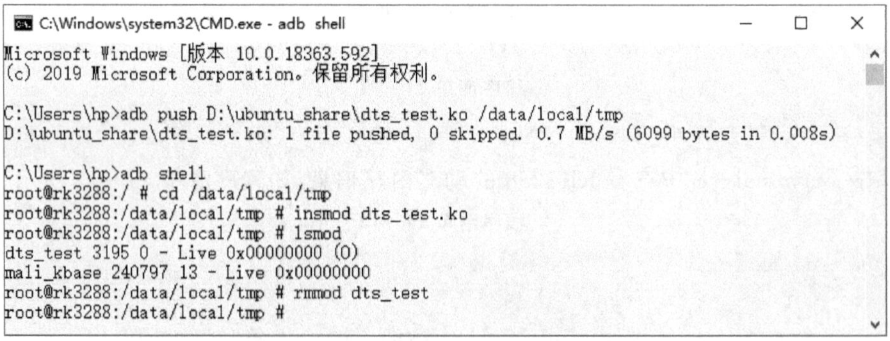

```
C:\Windows\system32\CMD.exe - adb shell
Microsoft Windows [版本 10.0.18363.592]
(c) 2019 Microsoft Corporation。保留所有权利。

C:\Users\hp>adb push D:\ubuntu_share\dts_test.ko /data/local/tmp
D:\ubuntu_share\dts_test.ko: 1 file pushed, 0 skipped. 0.7 MB/s (6099 bytes in 0.008s)

C:\Users\hp>adb shell
root@rk3288:/ # cd /data/local/tmp
root@rk3288:/data/local/tmp # insmod dts_test.ko
root@rk3288:/data/local/tmp # lsmod
dts_test 3195 0 - Live 0x00000000 (O)
mali_kbase 240797 13 - Live 0x00000000
root@rk3288:/data/local/tmp # rmmod dts_test
root@rk3288:/data/local/tmp #
```

图 21－1　Terminal－A 运行结果

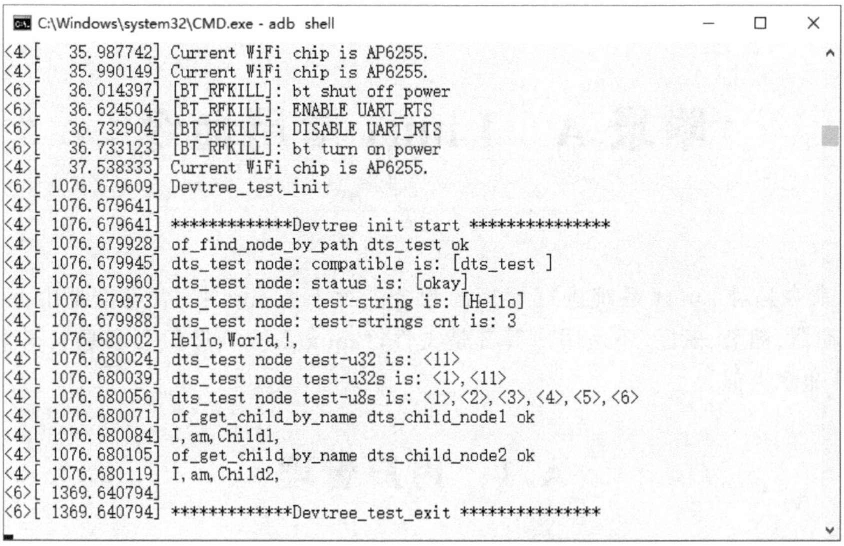

```
C:\Windows\system32\CMD.exe - adb shell
<4>[   35.987742] Current WiFi chip is AP6255.
<4>[   35.990149] Current WiFi chip is AP6255.
<6>[   36.014397] [BT_RFKILL]: bt shut off power
<6>[   36.624504] [BT_RFKILL]: ENABLE UART_RTS
<6>[   36.732904] [BT_RFKILL]: DISABLE UART_RTS
<6>[   36.733123] [BT_RFKILL]: bt turn on power
<4>[   37.538333] Current WiFi chip is AP6255.
<6>[ 1076.679609] Devtree_test_init
<4>[ 1076.679641]
<4>[ 1076.679641] *************Devtree init start ***************
<4>[ 1076.679928] of_find_node_by_path dts_test ok
<4>[ 1076.679945] dts_test node: compatible is: [dts_test ]
<4>[ 1076.679960] dts_test node: status is: [okay]
<4>[ 1076.679973] dts_test node: test-string is: [Hello]
<4>[ 1076.679988] dts_test node: test-strings cnt is: 3
<4>[ 1076.680002] Hello,World,!,
<4>[ 1076.680024] dts_test node test-u32 is: <11>
<4>[ 1076.680039] dts_test node test-u32s is: <1>,<11>
<4>[ 1076.680056] dts_test node test-u8s is: <1>,<2>,<3>,<4>,<5>,<6>
<4>[ 1076.680071] of_get_child_by_name dts_child_node1 ok
<4>[ 1076.680084] I,am,Child1,
<4>[ 1076.680105] of_get_child_by_name dts_child_node2 ok
<4>[ 1076.680119] I,am,Child2,
<6>[ 1369.640794]
<6>[ 1369.640794] *************Devtree_test_exit ***************
```

图 21－2　Terminal－B 运行结果

本章任务

完成本章的学习后，掌握 dts 文件节点设置方法。参考本章实验例程，编写代码在驱动文件中增加文件外部访问节点，然后在 app 目录下添加 test 代码文件，通过驱动程序生成的文件访问节点，在 test 文件中实现读取 dts 某个节点的值并打印。

本章习题

1. 简述何为设备树。
2. 简述 Linux 使用设备树的优势。
3. 分别解释 DTS、DTC 和 DTB。
4. 简述 DTS 的格式和组成。
5. 简述驱动文件如何读取 DTS 文件内容。

附录 A　Linux 常用命令

Linux 命令是对 Linux 系统进行管理的命令。对于 Linux 来说，无论是中央处理器、内存、磁盘驱动器、键盘、鼠标，还是用户等都是文件，Linux 系统管理的命令是它正常运行的核心，与 DOS 命令类似。

A.1　用户管理

1. useradd 命令

(1) 功能

useradd 命令用于建立用户账号。账号建好之后，再用 passwd 命令设定账号的密码，也可用 userdel 命令删除账号。使用 useradd 命令所建立的账号，实际上是保存在“/etc/passwd”文本文件中。

(2) 用法

```
useradd [选项] 用户账号
```

注意，[选项]部分为命令的参数，用于对命令的功能进行补充或限制，该部分为可选内容，可为空。

(3) 参数

useradd 命令常用的选项参数如表 A-1 所列。

表 A-1　useradd 命令常用参数

参　数	说　明
-c <备注>	加上备注文字。备注文字会保存在 passwd 的备注栏中
-g <群组>	指定用户所属的群组
-r	建立系统账号

注意，实际输入命令时，无需加“< >”。

(4) 示例

```
sudo useradd szly
```

新建一个名为 szly 的用户。注意，只有超级用户 root 才能使用 useradd 命令，这里使用 sudo 命令借用 root 用户的权限。

2. passwd 命令

(1) 功能

passwd 命令用于更改用户的密码。

(2) 用法

```
passwd [选项] [用户账号]
```

用户账号为待修改密码的账号，若未加此项，则默认修改当前用户的密码。

(3) 参数

passwd 命令常用的选项参数如表 A-2 所列。

表 A-2　passwd 命令常用参数

参　数	说　明
-d	删除密码
-l	停止账号使用
-u	启用被停止使用的账号

(4) 示例

```
sudo passwd szly
Enter new UNIX password:
Retype new UNIX password:
passwd: password updated successfully
```

为新建的用户 szly 创建密码，输入并验证新密码（不可见）。注意，普通用户执行 passwd 命令只能修改自己的密码，若为新建的用户创建密码，需要用 root 用户的权限来创建。

3. su 命令

(1) 功能

su 命令用于切换当前用户到其他用户，变更时需输入要变更的用户账号与密码。

(2) 用法

```
su [选项] [用户账号]
```

(3) 参数

su 命令常用的选项参数如表 A-3 所列。

表 A-3　su 命令常用参数

参　数	说　明
-c <命令>	变更为指定用户并执行参数中的命令后，再变为原用户
-,-l,--login	变更用户时，同时改变工作目录以及大部分环境变量（HOME、USER 和 SHELL 等）。未指定用户时，默认变更为 root 用户
-m,-p	变更用户时不改变环境变量

(4) 示例

```
su -c ls szly
```

变更账号为 szly 并在执行“ls”命令之后，再变更为原用户账号。

A.2 磁盘管理

1. df 命令

(1) 功能

df 命令用于查看在 Linux 系统中文件系统的磁盘使用情况。

(2) 用法

```
df [选项] [文件名]
```

(3) 参数

df 命令常用的选项参数如表 A-4 所列。

表 A-4 df 命令常用参数

参　数	说　明
-a	显示所有的文件系统，包括虚拟文件系统
-B	指定单位大小
-h	以易读的 GB、MB 和 KB 等格式显示

(4) 示例

```
df -B 1M
```

以 1 MB 为单位显示磁盘使用情况。

2. fdisk 命令

(1) 功能

fdisk 命令用于查看硬盘分区情况及对硬盘进行分区管理。这里主要介绍如何查看硬盘分区情况，感兴趣的读者可另外查阅资料学习如何使用 fdisk 命令对硬盘进行分区管理。

(2) 用法

```
fdisk -l
```

(3) 示例

```
sudo fdisk -l
```

查看硬盘的分区情况。执行该命令需要 root 用户的权限。

A.3　目录管理

1. cd 命令

(1) 功能

cd 命令用于切换当前工作目录。

(2) 用法

```
cd [路径]
```

路径为目标目录,可为绝对路径或相对路径。若省略目录名,则默认切换到用户的 home 目录。“～”也表示 home 目录,“.”表示当前目录,“..”表示当前目录位置的上一层目录。

(3) 示例

```
cd /home/user
```

由当前工作目录切换到/home/user。

2. ls 命令

(1) 功能

ls 命令用于列出当前工作目录下的所有文件。

(2) 用法

```
ls [选项] [文件]
```

可指定要显示的文件或目录。若未指定文件或目录,则默认列出当前目录下的所有文件。

(3) 参数

ls 命令常用的选项参数如表 A-5 所列。

表 A-5　ls 命令常用参数

参　数	说　明
-a	显示所有文件(ls 内定将文件名开头为“.”的视为隐藏档,不会列出)
-l	以长格式显示目录下的内容列表。输出的信息从左到右依次包括文件类型、权限模式、硬连接数、所有者、组、文件大小、文件的最后修改时间和文件名

(4) 示例

```
cd ~
ls -l
```

切换当前目录到 home,查看 home 目录下的所有文件,并显示详细信息。

3. pwd 命令

(1) 功能

pwd 命令用于以绝对路径的形式显示用户当前的工作目录。

(2) 用法

```
pwd
```

（3）示例

```
pwd
/home/user
```

查看到用户当前工作目录为/home/user，第一个“/”表示根目录。

4. mkdir 命令

（1）功能

mkdir 命令用于创建目录。

（2）用法

```
mkdir [选项] 目录
```

（3）参数

mkdir 命令常用的选项参数如表 A－6 所列。

表 A－6　mkdir 命令常用参数

参　数	说　明
－m <权限>	创建目录的同时设置目录的权限
－p	若所要建立目录的上层目录目前尚未建立，则会一并建立上层目录

（4）示例

```
mkdir -p work/test
```

在当前工作目录下的 work 目录中，创建一个名为 test 的子目录。若 work 目录原本不存在，则先创建 work 目录再创建 test 目录。

5. rmdir 命令

（1）功能

rmdir 用于删除空目录。

（2）用法

```
rmdir [-p] 目录名
```

若增加参数“－p”，则在删除指定目录后，如果指定目录的上一层目录为空，则一并删除。注意，所有被删除的目录都必须在当前工作目录之下，不能是当前目录自身。

（3）示例

```
rmdir -p work/test
```

删除 test 目录后，若 work 为空，则将 work 目录一并删除。

A.4　文件管理

1. rm 命令

(1) 功能

rm 命令用于删除文件或目录。

(2) 用法

```
rm [选项] 文件或目录
```

(3) 参数

rm 命令常用的选项参数如表 A-7 所列。

表 A-7　rm 命令常用参数

参　数	说　明
-f	强制删除文件或目录
-i	删除文件或目录前先询问用户
-r	将指定文件下的所有文件或目录全部删除

(4) 示例

```
rm -i test
```

在删除 test 文件前先询问用户是否删除。若删除目录则需加上参数"-r"。

2. mv 命令

(1) 功能

mv 命令用于为文件或目录重命名,或将文件移动到其他位置。

(2) 用法

```
mv [选项] 源文件或目录 目标文件或目录
```

(3) 参数

mv 命令常用的选项参数如表 A-8 所列。

表 A-8　mv 命令常用参数

参　数	说　明
-f	若目标文件或目录与现有文件或目录重复,则直接覆盖现有文件或目录
-i	在执行覆盖操作之前先询问用户是否覆盖,输入"y"确定覆盖,输入"n"取消

(4) 示例

```
mv a.txt b.txt
```

将文本文件“a”改名为“b”。

```
mv /home/user/work/test /home/user
```

将 work 目录下的 test 文件或目录移动到 user 目录下。

3. cp 命令

（1）功能

cp 命令用于复制文件或目录。

（2）用法

```
cp [选项] 源文件或目录 目标文件或目录
```

（3）参数

cp 命令常用的选项参数如表 A-9 所列。

表 A-9　cp 命令常用参数

参　数	说　明
-f	复制时覆盖已经存在的文件或目录而不提示
-i	在覆盖之前先询问用户是否覆盖，输入“y”确定覆盖
-p	除复制源文件的内容外，将修改时间和访问权限也复制到新文件中
-r	源文件是目录文件时使用，复制该目录下的所有文件和子目录

（4）示例

```
cp -r /home/user/test /home/user/work
```

将 user 目录下的 test 文件或目录复制到 work 目录下。使用 cp 命令复制目录时，必须使用“-r”参数。

4. cat 命令

（1）功能

cat 命令常用于显示文件的内容和连接文件，这里只简要介绍前者。当文件较大，行数较多时，文本在屏幕上高速滚屏，不便于查看具体内容，按“Ctrl+S”快捷键暂停滚屏，“Ctrl+Q”恢复滚屏，“Ctrl+C”退出 cat 命令。

（2）用法

```
cat [选项] 文件名
```

（3）参数

cat 命令常用的选项参数如表 A-10 所列。

表 A-10　cat 命令常用参数

参　数	说　明
-n	从 1 开始对所有输出的行数编号
-b	从 1 开始对所有输出的行数编号，空白行不编号

(4) 示例

```
cat test
```

查看 test 文件的内容。

5. more 命令

(1) 功能

more 命令用于按页显示文本文件内容。

(2) 用法

```
more [选项] 文件名
```

(3) 参数

more 命令常用的选项参数如表 A-11 所列。

表 A-11　more 命令常用参数

参　数	说　明
-num	一次显示的行数为 num 行
-d	在下方提示"[Press space to continue,'q' to quit.]"
+num	从第 num 行开始显示

(4) 示例

```
more +30 test
```

从第 30 行开始显示 test 文件的内容。

6. grep 命令

(1) 功能

grep 命令用于在文件中搜索指定的内容,并将包含指定内容的行标准输出。

(2) 用法

```
grep [选项] 搜索样本 [文件或目录]
```

(3) 参数

grep 命令常用的选项参数如表 A-12 所列。

表 A-12　grep 命令常用参数

参　数	说　明
-c	计算包含搜索样本的所有行的总数
-i	匹配时忽略大小写
-n	打印所有包含搜索样本的行,并显示行号
-w	精确匹配,只显示匹配整个单词的行

(4) 示例

```
grep -n "hello" test
```

在 test 文件中，查找并打印所有包含 hello 字符串的行及行号。

7. find 命令

(1) 功能

find 用于在指定目录下查找文件。

(2) 用法

```
find [路径] [选项] [搜索内容]
```

路径为文件搜索路径，若未指定路径，则默认为当前路径。

(3) 参数

find 命令常用的选项参数如表 A-13 所列。

表 A-13 find 命令常用参数

参 数	说 明
-name	按文件名查找
-iname	同-name，但忽略大小写
-user	查找文件属主为指定用户的文件

(4) 示例

```
find . -name "*.txt"
```

在当前目录下查找所有后缀为.txt 的文件。

8. touch 命令

(1) 功能

touch 命令用于修改文件或目录的时间属性。若文件不存在，则新建文件。

(2) 用法

```
touch [选项] 文件或目录
```

(3) 参数

touch 命令常用的选项参数如表 A-14 所列。

表 A-14 touch 命令常用参数

参 数	说 明
-a	只更改文件的存取时间
-m	只更改文件的修改时间
-c	即使目的文件不存在也不新建文件

(4) 示例

```
touch test
```

新建 test 文件。

A.5　文件权限

1. chmod 命令

(1) 功能

chmod 命令用于更改文件或目录的权限。

文件的权限可表示为- rwx rwx rwx。访问权限有 3 种:"r"表示读,"w"表示写,"x"表示执行。另外还有 3 个用户级别,3 个 rwx 分别表示文件拥有者(u)、所属用户组(g)和其他用户(o)的权限均为可读可写可执行。

(2) 用法

① 使用符号标记更改

```
chmod [选项] 符号权限 文件或目录
```

在符号权限中,"+"表示增加权限,"－"表示取消,"＝"表示设置权限。此外用户级别"a"可同时代表"u""g""o"3 个用户级别。设置多个用户级别的权限时,每个符号权限之间用逗号隔开。

② 使用八进制数更改

```
chmod [选项] 八进制数 文件或目录
```

将权限用八进制数表示。文件权限字符的有效位设为"1",如"rwx""rw -"和"r --"的二进制数表示为"111""110"和"100",转化为八进制数为 7、6、4,该文件权限即为 764。命令中的八进制数对应的权限为更改后的权限。

(3) 参数

chmod 命令常用的选项参数如表 A－15 所列。

表 A－15　chmod 命令常用参数

参　数	说　明
－c	若该文件权限确实已被更改,才显示其更改动作
－f	若该文件权限无法被更改也不显示错误信息
－v	显示权限变更的详细资料

(4) 示例

```
chmod a + r,o + w test
```

为所有用户增加对 test 文件的读权限,此外增加其他用户对 test 文件的写权限。

2. chown 命令

(1) 功能

chown 命令用于变更文件的所有者和所属组。

(2) 用法

```
chown [选项] 用户[:组] 文件
```

(3) 参数

chown 命令常用的选项参数如表 A-16 所列。

表 A-16 chown 命令常用参数

参 数	说 明
-c	显示更改的信息
-f	忽略错误信息
-R	将指定目录下的文件及子目录一并处理

(4) 示例

```
sudo chown -R szly /home/user/work
```

将/home/user/work 目录下的所有文件和子目录的所有者改成用户 szly。执行 chown 命令需要 root 用户权限。

3. chgrp 命令

(1) 功能

chgrp 命令用于变更文件或目录的所属组。

(2) 用法

```
chgrp [选项] 所属组 文件
```

(3) 参数

chgrp 命令常用的选项参数如表 A-17 所列。

表 A-17 chgrp 命令常用参数

参 数	说 明
-c	显示更改的信息
-f	忽略错误信息
-R	将指定目录下的文件及子目录一并处理

(4) 示例

```
sudo chgrp -R user /home/user/work
```

将/home/user/work 目录下的所有文件和子目录的所属组改成 szly。执行 chgrp 命令需要 root 用户权限。

A.6 软件管理

1. tar 命令

(1) 功能

tar 命令用于打包/解包文件。

(2) 用法

```
tar [选项] [打包后文件名] 文件目录列表
```

tar 可自动根据文件名识别打包或解包操作,文件目录列表可以是待打包的文件目录列表,也可以是进行解包的文件目录列表。

(3) 参数

tar 命令常用的选项参数如表 A－18 所列。

表 A－18　tar 命令常用参数

参　数	说　明
－c	打包文件
－f	指定文件,f 后面立即接文件名,不可接其他参数
－v	处理过程中输出相关信息
－x	解包文件
－j	调用 bzip2 来压缩打包文件,与－x 联用时调用 bzip2 完成解压缩
－z	调用 gzip 来压缩打包文件,与－x 联用时调用 gzip 完成解压缩

(4) 示例

```
tar -jzvf test.tar.bz2
```

调用 bzip2 来解压 test.tar.bz2 文件。

2. diff 命令

(1) 功能

diff 命令用于比较两个不同的文件或两个不同目录下的同名文件,并可生成补丁文件。

(2) 用法

```
diff [选项] 文件 1 文件 2
```

(3) 参数

diff 命令常用的选项参数如表 A－19 所列。

表 A－19　diff 命令常用参数

参　数	说　明
－q	只报告两个文件是否有差异,不显示具体差异
－c	分别显示两个文件中有差别区域的全部内容,并标记出不同之处
－u	将两个文件合并显示,有差别的行分别用"－""＋"标出,"－"代表文件 1 的内容,"＋"代表文件 2 的内容

(4) 示例

```
diff -u test1 test2
```

比较 test1 和 test2 的差异,并分别标出有差别的行。

```
diff test1 test2 > test3
```

比较 test1 和 test2 的差异，并生成补丁文件 test3，在 test3 中描述了如何由 test1 转化为 test2。

3. patch 命令

(1) 功能

patch 命令常与 diff 命令配合使用，将生成的补丁文件应用到现有代码上。

(2) 用法

```
patch [选项] [原文件 [补丁文件]]
```

(3) 参数

patch 命令常用的选项参数如表 A-20 所列。

表 A-20 patch 命令常用参数

参 数	说 明
-b	生成备份文件
-p <num>	剥离文件名的前 num 个目录层级
-t	自动略过错误，不要求任何问题

(4) 示例

```
patch test1 < test3
```

将 diff 命令生成的补丁文件 test3 应用到 test1 文件中，执行完该命令后 test1 与 test2 内容完全一致。

4. make 命令

(1) 功能

make 命令用于编译程序、文件和工程等，是常用的工程化编译工具。

(2) 用法

```
make [选项] 编译目标
```

(3) 参数

make 命令常用的选项参数如表 A-21 所列。

表 A-21 make 命令常用参数

参 数	说 明
-C dir	读入指定目录下的 makefile
-I dir	当包含其他 makefile 文件时，利用该选项指定搜索目录
-w	在处理 makefile 之前和之后，都显示工作目录

A.7　启动管理

1. reboot 命令

(1) 功能

reboot 命令用于重启 Linux 系统。

(2) 用法

```
reboot [选项]
```

(3) 参数

reboot 命令常用的选项参数如表 A-22 所列。

表 A-22　reboot 命令常用参数

参　数	说　明
-w	仅测试,不会真正重开机,会把记录写入/var/log/wtmp 文件中
-d	重开机时不会把记录写入/var/log/wtmp 文件中
-f	强制重开机,不调用 shutdown 命令的功能

(4) 示例

```
reboot
```

重启 Linux 系统。

2. halt 命令

(1) 功能

halt 命令用于关闭 Linux 系统。halt 命令执行前会检测系统的 runlevel,若 runlevel 为 0 或 6,则关闭系统,否则调用 shutdown 命令来关闭系统。

(2) 用法

```
halt [选项]
```

(3) 参数

halt 命令常用的选项参数如表 A-23 所列。

表 A-23　halt 命令常用参数

参　数	说　明
-w	不会真正关机,会把记录写入/var/log/wtmp 文件中
-d	不会把记录写入/var/log/wtmp 文件中
-p	关机后执行 poweroff,关闭电源

(4) 示例

```
sudo halt -p
```

关闭 Linux 系统并关闭电源。执行 halt 命令需要 root 权限。

A.8 进程管理

1. kill 命令

(1) 功能

kill 命令用于终止执行中的程序或工作。

kill 可将指定的信息输送至程序，预设的信息为 SIGTERM(15)，可将指定程序终止。若仍无法终止该程序，可使用 SIGKILL(9)信息尝试强制删除程序。程序或工作的编号可利用 ps 指令或 job 指令查看。

(2) 用法

```
kill [选项] 进程号(PID)
```

(3) 参数

kill 命令常用的选项参数如表 A-24 所列。

表 A-24 kill 命令常用参数

参数	说明
-l	列出所有可用的信号名称
-s	将指定信息发送给进程，最常用的信号是：1(HUP)-重新加载进程；9(KILL)-杀死一个进程；15(TERM)-正常停止一个进程
-p	只打印进程号，但不送出信号

(4) 示例

```
kill -9 1234
```

彻底终止进程。

2. ps 命令

(1) 功能

ps 命令用于查看当前系统的进程状态。

(2) 用法

```
ps [选项]
```

(3) 参数

ps 命令常用的选项参数如表 A-25 所列。

表 A-25　ps 命令常用参数

参　数	说　明
-A	显示所有进程
-ef	查看所有进程及进程号(PID)、系统时间、命令详细目录、执行者等
-aux	除了可以显示-ef 所有内容外，还可以显示 CPU 及内存占用率、进程状态
-w	显示加宽以显示更多信息

(4) 示例

```
ps -ef
```

查看当前系统的所有进程。

附录 B　vim 文本编辑程序常用命令

vi 是 Linux 系统的第一个全屏幕交互式编辑程序，vim 是从 vi 发展出来的一个文本编辑器。vi 共有 3 种模式：命令模式（Command mode），输入模式（Insert mode）和底行模式（Last line mode）。3 种模式的作用如下。

1. 命令模式

启动 vi/vim 后，便进入了命令模式。在该模式下，用户可以通过键盘输入命令进行“删除”“复制”和“粘贴”等操作，但无法编辑文本。输入“i”可进入输入模式，输入“:”可进入底行模式。

命令模式下常用的命令如表 B-1 所列。

表 B-1　命令模式常用命令

命　令	功　能
-i	进入输入模式，从当前光标所在处开始输入
-a	进入输入模式，从当前光标所在处的下一个字符处开始输入
-o	进入输入模式，从当前光标所在处开始输入
/text	在光标后查找 text 字符串
? text	在光标前查找 text 字符串
dd	删除当前光标所在行
yy	复制当前光标所在行
P	将复制的内容粘贴在当前光标所在行的下一行
u	撤销上一步操作
Ctrl+r(快捷键)	恢复上一步撤销的操作

2. 输入模式

在程序最下面一行提示“-- INSERT --”。在该模式下，用户可以进行文本编辑。

在输入模式下，常用的只有“ESC”按键，功能是退出输入模式，回到命令模式。

3. 底行模式

保存文件或退出 vi。执行命令后若未退出 vi，则自动回到命令模式。底行模式下常用的命令如表 B-2 所列。

表 B-2　底行模式常用命令

命　令	功　能
:w	保存编辑的文件
:q	退出 vi,若文件被修改,系统会给出提示
:q!	强制退出 vi,即使文件被修改也不保存
:wq	保存文件后退出
:w filename	文件另存为,文件名为 filename
:set nu	显示行号
:set nonu	取消显示行号

附录 C　RK3288 核心板引脚定义

引脚编号	信　号	引脚编号	信　号
1	TOUCH_INT	40	MIPI_TX_D2N
2	IR	41	MIPI_TX_D3P
3	BL_EN	42	MIPI_TX_D3N
4	TOUCH_RST	43	I2C5_SDA_HDMI
5	LVDS_D0P	44	I2C5_SCL_HDML
6	LVDS_D0N	45	HDMI_CEC
7	LVDS_D1P	46	HDMI_HPD
8	LVDS_D1N	47	HDMI_TXCN
9	LVDS_D2P	48	HDMI_TXCP
10	LVDS_D2N	49	HDMI_TX0N
11	LVDS_D3P	50	HDMI_TX0P
12	LVDS_D3N	51	HDMI_TX1N
13	LVDS_D4P	52	HDMI_TX1P
14	LVDS_D4N	53	HDMI_TX2N
15	LVDS_CLK0P	54	HDMI_TX2P
16	LVDS_CLK0N	55	MIPI_TX/RX_D3N
17	LVDS_D5P	56	MIPI_TX/RX_D3P
18	LVDS_D5N	57	MIPI_TX/RX_D2N
19	LVDS_D6P	58	MIPI_TX/RX_D2P
20	LVDS_D6N	59	MIPI_TX/RX_CLKN
21	LVDS_D7P	60	MIPI_TX/RX_CLKP
22	LVDS_D7N	61	MIPI_TX/RX_D1N
23	LVDS_D8P	62	MIPI_TX/RX_D1P
24	LVDS_D8N	63	MIPI_TX/RX_D0N
25	LVDS_D9P	64	MIPI_TX/RX_D0P
26	LVDS_D9N	65	I2C3_SDA_CAM
27	LVDS_CLK1P	66	I2C3_SCL_CAM
28	LVDS_CLKIN	67	CIF_PDN1
29	LCDC0_DCLK	68	CIF_PDN0
30	LCDC0_DEN	69	CIF_CLKO
31	LCDC0_HSYNC	70	CIF_CLKI
32	LCDC0_VSYNC	71	CIF_VSYNC
33	MIPI_TX_D0P	72	CIF_HREF
34	MIPI_TX_D0N	73	CIF_D7
35	MIPI_TX_D1P	74	CIF_D6
36	MIPI_TX_D1N	75	CIF_D5
37	MIPI_TX_CLKP	76	CIF_D4
38	MIPI_TX_CLKN	77	CIF_D3
39	MIPI_TX_D2P	78	CIF_D2

续表

引脚编号	信　号	引脚编号	信　号
79	CIF_D1	121	MAC_RXCLK
80	CIF_D0	122	MAC_MDIO
81	PHONE_CTL	123	PHY_TXEN
82	SPK_CTL	124	MAC_CLK
83	I2S0_SDI	125	NAC_RXDV
84	I2S0_LRCK_RX	126	MAC_MDC
85	I2S0_LRCK_TX	127	MAC_RXD1
86	I2S0_SDO0	128	MAC_RXD0
87	I2S0_SCLK	129	PHY_TXD1
88	I2S0_CLK	130	PHY_TXD0
89	I2C2_SCL_AUDIO	131	MAC_RXD3
90	I2C2_SDA_AUDIO	132	MAC_RXD2
91	HP_DET	133	PHY_TXD3
92	WIFI_REG_ON	134	PHY_TXD2
93	WIFI_CLK	135	PHY_PMEB
94	WIFI_CMD	136	3G_GPIO1
95	WIFI_D3	137	OTG_VBUS_DRV
96	WIFI_D2	138	USB_INT
97	WIFI_D1	139	OTG_DET
98	WIFI_D0	140	OTG_ID
99	RTC_CLKOUT	141	OTG_DM
100	GPIO7_A5_D	142	OTG_DP
101	UART0_RXD	143	HOST1_DM
102	UART0_TXD	144	HOST1_DP
103	UART0_CTS	145	HOST2_DM
104	UART0_RTS	146	HOST2_DP
105	BT_WAKE	147	UART2_RXD
106	BT_RST	148	UART2_TXD
107	WIFI_HOST_WAKE	149	GSEN_INT
108	BT_HOST_WAKE	150	COMP_INT
109	UART1_RX	151	GYR_INT
110	UART1_TX	152	LIGHT_INT
111	UART3_RXD	153	I2C1_SDA_Sensor
112	UART3_TXD	154	I2C1_SCL_Sensor
113	UART4_RXD	155	GPIO7_A3_D
114	UART4_TXD	156	ADCIN1
115	3G_REG_ON	157	RESET
116	3G_WAK_IN	158	PMIC_PWRON
117	3G_WA_OUT	159	VCC+5 V
118	PHY_INT	160	VCC+5 V
119	PHY_TXCLK	161	VCC50_USB
120	PHY_RST	162	VCC_BAT+

续表

引脚编号	信　号	引脚编号	信　号
163	VCC_BAT-	172	SDMMC_D1
164	GND	173	SDMMC_D2
165	GND	174	SDMMC_D3
166	VCC_SYS	175	SDMMC_CMD
167	VCC_SYS	176	SDMMC_CLK
168	VCC_RTC	177	SDMMC_DET
169	VCC_IO	178	LCDC_BL
170	SDMMC_PWR	179	I2C4_SCL_TP
171	SDMMC_D0	180	I2C4_SDA_TP

附录 D GPIO 编号计算表

	BANK0	BANK1	BANK2	BANK3	BANK4	BANK5	BANK6	BANK7	BANK8
GPIO_A0	0	32	64	96	128	160	192	224	256
GPIO_A1	1	33	65	97	129	161	193	225	257
GPIO_A2	2	34	66	98	130	162	194	226	258
GPIO_A3	3	35	67	99	131	163	195	227	259
GPIO_A4	4	36	68	100	132	164	196	228	260
GPIO_A5	5	37	69	101	133	165	197	229	261
GPIO_A6	6	38	70	102	134	166	198	230	262
GPIO_A7	7	39	71	103	135	167	199	231	263
GPIO_B0	8	40	72	104	136	168	200	232	264
GPIO_B1	9	41	73	105	137	169	201	233	265
GPIO_B2	10	42	74	106	138	170	202	234	266
GPIO_B3	11	43	75	107	139	171	203	235	267
GPIO_B4	12	44	76	108	140	172	204	236	268
GPIO_B5	13	45	77	109	141	173	205	237	269
GPIO_B6	14	46	78	110	142	174	206	238	270
GPIO_B7	15	47	79	111	143	175	207	239	271
GPIO_C0	16	48	80	112	144	176	208	240	272
GPIO_C1	17	49	81	113	145	177	209	241	273
GPIO_C2	18	50	82	114	146	178	210	242	274
GPIO_C3	19	51	83	115	147	179	211	243	275
GPIO_C4	20	52	84	116	148	180	212	244	276
GPIO_C5	21	53	85	117	149	181	213	245	277
GPIO_C6	22	54	86	118	150	182	214	246	278
GPIO_C7	23	55	87	119	151	183	215	247	279
GPIO_D0	24	56	88	120	152	184	216	248	280
GPIO_D1	25	57	89	121	153	185	217	249	281
GPIO_D2	26	58	90	122	154	186	218	250	282
GPIO_D3	27	59	91	123	155	187	219	251	283
GPIO_D4	28	60	92	124	156	188	220	252	284
GPIO_D5	29	61	93	125	157	189	221	253	285
GPIO_D6	30	62	94	126	158	190	222	254	286
GPIO_D7	31	63	95	127	159	191	223	255	287

附录E 人体生理参数监测系统使用说明

人体生理参数监测系统(型号:LY-M501)用于采集人体五大生理参数(体温、血氧、呼吸、心电、血压)信号,并对这些信号进行处理,最终将处理后的数字信号通过USB连接线、蓝牙或Wi-Fi发送到不同的主机平台,如单片机开发系统、FGPA开发系统、DSP开发系统、嵌入式开发系统、emWin软件平台、MFC软件平台、WinForm软件平台、Matlab软件平台或Android移动平台等,实现人体生理参数监测系统与各主机平台之间的交互。

图E-1是人体生理参数监测系统正面视图,其中,左键为"功能"按键,右键为"模式"按键,中间的显示屏用于显示一些简单的参数信息。

图E-1 人体生理参数监测系统正面视图

图E-2是人体生理参数监测系统的按键和显示界面,通过"功能"按键可以控制人体生理参数监测系统按照"背光模式"→"数据模式"→"通信模式"→"参数模式"的顺序在不同模式之间循环切换。

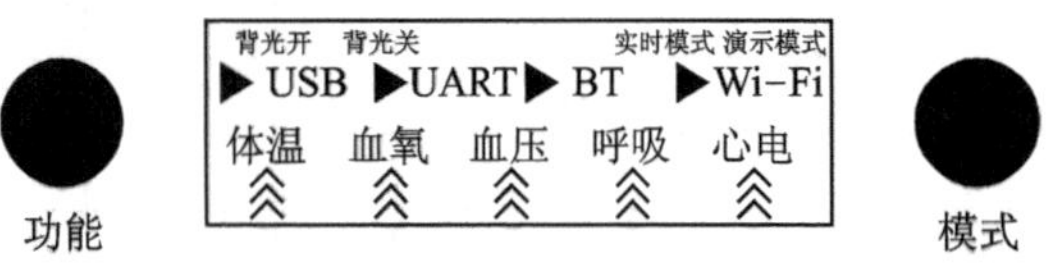

图E-2 人体生理参数监测系统按键和显示界面

"背光模式"包括"背光开"和"背光关",系统默认为"背光开";"数据模式"包括"实时模式"和"演示模式",系统默认为"演示模式";"通信模式"包括USB、UART、BT和Wi-Fi,系统默认为USB;"参数模式"包括"五参""体温""血氧""血压""呼吸"和"心电",系统默认为"五参"。

通过"功能"按键,切换到"背光模式",然后通过"模式"按键切换人体生理参数监测系统显示屏背光的开启和关闭,如图E-3所示。

通过"功能"按键,切换到"数据模式",然后通过"模式"按键在"演示模式"和"实时模式"之

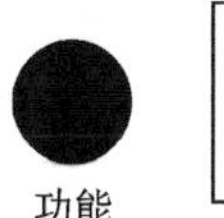

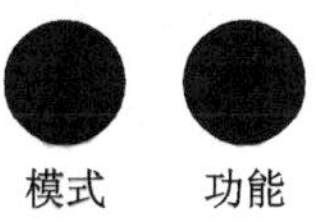

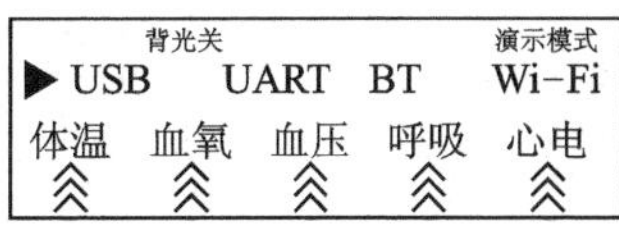

图 E-3　背光开启和关闭模式

间切换，如图 E-4 所示。在“演示模式”，人体生理参数监测系统不连接模拟器，也可以向主机发送人体生理参数模拟数据；在“实时模式”，人体生理参数监测系统需要连接模拟器，向主机发送模拟器的实时数据。

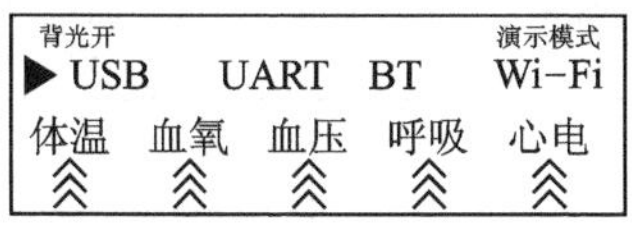

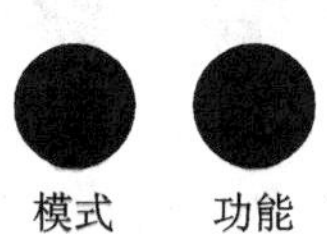

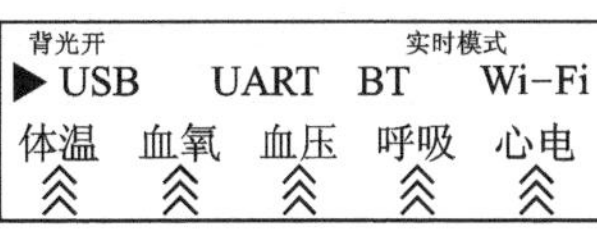

图 E-4　演示模式和实时模式

通过“功能”按键，切换到“通信模式”，然后通过“模式”按键在 USB、UART、BT 和 Wi-Fi 之间切换，如图 E-5 所示。在 USB 通信模式，人体生理参数监测系统通过 USB 连接线与主机平台进行通信，USB 连接线上的信号是 USB 信号；在 UART 通信模式，人体生理参数监测系统通过 USB 连接线与主机平台进行通信，USB 连接线上的信号是 UART 信号；在 BT 通信模式，人体生理参数监测系统通过蓝牙与主机平台进行通信；在 Wi-Fi 通信模式，人体生理参数监测系统通过 Wi-Fi 与主机平台进行通信。

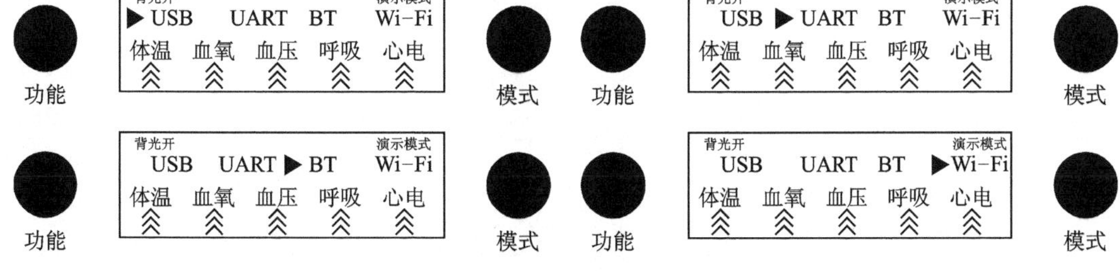

图 E-5　四种通信模式

通过“功能”按键，切换到“参数模式”，然后通过“模式”按键在“五参”“体温”“血氧”“血压”“呼吸”和“心电”之间切换，如图 E-6 所示。系统默认为“五参”模式，在这种模式，人体生理参数监测系统会将五个参数数据全部发送至主机平台；在“体温”模式，只发送体温数据；在“血氧”模式，只发送血氧数据；在“血压”模式，只发送血压数据；在“呼吸”模式，只发送呼吸数据；在“心电”模式，只发送心电数据。

图 E-7 是人体生理参数监测系统侧面视图。NBP 接口用于连接血压袖带；SPO2 接口用于连接血氧探头；TMP1 和 TMP2 接口用于连接两路体温探头；ECG/RESP 接口用于连接心电线缆；USB/UART 接口用于连接 USB 连接线；12 V 接口用于连接 12 V 电源适配器；拨动开关用于控制人体生理参数监测系统的电源开关。

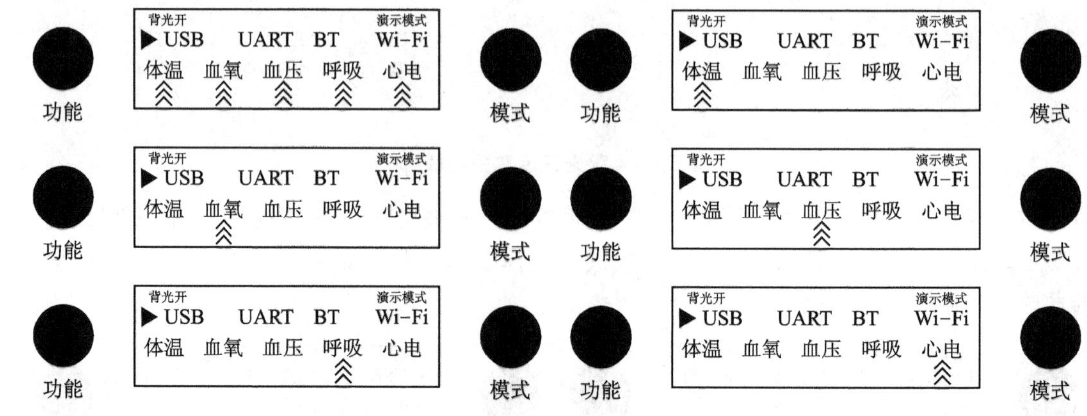

图 E-6 六种参数模式

图 E-7 人体生理参数监测系统侧面视图

参考文献

[1] 廖义奎. Cortex－A9 多核嵌入式系统设计[M]. 北京：中国电力出版社，2014.

[2] 姜余祥，杨萍，邹莹. Cortex－A8 原理、实践及应用[M]. 北京：电子工业出版社，2018.

[3] 杨福刚. ARM Cortex－A9 多核嵌入式开发教程[M]. 西安：西安电子科技大学出版社，2016.

[4] 王恒，林新华，桑元俊，等. 深入剖析 ARM Cortex－A8[M]. 北京：电子工业出版社，2016.

[5] 宋宝华. Linux 设备驱动开发详解：基于最新的 Linux 4.0 内核[M]. 北京：机械工业出版社，2015.

[6] 弓雷. ARM 嵌入式 Linux 系统开发详解[M]. 北京：清华大学出版社，2014.

[7] 刘小洋，李勇. 嵌入式系统开发：基于 ARM Cortex－A8 系统[M]. 北京：机械工业出版社，2017.

[8] 吴国伟，姚琳，毕成龙. 深入理解 Linux 驱动程序设计[M]. 北京：清华大学出版社，2015.

[9] 王青云. ARM Cortex－A8 嵌入式原理与系统设计[M]. 北京：机械工业出版社，2014.

[10] 姜先刚，刘洪涛. 嵌入式 Linux 驱动开发教程[M]. 北京：电子工业出版社，2017.